改訂3版
セメントの材料化学

荒井康夫 著

大日本図書

■ 新鋭NSPキルンセメント工場

小野田セメント(株)提供

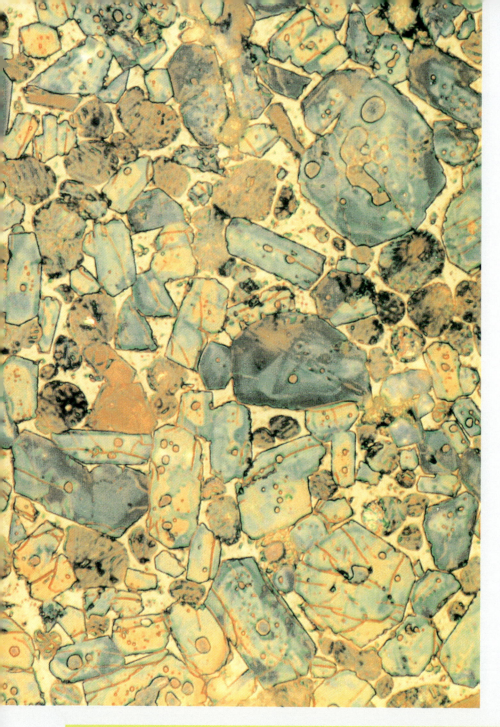

ポルトランドセメントクリンカーの反射顕微鏡写真(850倍) 説明本文88ページ

小野田セメント(株)提供

まえがき

　林立する巨大なビル，そのあいだをぬうようにして走る高速道路，現代の都会は，まさにコンクリートジャングルに化しているといっても過言ではないであろう．コンクリートの主原料はセメントであり，セメントの主原料は石灰石である．この石灰石は，なん億年まえには南太平洋のさんごしょうであったが，火山活動でしだいに北へ北へと移動し，ついには日本列島の上にのり上げて石灰石鉱床となったといわれる．まさに，この石灰石の山が，こんどは都市に向かって大移動しているのである．そして，まい年，2億tものぼう大な石灰石が掘りだされ，このせまい列島から消えていくのである．

　ポルトランドセメントが，1824年にイギリスの Joseph Aspdin によって発明されてから，すでに約160年，日本で製造されるようになってからも約110年たった．いまでは，あらゆる工事になくてはならぬ構造材料である．セメントは一般に砂，じゃり，水とともにかきまぜられコンクリートとして使用されている．現在，世界のセメント生産高は8億tであるが，これはおおむね26億 m^3 のコンクリートに相当する．これほど大量に使用されている材料は，ほかに見あたらないであろう．

　同じ無機材料の仲間でも，セラミックスはむかしの焼きもの，陶磁器のイメージから完全に脱却し，ファインセラミックスの名のもとに電子材料，磁性材料，光学材料，超硬材料，超高温材料などとして急速に発達し，いまや，こんにちの先端技術をささえるチャンピオンとなっている．ここに使われている "fine" という意味には，微小，高純度，精密などの意味があるが，セメントの粒子は3〜30μmの大きさで，たしかに微小であるが，高純度，精密物性とはあまり縁はない．しかし，大量生産型の安価で施工しやすい高強度構造材料であるからこそ，ビル，道路，橋などをどしどしつくり，今日の人間社会をささえているのである．

　近ごろの書店の材料書コーナにはファインセラミックスの本はひしめいて

いるのに，どうしてたいせつなセメントの本は1冊も見あたらないのであろうか．あまりにも日常的材料で，一般には関心がうすいのであろうか．それともセメントを製造したり研究したりする人びとの数はかぎられているので，出版しても採算があわないのであろうか．セメントの大部分の用途は土木，建築向けで，この方面の技術者の数もおびただしいものと思われるが，セメント化学はむずかしいものと敬遠されてしまったのであろうか．

セメントは110年もむかしから使われ，いまも変わらず使われている．そこにまずセメントがあり，あとからその学問が生れた．その学問を知らなくても人びとはセメントを使ってコンクリートをつくる方法は知っているのである．いまの材料科学のブームのなかで，金属，プラスチックとともにセラミックスの材料科学体系もでき上がりつつあるが，天然鉱物をそのまま原料とするセメントは，多くの化合物がいりみだれ複雑きわまる構造や組織を形成しており，その硬化理論ですら，いまだ論争中である．組成－構造－性質の関係を明確に説明できるほど，セメントの材料科学は発展していないのである．しかし，近年の固体化学やその測定技術の進歩により，セメントやその水和物の構造論や状態論も，しだいに活発になり，セメントのキャラクタリゼーションも大きく進展し，現在では材料物性のなかでも，もっともむずかしい部分である機械的性質の理論的体系をめざしているように思われる．

このような時期にあたり，セメントの専門家でもない著者が，あえて「セメントの材料化学」を世に問うのは，「やさしいセメントの入門書はないか」という教室での多くの学生からの質問や，セメントのユーザーである土木，建築関係の多くの技術者からの要望に応えて，「セラミックスの材料化学」(1975, 同新版 1980) を著した経験を生かし，セメントの平易な材料科学入門書をつくってみようと決意したからである．じっさいにかきはじめてみると，ぼう大な知識と情報のつみかさねにセメント160年の歴史の重みを感じ戸まどうことも多かったが，そこがしろうとの強さか，とにもかくにも押しきったの感がある．本書を「セメントの材料化学」と題したのも，とくにセメント化学とコンクリート工学とのあいだの深い谷間をうめることを，大きな目標と考えたためである．結果は，残念ながら著者の非力で，じゅうぶん目標に達しえなかったように思う．今後の改訂にまちたい．

まえがき

　本書は，理工系大学における無機材料学，無機工業化学の講義に資する教科書として，さらにはセメントやコンクリートをこれから勉強したいと考えている技術者や研究者のための入門書として使用されることを期待している．したがって内容はできるかぎり平易とすることに心がけ，必要最小限度の基礎的概念と実験的事実を的確にはあくできるよう努めた．そのためには実験データも高級機器によるむずかしい解析例は避け，X線回折や熱分析など，ごく初歩的な固体化学的手段によるものだけに限定した．

　本書の出版にあたって，著者研究室の安江　任 博士，大日本図書（株）の伊藤善郎氏のひとかたならぬご協力をいただいた．また，口絵のカラー写真の提供は小野田セメント（株）専務取締役　竹本国博 博士のご厚意によるものである．付記して感謝の意を表する．

　15～30年ほど以前となるが，恩師　永井彰一郎 教授のおともをして日本国中のセメント工場を見学してまわったことをおもいだす．いまのセメント工場は近代的に変ぼうし，粉じんにまみれたかつてのおもかげは，もはやない．先生のご霊前に本書を捧げる．

1984年 2 月

荒 井 康 夫

もくじ

まえがき
用語と単位

1 ポルトランドセメントの製造 ……………………………… 1
   1·1 セメント工業のあゆみ …………………………… 2
   1·2 原　　料 …………………………………………… 3
   1·3 製造方式 …………………………………………… 6
   1·4 原料工程 …………………………………………… 8
   1·5 焼成工程 …………………………………………… 10
   1·6 仕上げ工程 ………………………………………… 13

2 セメントの固体化学的基礎 ………………………………… 15
   2·1 材料科学から見たセメント ……………………… 16
   2·2 単位格子と結晶系 ………………………………… 18
   2·3 X線による結晶解析 ……………………………… 22
   2·4 酸化物とその固溶体の構造 ……………………… 26
   2·5 ケイ酸塩の構造 …………………………………… 33
      2·5·1 C_2S と C_3S の構造 …………………………… 34
      2·5·2 ケイ酸イオンの大形化 ………………………… 37
      2·5·3 層状ケイ酸塩と粘土鉱物 ……………………… 39
      2·5·4 シリカの構造 …………………………………… 41
   2·6 結晶転移 …………………………………………… 42
      2·6·1 シリカの転移 …………………………………… 42
      2·6·2 C_2S の転移 …………………………………… 45

2・7 水和と結晶水 ··46
　2・7・1 セッコウ中の水分子 ··46
　2・7・2 $Ca(OH)_2$ 中の OH 基 ···································50
　2・7・3 セメント水和物と水素ケイ酸イオン ·············51
　2・7・4 トバモライトとエトリンガイトの構造 ·········53

2・8 熱変化 ··55
　2・8・1 熱分析 ···55
　2・8・2 石灰石の熱分解 ··57
　2・8・3 粘土の熱分解 ··59

2・9 固相反応と焼結 ··62
　2・9・1 固相反応の機構 ··62
　2・9・2 $CaO + C_2S \longrightarrow C_3S$ 固相反応の速度論 ····67
　2・9・3 焼結 ··69

2・10 状態図 ··70
　2・10・1 状態図のモデル ··70
　2・10・2 Al_2O_3-SiO_2 系状態図 ·······························72
　2・10・3 CaO-SiO_2 系状態図 ·····································73
　2・10・4 CaO-Al_2O_3 系状態図 ··································74
　2・10・5 CaO-Al_2O_3-SiO_2 系状態図 ······················76

2・11 ガラス化 ··77

3 セメントクリンカーの組成と構造 ···························81

3・1 クリンカーの生成反応 ··82
3・2 クリンカー鉱物の組成と構造 ·································87
　3・2・1 クリンカー鉱物 ··87
　3・2・2 エーライト ··90
　3・2・3 ビーライト ··95
　3・2・4 間げき相 ··99
　　　a) アルミネート相　b) フェライト相　c) ガラス相

3・3 セメント化合物の組成計算 ……………………………… 110
3・4 セメント成分の比率と係数 ……………………………… 113

4 ポルトランドセメントの水和 …………………………………… 119

4・1 水和反応の熱力学 ………………………………………… 120
4・2 セメント化合物の水和 …………………………………… 123
 4・2・1 C_3S の水和 ………………………………………… 125
 4・2・2 C_2S の水和 ………………………………………… 129
 4・2・3 C_3A の水和とセッコウの作用 ……………………… 131
 4・2・4 C_4AF の水和 ……………………………………… 137

4・3 セメント水和物の組成と構造 …………………………… 138
 4・3・1 水酸化カルシウム ………………………………… 138
 4・3・2 $CaO-SiO_2-H_2O$ 系 ……………………………… 140
  a) 低結晶性 C-S-H 相　b) 水熱反応により生成する C-S-H 相
 4・3・3 $CaO-Al_2O_3-H_2O$ 系 …………………………… 148
 4・3・4 $CaO-Fe_2O_3-H_2O$ 系と $CaO-Al_2O_3-Fe_2O_3-H_2O$ 系 … 151
 4・3・5 $CaO-Al_2O_3$ 系と $CaO-Fe_2O_3$ 系の水和複塩 ……… 152

4・4 セメントの水和反応 ……………………………………… 154

5 ポルトランドセメントの凝結と硬化 …………………………… 161

5・1 凝結試験と強度試験 ……………………………………… 163
5・2 凝結と硬化の機構 ………………………………………… 167
5・3 硬化ペーストの組織 ……………………………………… 169
5・4 凝結に影響をあたえる要因 ……………………………… 172
 5・4・1 セッコウの添加 …………………………………… 173
 5・4・2 凝結時間の調制 …………………………………… 175
 5・4・3 異常凝結 …………………………………………… 177

5・5 水 和 熱 ……………………………………………………… 178

5・6 強度の発現 …………………………………………………… 181
　5・6・1 セメントの組成と強度 ……………………………… 182
　5・6・2 粉末度 ……………………………………………… 183
　5・6・3 水セメント比 ……………………………………… 187
　5・6・4 養生温度，水蒸気養生 …………………………… 188

5・7 硬化体の性質 ………………………………………………… 192
　5・7・1 空げき率と水の形態 ……………………………… 193
　5・7・2 乾燥収縮 …………………………………………… 195
　5・7・3 化学的抵抗性 ……………………………………… 200
　　　　　a）風　　化　　b）エフロレッセンス　　c）耐硫酸塩抵抗性

6 セメントの種類と性質 ………………………………………… 203

6・1 ポルトランドセメント ……………………………………… 204
　6・1・1 普通ポルトランドセメント ……………………… 204
　6・1・2 早強ポルトランドセメント ……………………… 205
　6・1・3 超早強ポルトランドセメント …………………… 206
　6・1・4 中よう熱ポルトランドセメント ………………… 207
　6・1・5 耐硫酸塩ポルトランドセメント ………………… 208
　6・1・6 白色ポルトランドセメント ……………………… 208

6・2 混合セメント ………………………………………………… 209
　6・2・1 高炉セメント ……………………………………… 210
　6・2・2 シリカセメント …………………………………… 214
　6・2・3 フライアッシュセメント ………………………… 214

6・3 特殊セメント ………………………………………………… 215
　6・3・1 アルミナセメント ………………………………… 215
　6・3・2 膨張セメント ……………………………………… 218
　6・3・3 超速硬セメント …………………………………… 220
　6・3・4 油井，地熱井セメント …………………………… 221

もくじ　　　　　　　　IX

- 7　コンクリート……………………………………………………… 223
  - 7・1　材　　料……………………………………………………… 225
  - 7・2　配合とねりまぜ……………………………………………… 227
  - 7・3　コンクリートの性質………………………………………… 230
    - 7・3・1　かたまらないまえのコンクリート………………… 230
    - 7・3・2　かたまったコンクリート…………………………… 233
  - 7・4　コンクリートの種類………………………………………… 234
    - 7・4・1　生コンクリート……………………………………… 234
    - 7・4・2　鉄筋コンクリート…………………………………… 235
    - 7・4・3　プレキャストコンクリート板……………………… 235
    - 7・4・4　プレストレスコンクリート………………………… 236
    - 7・4・5　軽量コンクリート板………………………………… 236
  - 7・5　コンクリートの損傷と劣化………………………………… 238
    - 7・5・1　化学侵食による損傷………………………………… 240
    - 7・5・2　ひび割れの発生……………………………………… 241
    - 7・5・3　アルカリ骨材反応…………………………………… 244

セメントの統計……………………………………………………… 250
単位換算表…………………………………………………………… 253
元素の周期表………………………………………………………… 254
和文索引……………………………………………………………… 255
英文索引……………………………………………………………… 261

用 語 と 単 位

本書にもちいた用語は、原則として文部省「学術用語集 化学編 増訂版」(1974) にしたがったが、セメント化学の慣例により使用ひん度の高い酸化物については、下記に示すような略記号をもちいた。ただし、正しい組成式であらわすほうが理解しやすい場合については、そのかぎりでない。

酸化物	CaO	Al_2O_3	SiO_2	Fe_2O_3	MgO	Na_2O	K_2O	H_2O
略記号	C	A	S	F	M	N	K	H

上記の略記号をもちいた化合物の例

$3\,CaO \cdot SiO_2 : C_3S$　　　　$2\,CaO \cdot Fe_2O_3 \quad : C_2F$
$2\,CaO \cdot SiO_2 : C_2S$　　　　$4\,CaO \cdot Al_2O_3 \cdot Fe_2O_3 : C_4AF$
$3\,CaO \cdot Al_2O_3 : C_3A$　　　$3\,CaO \cdot MgO \cdot 2\,SiO_2 : C_3MS_2$
$Na_2O \cdot 8\,CaO \cdot 3\,Al_2O_3 : NC_8A_3$
$3\,CaO \cdot 2\,SiO_2 \cdot 3\,H_2O : C_3S_2H_3$
$3\,CaO \cdot Al_2O_3 \cdot 3\,CaSO_4 \cdot 32\,H_2O : C_3A \cdot 3\,CaSO_4 \cdot 32\,H_2O$

単位については、近年、SI単位（国際単位系）が使用されるようになったが、セメント化学やコンクリート工学で、いまだ慣用されている下記の単位については、そのまま使用することとした。ただしSI単位およびその換算表は本書末尾にかかげてある。

長さ	Å（オングストローム）	力	kgf（キログラム重量）
質量	t（トン）	エネルギー	cal（カロリー）,
時間	min（分）, h（時）, d（日）		kWh（キロワット時）
温度	℃（セルシウス度）	圧力	atm（気圧）
体積	l（リットル）	応力	kg/cm^2
濃度	mol/l（モル/リットル）,		（キログラム/平方センチメートル）
	g/l（グラム/リットル）		

漢字の使いかた、かな使いについては、原則として昭和63年度に発行された新教育課程高等学校教科書「理科I」の文章に準じた。

１ ポルトランドセメントの製造

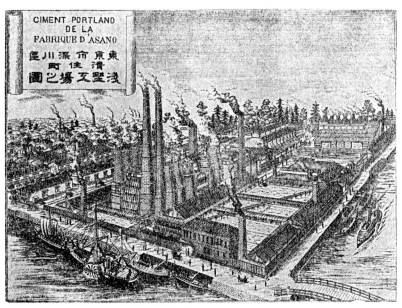

図 1・1　明治 23 年ごろの深川セメント工場
明治 6 年に大蔵省が創設した日本最初の「摂綿篤」製造所は，明治 16 年，浅野総一郎による民営にうつる．さし絵は明治 23 年ごろの浅野工場である．

セメント (cement) は，辞書によれば「セメント」，「接合剤」，「接合する」，「かためる」という意味がある．接合剤というと，航空機から土木，建築にいたるまで広く利用されているエポキシ樹脂系の接合剤を思いおこさせるが，狭義には無機質のセメント，そのなかでもポルトランドセメント (portland cement) をさすといってもさしつかえない．

無機質セメントの歴史はふるく，セッコウと石灰は，いまから5000年もまえに，すでにエジプトでピラミッドの築造に使用されている．その後，石灰や火山灰を水とまぜるとかたまることがわかり，さかんに利用された．現在のポルトランドセメントの製造方法を発明したのはイギリスのJoseph Aspdin (1779〜1855) であるから，その歴史は比較的新しい．このセメントの色あいがイギリスのPortland島から産出される石灰石Portland stoneによくにていることから，その名がつけられたという．

この章では，セメントの材料化学の本論にはいるまえに，現在のポルトランドセメントはどのような工程で製造されているのか，その工業化学的側面から学ぶこととしたい．

1・1 セメント工業のあゆみ

ポルトランドセメントは，1824年にJoseph Aspdinによって発明され，その後イギリスにおいて発達したが，ヨーロッパやアメリカにおいて，セメント工業が企業としての形態をととのえたのは，19世紀後半のころからである．すなわち，フランスでは1848年，ドイツでは1850年，アメリカでは1871年，日本では1875年に，ポルトランドセメントの製造ははじまり，需要の増加とともに安価でじょうぶな構造材料としての不動の地位を築くにいたった．

第2次世界大戦後は，国土の再建，経済の急成長によりセメントの需要は急増し，これに対応するためセメントの製造方式もいろいろの変革があり，こんにちにいたった．すなわち，当初は余熱発電設備つき乾式ショートキルンが主力であったが，湿式ロングキルン，レポルキルンをへて，現在では熱消費が少なく量産効果の大きい乾式SPキルン (サスペンションプレヒーターつきキルン) の時代となり，さらに熱効率を高めるために，か焼炉を組みこん

だNSPキルンへの転換が行われている．

セメント工場では，セメント製造コストの約70％が燃料費といわれ，典型的なエネルギー多消費型工業である．日本のセメント工場では，かつてはその大部分が石炭焼成であったが，とりあつかいの便利さ，安定な品質，比較的安価ということから，1970年ごろにはすべてが重油焼成に転換した．しかし，その後の石油価格の急とうから，ふたたび石炭への転換に迫られ，現在ではほとんどの工場が転換を完了している．石炭へ転換してもキルンの改造が不要なこと，石炭灰の処理も不要なことなどが，セメント工場の燃料転換を容易にしたのである．

1988年では，日本のセメント工場は22社，48工場で，セメントの生産量は7726万t，中国，ソ連についで世界第3位の生産量をたもっている．セメントはすべて土木，建築工事に使用されるといってよく，もっぱら国内の需要に依存してきた．製品は重量物で輸送費がかさみ，貯蔵中に変質する性質もあり長距離輸送に向かない．しかし，近年は輸出がのび，その割合は全生産量の約13％（1985年）をしめるようになった．

1・2 原　　料

セメント工場では，重量の大きいいろいろな原料を大量にあつかい，これらを加工して重量の大きいセメントをつくっている．重くて単価が安いだけに，どのようにして合理化して安価に製造するかが，もっとも重要な課題である．

地表から内部へ16 kmの厚さを地殻（earth shell）というが，その構成元素の量は，O 49.5％，Si 25.8％，Al 7.56％，Fe 4.70％，Ca 3.39％の順になっており，これら5元素の合計だけで90.95％をしめる．ポルトランドセメントと，その原料の化学組成例を表1・1に示すが，ポルトランドセメント中の前記5元素を酸化物の形としてまとめると，94.9％にもなり，セメント工業がいかに資源的にめぐまれているかが理解できる．ポルトランドセメントの製造に必要な原料は，石灰石，粘土，ケイ石，酸化鉄原料（銅からみ，転炉スラグなど），セッコウ，それに燃料として石炭，重油である．ポルトランドセメントを1tつくるのに必要な原料，燃料の量を表1・2に示す．

表 1・1　ポルトランドセメントとその原料の化学組成（%）

	強熱減量	SiO₂	Al₂O₃	Fe₂O₃	CaO	MgO	SO₃	Na₂O	K₂O	合計
ポルトランド セメント	0.6	23.1	5.0	3.0	63.8	1.6	2.0	0.4	0.5	100.0
石　灰　石	42.6	0.5	0.2	0.3	55.2	0.6	—	—	—	99.7
粘　　土	8.0	66.9	13.6	5.5	2.9	1.3	—	—	—	98.2
軟 ケ イ 石	2.6	87.0	5.3	3.6	0.4	0.3	—	—	—	99.2
銅 か ら み	4.2	36.0	10.6	39.7	7.7	2.4	—	—	—	100.6
リン酸セッコウ	20.9	0.6	1.2	0.6	31.5	0.2	45.1	—	—	100.1

表 1・2　ポルトランドセメント 1 t をつくる
のに必要な原料，燃料の量（kg）

石　灰　石	1150	セッコウ	30
粘　　土	220	石　炭	120
ケ　イ　石	50	重　油	7 (l)
酸化鉄原料	30	電　力	119 (kWh)
そ　の　他	10		

　セメント 1 t をつくるには，石灰石はその 1.15 倍必要とするが，さいわい日本列島には北は北海道から南は九州にいたるまで，各地に純度の高い豊富な石灰石資源が存在している．石灰石の鉱床分布図を図 1・2 に示すが，その

図 1・2　石灰石鉱床の分布

大部分はカルサイトからなり，$CaCO_3$として95％以上のものがセメント用原料となる．

セメント工場を建設するにあたっては，石灰石の産地，セメントの需要地，その供給方法などを考えて，もっとも便利なところに選定しなければならない．セメント工場の分布図（工場所在地）を，図1·3に示す．

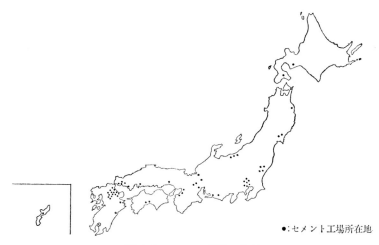

●：セメント工場所在地

図 1·3 セメント工場の分布

石灰石に配合する粘土の純度としては，SiO_2 60～70％のものがのぞましい．不足のときはケイ石などの添加によりおぎなえばよいが，なるべく調整材の添加は最小限度にとどめるほうがよい．セメント用粘土は，カオリナイト，ハロイサイト，モンモリロナイト，石英，長石などからなる．粘土だけでは SiO_2 分が不足する場合には，軟ケイ石，ケイ石などを補給するが，軟ケイ石は SiO_2 分が高く，やわらかく粉砕しやすいので，よくもちいられる．最近は火力発電所から多量に排出される石炭灰が粘土に代わる原料として利用されつつある．

ポルトランドセメント中には約3～4％の Fe_2O_3 がふくまれているが，石灰石と粘土だけでは Fe_2O_3 分が不足する場合が多い．これをおぎなう酸化鉄原料として銅精錬工場から副産される銅からみ，製鉄工場から副産される転炉スラグなどが使用されている．

セメントの製造には，以上のほかに凝結時間の調節のために適当量のセッコウが加えられる．セッコウはリン酸工場から副産されるリン酸セッコウ，火力発電所などから排出される排ガス中のSO_2を消石灰で中和し，酸化してえられる排煙脱硫セッコウがもちいられている．

1・3 製造方式

　ポルトランドセメントの製造方式は，かつては湿式 (wet process) が主流をしめていた．この方式は原料の粉砕にさいし適当量の水を加え，粉砕，混合し，スラリー (slurry) として大きなタンクにたくわえて成分調整を行ったのち水の一部をろ過し，キルンへ送るものである．しかし，湿式は品質の安定化ははかれるが，水分の蒸発のために多量の熱を必要とするので，燃料価格の上昇につれて衰微した．現在では，水をいっさい使わないで原料を粉砕，混合する乾式 (dry process) にきりかえられている．

　ついで原料配合物の焼成方法が，省エネルギー的見地からいろいろ検討された．いままではロータリキルンだけで，900℃以下で行われる石灰石や粘土の熱分解と，900℃以上で行われる分解生成物の固相反応とに必要な全熱量を，能率の低い燃焼ガスとの熱交換により受熱していた．現在ではSPキルンを採用することにより，きわめて熱効率のよいサイクロン式プレヒーターに，キルンからの燃焼ガスをみちびき，熱分解（吸熱反応）の約40％を終了させてからロータリキルン内に送りこんでいるので，必要熱量は60％減となりキルンの焼成効率をいちじるしく高めることができた．このプレヒーターにおける熱分解をさらに促進するために，プレヒーターのなかに別の熱源によるか焼炉をもうけたのが，NSPキルンである．

　ポルトランドセメントの製造は，原料工程，焼成工程，仕上げ工程の3工程に大別される．図1・4にその概要をかかげる．

　まず，原料工程は，石灰石，粘土，ケイ石，酸化鉄原料などを乾燥したうえ，適当な割合に配合，原料ミルで微粉砕し，エアブレンディングサイロのなかで均一に混合するまでの工程である．つぎの焼成工程は，原料配合物をサスペンションプレヒーターをとおしてロータリキルンに供給し，じゅうぶんに焼成したのち，冷却し，セメントクリンカーとするまでの工程である．

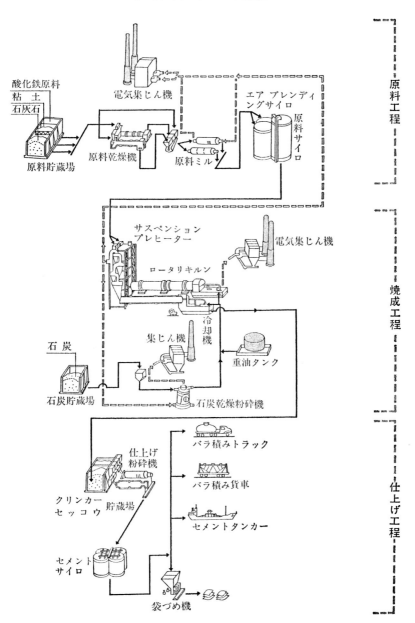

図 1・4　ポルトランドセメントの製造工程

最後の仕上げ工程は，クリンカーに適当量のセッコウを加え，仕上げミルで微粉砕して製品とする工程である．

1・4 原料工程

　石灰石の採掘は，ほとんどの場合が階段式露天掘りが行われている．さく岩機で石灰石の採掘面に穴をあけ，爆薬をしかけて爆発させて大量にけずりとり，パワーショベル (power shovel) などで立坑にかきあつめ，ジョークラッシャー (Jaw crusher) やジャイレトリークラッシャー (gyratory crusher) などにより1次破砕される．つぎにベルトコンベヤー (belt conveyor) で坑外にはこばれ，ハンマークラッシャー (hammer crusher) やインパクトクラッシャー (impact crusher) などにより，2次破砕，3次破砕が行われ，ほぼ25 mm以下の大きさとする．この破砕物が工場にはこばれて，セメント原料となる．図1・5にその概要図を示す．粘土は石灰石とくらべると使用量が少ないので(約1/5)，その採掘は機械でけずりとるか，発破でくずして工場にはこぶ．

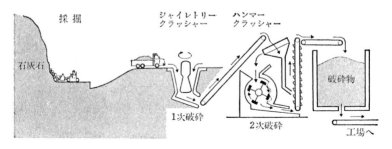

図 1・5 石灰石の採掘と破砕

　工場における微粉砕は，おもに図1・6に示すような鋼板製の円筒型，チューブミルがもちいられる．円筒の長さが短かいものをボールミル (ball mill)，長いものをチューブミル (tube mill) という．いずれも大小さまざまのボールがはいっており，円筒を回転するとボールどうしの衝撃と摩擦により微粉砕が行われる．ミルの粉砕能力 t あたりの設備費は大型化するほど減小するので，直径4〜5 mの大型チューブミルが使用されている．ミル内のボールの配列は，入口から出口に行くにしたがって直径が順次小さくなるようにする．

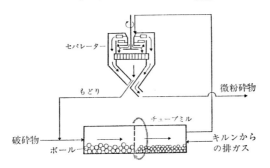

図 1·6 原料ミルと粉砕物の流れ

大きいボールが出口にかたよることのないように，ミル内にしきりをもうける場合が多い．

そのほかにセメント工場でよく使われているクラッシャーに，立形のローラーミルがある．その代表的なものとして図 1·7 に示すようなロッシェミル (Lösche mill) がある．立形ミルの下部の回転テーブルの中央に原料破砕物はおとされ，遠心力で外におしだされテーブルとローラーとのあいだにかみこまれて微粉砕される．微粉砕物は下部のダクトからみちびかれる熱風にのって，乾燥されながら上部のセパレーターに吹き上げられ，排気とともに外にでる．未粉砕物はローターで外周にとばされ，ふたたびテーブルに落下して微粉砕される．セメント工場では，このローラーミルを原料だけでなく燃料用石炭の乾燥，微粉砕に使っているところが多い．

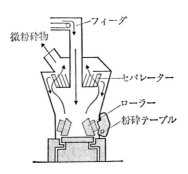

図 1·7 ロッシェミル

ふつう，石灰石と粘土は，原料ドライヤーでじゅうぶんに乾燥されてから，正確に計量，配合される．そして原料ミル (チューブミル) では，混合と微粉砕がどうじに行われている．効率よく粉砕をするためには，エアセパレーター (air separator) で，微粉砕部分を分離したのち，再粉砕する方法がとられる (図1・6参照)．

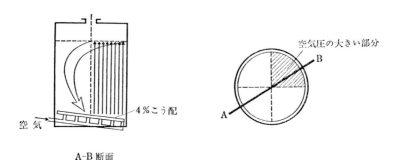

図 1・8　エアブレンディングサイロ

0.09 mm ふるいを通過できる程度 (125 μm 以下) に微粉砕された原料配合物は，エアブレンディングサイロ (air-blending silo) にみちびかれ，ここで均一に混合される．それは図1・8に示すような容量 400～600 m³ の大型サイロである．底部にはエアレーション装置がついており，空気を吹きだして粉体を流動させる役割をはたす．エアレーション装置は四つの部分に分かれており，その1部に他の3部よりも高い圧力の空気を送りこむと，サイロ内の粉体は対流をおこし混合することができる．すなわち，1時間ぐらいの混合で，原料配合物中の CaO 分の変動を，0.2％ 程度にすることができる．

1・5　焼成工程

ほとんどのセメント工場が，SP キルン (SP は suspension preheater の略) をもちい原料を焼成している．ついこのあいだまで，セメントはロータリキルン (rotary kiln) だけで焼成されていたが，この方式は熱ガスが原料の上面で熱交換するだけで，大部分の熱は通過してしまうので，熱効率はきわめて低かった．SP キルンでは，ロータリキルンのまえにサイクロン式プレヒーター

をもうけたものである．このプレヒーターは50～100mの高いやぐらに4～5段のサイクロン(cyclon)を配列，連結したもので，原料配合物の微粉体はこれらのサイクロンを順次通過しながら下がり，逆方向に上がってくるキルン排ガスと熱交換して，850℃ぐらいまで予熱されてからキルンにはいる．したがって，粘土のすべてと石灰石の一部は，プレヒーター中で熱分解してからキルンにはいるため，熱効率はいちじるしく向上する．すなわち，熱分解は吸熱反応であり，これをキルン内で行うと温度が上がりにくく，熱消費がいちじるしく大きくなるからである．ロータリキルンの焼成能力は，直径と長さによってほぼさだまり，それに見あったプレヒーターやクーラーが付設されている．近年，セメント工場では，合理化による近代化と大型化が積極的に進められ，キルンも大型化して直径3.5～6m，長さ55～100m程度となり，2.7～3.7rpmで回転している．最大のキルンは，1日8000tの焼成能力をもっている．

　SPキルンでは，プレヒーターのキルン側入口からはいってくる排ガスの温度は900～1000℃となるが，石灰石の脱炭酸率は40％程度にとどまっていた．ちかごろ，日本において開発されたNSPキルン(new SP kiln)は，プレヒーターとキルンとのあいだに，か焼炉を組みこみ，キルンに送られる原料の脱炭酸率を90％ぐらいまでに高めたものである．SPキルンでは，焼成用燃料はもっぱらキルンバーナーで吹きこまれていたが，NSPキルンでは，キルンバーナーとか燃炉の2個所で，その燃料比率は87:13から39:61ぐらいの範囲となっている．NSPキルンのプレヒーター内の温度分布例を，図1・9に示しておく．

　いっぽう，ロータリキルン内の温度分布例も，図1・10に示す．原料がプレヒーターからキルンにはいると，もう熱分解反応（吸熱）はほとんどおわっているので，キルン内で固相反応と焼結反応を行わせるために原料にあたえる熱量は，900から1450℃まで原料温度を上げるに必要な分だけである．キルンの出口手前約10mで反応生成物の温度は約1450℃となり，じゅうぶんに焼結されて直径1cmぐらいの大きさの球状塊状物となり，1200℃ぐらいの温度でキルン出口からでてきて，ただちにクーラーにはいる．これがセメントクリンカー(cement clinker)である（図2・1参照）．

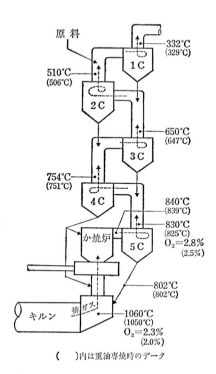

図 1·9　NSPキルンのプレヒーター内の原料と排ガスの流れおよび温度分布

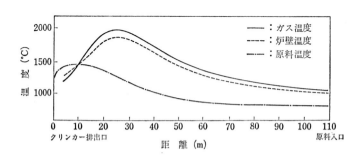

図 1·10　ロータリキルン内の温度分布

クリンカー1kgを生成するに必要な熱量(表3・3参照)は，計算上約420 kcal である．じっさいに消費する熱量は，かつての湿式ロングキルンでは1300～1400 kcalであったが，NSPキルンでは実に670 kcalに減小している．ロータリキルンの焼成帯にはられる耐火れんがは，塩基性マグクロれんが($MgCr_2O_4$とMgOが主成分)か，高アルミナ質れんが($\alpha\text{-}Al_2O_3$が主成分)がもちいられる．

キルンからでたクリンカーは，できるかぎり急冷却(quenching)を行い，クリンカーのほう壊(ダスティング現象，2・6・2項参照)を防止する必要がある．セメント工場でもっとも多く使用されているエアクエンチングクーラー(air-quenching cooler)の温度分布例を，図1・11に示す．クリンカーはキルンから長さ約70mのあみをもつ振動コンベヤー(shaking conveyor)の上におち，下から吹き上げてくる空気によって60～80℃まで冷却され，排出される．いっぽう，クリンカーから熱をうばった空気は，そのままプレヒーターにもどされる．

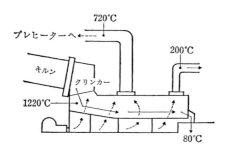

図1・11　エアクエンチングクーラー

1・6　仕上げ工程

クーラーからでてきたセメントクリンカーは，仕上げミル(大部分が2室に区分されたチューブミル)でセッコウを3～5％加えて微粉砕され，粒径3～30μmの大きさの微粒子のポルトランドセメントとなる．仕上げミルも大型化が進み，直径が5mをこえるものもある．いっぽう，大型化にともない粉砕温度も130～140℃ぐらいに上昇し，セメントの品質に影響をおよぼすおそれもでてきたので，ミル内への散水，通風強化などの対策がとられている．

こうしてつくられたセメントは，いったんサイロに貯蔵され，検査ののち

出荷される．工場から出荷されるセメントの 96% はばら積みで，トラック，貨車，タンカーなどで各地にはこばれる．残りは袋につめて出荷される．

　すでにのべたように，セメントの製造技術の進展はめざましいものがあるが，とくに注目されるのは，自動化である．すなわち，セメント工場では大量の原料をまったくの流れ作業により加工して，よどむことなく自動的に製品を仕上げていかなければならない．そのうえ，高温で大容量の熱量を使用しているので，工程上いささかの停滞も許されない．そこで，近年では製造工程にコンピュータを利用した集中制御方式を採用，全工場の主要設備を中央管理室で管理，制御するようになった．新しい工場では，原料，焼成，仕上げの3工程が完全に自動化され，常時6～7名の要員によって全工場が運転され，労働生産性はいちじるしく向上している．

　最後に国際的にも関心が深い工場の環境対策にふれたい．セメント工場では，粉じん，音響，ガス，振動，排水などが環境上の問題点となっているが，これらは設備の充実によりほとんど解消できる．とくに粉じんについては各種の集じん機を設置し，粉じんのほとんどは回収されて，セメント原料にももどしている．石炭灰はそのままセメント原料となるし，硫黄酸化物 SO_x についても，キルンそのものが一種の脱硫装置となっているので，あまり問題にはならない．

セメントの固体化学的基礎

図 2・1 セメントクリンカー

ポルトランドセメントという材料について考えてみると，エジプト，ローマの時代をへて使用されてきた古代のセメントが，1824年にいたり Joseph Aspdin の発明によりポルトランドセメントに発展したのであるが，その間まったくの経験的な技術の延長として，こんにちにいたったといっても過言ではない．水とねりあわせると，わずか数日で圧縮強さ $1000\,\mathrm{kg/cm^2}$ というような岩石の強さにひけをとらないコンクリートをつくることができる，まことに便利なセメントであるが，どうしてこのようにかたまるのか，その機構についての明確な解答は，いまだでていないのである．

このような物質変化や物性発現の原理については，材料科学という新しい学問のわく組みをとおして，セメントを見なおしてみると，ある程度の整理が可能となり，材料としてのセメントの新しい像が浮かんでくるのである．

この章では，ポルトランドセメントという一つの材料が，水と反応してどのような強固な構造や組織をつくり上げていくかを考えるまえに，まず，セメントに関係するいろいろな化合物を素材として，最小限度の固体化学的知識を学ぶこととする．

2・1　材料科学から見たセメント

金属 (metal)，プラスチック (plastics)，セラミックス (ceramics) に大別される，いわゆる材料 (materials) についての研究は，それぞれの構造の結合様式が異なるため，従来はまったくべつべつの分野で発達してきた．しかし近年，材料を合成したりその性質をしらべるという共通の理念から，新しい学問体系としての材料科学 (materials science) にまとめられた．この学問の目的は，(1) 物質の特性をあきらかにすること，(2) 新しい物質をつくりだすための基本原理をあきらかにすること，(3) 材料の性質変化の基本原理をあきらかにすること，である．従来の材料の研究は，経験的な知識の累積 (try and error method) であったが，材料科学によれば，理論的にみちびかれる当然の結果として新しい材料の開発が可能となるのである．

材料科学の学問体系については，こんにち，なお多くの議論があり，研究者によっても見解を異にするが，反応論，状態論，物性論について考えれば，

固体化学 (solid-state chemistry) と固体物理 (solid-state physics) が，重要な学問的基礎となっていることは間ちがいない．しかし，いまセメントという材料の合成と性質という問題にしぼると，その中心は 素材―設計―合成―組成―構造―性質 を軸とする固体化学ということになろう．本書をあえて「セメントの材料化学」と題したのも，ここに理由がある．

近年，材料科学のいちじるしい発展により，新しい金属やセラミックスの開発はめざましいものがあるのに，ポルトランドセメントの材料的価値はどの程度に向上したであろうか．残念ながら，セメントやその水和物の構造や組織はあまりにも複雑で，ファインセラミックスの場合のように，純粋物質の合成，添和物質による構造や性質の制御といったような材料科学の常道が通用しないのである．

セメントという材料を展望すると，原料→処理→材料→性質→用途 という流れをへて最終的にはコンクリートとなる．すなわち，セメントの材料としての用途は，あくまでも土木，建築用のコンクリート材料であり，その性質としては適度の速度でかたまり，硬化したものは原形に対して膨張も収縮もなく，構造材料としてじゅうぶんな強度をもつこと，などが求められている．厳密に管理された状態で原料を処理すれば，つくられる材料の性質というものは，つねに材料科学的に同定できるキャラクター (character) をもっているはずである．このキャラクターとは性質 (property) よりも広い意味での 組成―構造―性質 の相関関係を示しており，このような関係をあきらかにすることを，キャラクタリゼーション (characterization) とよんでいる．

ポルトランドセメントの場合は，原料の成分調整をじゅうぶんに行っても，天然鉱物をそのまま原料として使っているので，できあがったセメントの組成や性質はかなりの変動は避けられず，そのキャラクタリゼーションも容易なことではない．しかし，近年の機器分析のいちじるしい進歩により，セメントやその水和物のÅ単位の組織もあきらかになり，また，セメントを構成する化合物の一つ一つを合成して，その構造や性質もかなりはっきりしたものとなりつつあり，セメントの本質に一歩ずつ迫っている．そして，これらの知識をもとにして，現在のセメントの性質を改良したり，新しいセメントを開発しようとする気運が生れている．

しかし，今後，セメントの材料科学的研究がどんなに進んだとしても，セメントが大量消費型の材料である以上，石灰石，粘土，高炉スラグのような大量，安価に生産される天然鉱石や工業副産物を，原料として求めつづけざるをえないであろうし，現在のポルトランドセメントがまったく新しい素材による新しいセメントにとって代わられる可能性は当分のあいだはないであろう．しかし，材料科学的な知識のつみかさねによりセメントの化学組成を知るだけで，ある程度の範囲でその性質を予測することができるようにはなるであろうし，反応条件の拡大により，20年もかかるというセメントの硬化反応も制御可能となるであろう．さらに異種材料との組みあわせによる新しい複合材料の設計もいろいろと考えられるであろう．また，コンクリートの欠点もいろいろあるが，曲げに弱い，ひびがはいりやすい，アルカリがしみでて表面に白いかびがでてくる，水や酸におかされやすいなど，これらの改善は，いつに骨材の接合材としてのセメントの性質の改善にかかっている．

2・2 単位格子と結晶系

水と反応してかたまるというセメントの重要な性質は，セメント製造工程のなかでもキルン内での原料の焼きぐあいによってきまるといっても過言ではない．すなわち，焼成は石灰石や粘土などの原料粉体の固相反応によって，クリンカーという新しい結晶の集合体を形成する工程である．このような高温反応による原子やイオンの組みあわせや配列のしかたが，終局的にはセメントの性質を支配しているのである．

固体(solid)は原子の集合体である．無数の原子が無限大のかなたからあつまってきて，互いに接近することによって，ぜんたいのエネルギーを低め，もっともポテンシャルエネルギーの低い位置におちつく．これよりも近づけば反発力，離れようとすれば引力がはたらく．そのときの原子の大きさや結合の方向性などから，もっとも安定な結合状態としてイオン結合 (ionic bond)，共有結合 (covalent bond)，金属結合 (metallic bond)，ファンデルワールス結合 (van der Waals bond) などが知られている．このような結合が3次元的に無限につながっているときに，強固な固体となる．

固体においては，ファンデルワールス結合によるもののほかに分子 (molecule) というものは存在しない.粘土の主成分はカオリナイトという化合物で,その組成式は $Al_2O_3 \cdot 2SiO_2 \cdot 2H_2O$ であらわされるが,これは分子式ではない.また,この化合物は $Al_2Si_2O_5(OH)_4$ という式であらわすこともできるが,これはこの化合物のなかに Si_2O_5 基や OH 基というような原子集団が存在することを示しており,示性式とよばれている.

原子が3次元的に秩序正しく配列すると,結晶 (crystal) となる.同種原子について中心位置を線でむすぶと,図2・2(a)に示すような空間格子ができる.

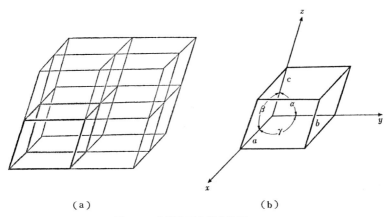

(a) (b)

図 2・2 空間格子と単位格子

この格子は太線で示すような平行六面体が単位となっている.これは単位格子 (unit lattice) とよばれ,結晶の形や大きさをあらわす重要な基本単位となっている.単位格子は図2・2(b)に示すような $a,\ b,\ c$ と,これらのあいだの角 $\alpha,\ \beta,\ \gamma$ の6個の変数からなり,これらは格子定数 (lattice constant) とよばれている.$a,\ b,\ c$ をのばした直線を結晶軸 $x,\ y,\ z$ とよぶ.単位格子のとりかたには,いろいろ考えられるが,空間格子のもつ対称性をもっともよくあらわす外形で最小体積のものがえらばれ,図2・3に示すような7種の結晶系 (crystal system) に分類される.

図2・3に示した単位格子は,いずれも各頂点だけに原子が存在する単純格子 (primitive lattice) であるが,そのほかに頂点以外の格子点をふくむ複合格子 (complex lattice) がある.たとえば,立方晶の複合格子は図2・4に示すよ

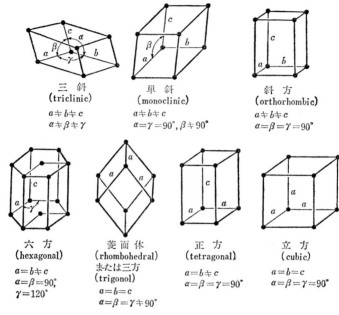

図 2・3 単位格子の外形と結晶形

うな,立方体の面の中心に格子点を有する面心立方格子 (face centered cubic lattice) と立方体の体対角線の中心に格子点を有する体心立方格子 (body centered cubic lattice) がある.いずれも2個の単純立方格子をずらせて,かさねあわせることによりつくることができる.格子定数は単純立方格子のそれと同じである.

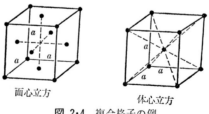

図 2・4 複合格子の例

単位格子は結晶中の原子配列を正確に知ることができる最小の単位で,有機化合物の構造式に相当する重要なものである.

結晶のモデルは構成する原子（またはイオン）の大きさに相当する球を空間に配列することにより，じっさいに近い形となるが，複雑な結晶となると内部の配列状態がはっきり見られない．そこで，原子やイオンの大きさは無視して単位格子のなかに，その位置だけを示す方法が多くとられている．セメントに関係の深い酸化カルシウム (calcium oxide, CaO) は代表的なイオン結晶であるが，図 2・5 は Ca^{2+} と O^{2-} のイオン球充てんモデルと単位格子とを比較したものである．イオンの位置だけを示した単位格子のほうが面心立方格子の配列がよくわかるであろう．

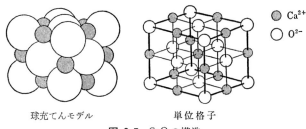

球充てんモデル　　　　単位格子

図 2・5　CaO の構造

結晶格子は原子が配列する平行平面群，すなわち，結晶面によって構成されている．これらの結晶面は結晶軸 x, y, z に対してある傾きをもっているので，その傾きの程度を面指数（または Miller 指数）をもちいて各結晶面を区別する．すなわち，図 2・6 に示すように単位格子の a, b, c を，それぞれ h, k, l 等分している面は (hkl) であらわされ，その面間隔は $d_{(hkl)}$ となる．

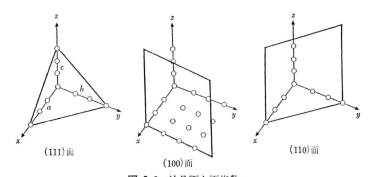

(111)面　　　　(100)面　　　　(110)面

図 2・6　結晶面と面指数

結晶軸に平行な面は 0 であらわす．たとえば，z 軸に平行な面は $(hk0)$ 面となる．図 2·5 の CaO の面心立方格子を見ると，見かけ上は (100) 面が 6 面で立方体を構成しているように見えるが，じっさいには a を 2 等分する面がはいっているので，すべて (200) 面ということになる．

六方晶だけは上記とは異なる面指数の名づけかたが採用されている．すなわち，図 2·7 に示すように六方格子中に太線で区別したような三方格子を仮定すると，ほかの格子と同じように同一平面上の a_1, a_2 と，これらに垂直な c 軸によってさだまるが，六方格子となると，a_1, a_2 と対称的な a_3 軸が使われ，面指数は 4 本の軸により $(hkil)$ であらわされることになる．

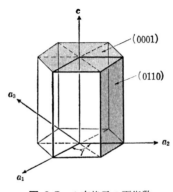

図 2·7　六方格子の面指数

2·3　X 線による結晶解析

X 線回折法 (X-ray diffraction method) は，固体化学におけるもっとも重要な研究手段である．

いま，無数にかさなる平行な結晶面に，X 線のような結晶の面間隔 (約 1 Å) とあまり変わらない波長をもった電磁波を入射すると，その大部分は結晶中を透過してしまうが，その一部は結晶面に配列している各原子にぶつかり散乱する．その散乱波は互いに干渉しあって消えてしまうが，たまたま位相がそろって特定方向に進んだ波は消えない．これが回折波である．

図 2·8 に示すように波長 λ の X 線が，ある結晶面 (hkl) と θ の角度で入

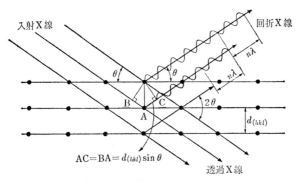

図 2·8 平行結晶面によるX線の回折

射すると,X線は内部を直進しながら,ぶつかる平行結晶面からわずかずつのX線を回折する. $d_{(hkl)}$ だけ離れた隣りの面からの回折X線の行路差 BAC は $2\,d_{(hkl)}\sin\theta$ であり,これらの回折X線の波の山と山とがそろって強めあうためには,この行路差がちょうど波長 λ の整数倍 $(n\lambda)$ でなければならない.これがX線回折の基本式となっている Bragg の条件である.

$$2\,d_{(hkl)}\sin\theta_{(hkl)} = n\lambda \tag{2·1}$$

ここに $\theta_{(hkl)}$ は (hkl) 面から回折する入射X線の角度である.このようにある特定の結晶面 (hkl) の面間隔 $d_{(hkl)}$ は $\theta_{(hkl)}$ から求められるが,単位格子の形と大きさは格子定数によって求められるので,いろいろな結晶面における $d_{(hkl)}$ と (hkl) を手がかりとして格子定数を算出する.たとえば,立方晶の場合,つぎのような関係式が知られている.

$$d_{(hkl)} = \frac{a}{\sqrt{h^2+k^2+l^2}} \tag{2·2}$$

X線回折法のなかでもっとも広くもちいられている測定方法が,粉末法 (powder method) である.試料が粉体で微小結晶の集合体である場合,これらの結晶粒はいろいろな方向を向いている.このような集合体に一定波長のX線をあてると,たまたま Bragg の条件を満足する結晶の面だけで回折現象がおこる.

X線回折装置は,X線発生装置,ゴニオメータ,計数装置からなっている.

図2·9に示すようにゴニオメータの中心に粉末試料の充てん層をおき，X線の入射角を変えてやると，回折角 2θ の位置に比例計数管が設置されていて，記録紙上に回折強度に応じて高さの異なるいくつかのピークが記録される．これが回折図形 (diffraction pattern) である．

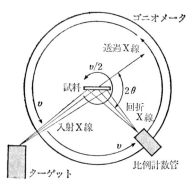

図 2·9　X線回折装置

図2·10はCuターゲットをもちいた場合 (K_α 線の波長 $\lambda = 1.5418$ Å) のCaOとMgOのX線回折図形である．いずれの図形においても面心立方格子の主要結晶面 (200), (220), (222) のピークがはっきりとあらわれており，CaOもMgOも同じ結晶構造であることがわかる．回折強度は (200)＞(220)＞

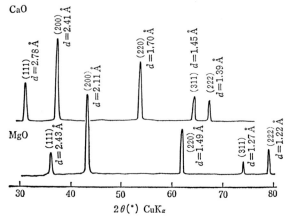

図 2·10　CaOとMgOのX線回折図形

(222) の関係にあるが,陽イオンと酸素イオンとの距離が,それぞれ r,$\sqrt{2}\ r$,$\sqrt{3}\ r$ の関係にあり,密度が高い面ほど回折強度は高くなるからである.各ピークの 2θ からそれぞれの $\theta_{(hkl)}$ が求まり,(2·1) 式によって,それぞれの面間隔 $d_{(hkl)}$ が算出される.面間隔の長さは $d_{(200)} > d_{(220)} > d_{(222)}$ となる.CaO と MgO とは同じ面心立方格子であるが,イオンの大きさは Ca^{2+} 0.99Å,Mg^{2+} 0.66Å であるため CaO 格子の面間隔は MgO のそれとくらべて,かなり大きくなっている.結晶面 (hkl) とその面間隔 $d_{(hkl)}$ は,その結晶に特有なものであるから,未知試料の回折図形と標準試料のそれをくらべれば,すぐにその結晶がなんであるかの判定を行うことができる.

ポルトランドセメントクリンカーは,石灰石 (CaO 成分) と粘土 (Al_2O_3, SiO_2, Fe_2O_3 の 3 成分) を約 1450°C で焼成し,焼結させてえた塊状物である.それぞれの成分を C,A,S,F と略すと,主要化合物は C_3S,C_2S,C_3A,C_4AF の 4 種となる.これらをセメント化合物と称することとする.もっとも一般的なセメントクリンカーのX線回折図形を,図 2·11 に示すが,これら 4 種のセメント化合物の回折ピークがいりみだれている.いっぽう,単独に合成したセメント化合物の回折図形も参考にかかげておいたが,クリンカーの回折図形と対比すれば,クリンカーを構成する 4 種の化合物をそれぞれ同定することができる.また,回折強度は結晶の含有量と比例的関係にあるので,互

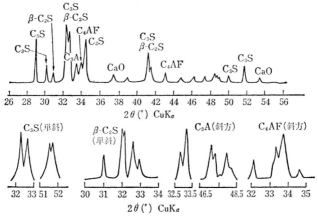

図 2·11 セメントクリンカーとセメント化合物のX線回折図形

いにかさなりあわない回折ピークをえらび，その面積比からそれぞれの化合物を定量することも可能である．

定量に利用できる回折ピークについては，いろいろ検討されているが，CuK$_\alpha$線をもちいた 2θ の値で，C$_3$S（単斜晶）の29.3°，C$_3$A（斜方晶）の33.2°，C$_4$AF（斜方晶）の33.8°，CaO（立方晶）の37.1°などがあげられる．β-C$_2$S（斜方晶）のピークの多くは C$_3$S のピークとかさなっているので，強度の小さい 31.0° のピークをもちいることが多い．

回折図形のピーク状態から結晶発達の程度を知ることができる．鋭いピークは，じゅうぶんに発達した結晶を示し，ひろがりの大きいピークは，結晶がじゅうぶんに発達していないことを示している．図 2・11 のクリンカーの回折図形からも結晶性のよい C$_3$S が多量（約 50％）に存在していることがわかるが，いっぽう，X 線では検知できないガラス質もかなり存在するといわれている．

2・4　酸化物とその固溶体の構造

酸素（O）はクラーク数 1，地殻中の 49.5％ をしめる元素で，しかもフッ素（F）についで電気陰性度が大きいため，多くの金属元素と酸化物（oxide）をつくり資源的に広く利用されている．

ポルトランドセメントとその原料は，地殻のなかに比較的豊かに存在するケイ素（Si），アルミニウム（Al），カルシウム（Ca），鉄（Fe）などの金属酸化物があつまって化合状態となったものである（表 1・1 参照）．もっとも簡単な形の酸化物としては，K$_2$O，Na$_2$O，CaO，MgO，FeO，Fe$_2$O$_3$，B$_2$O$_3$，TiO$_2$，SiO$_2$ のような組成からなる単一酸化物（simple oxide）がある．これらの酸化物は，さきの図 2・5 に示した CaO の構造からもわかるように，金属イオンと酸素イオンとが平等な格子を形成している．これらの酸化物の安定性は，金属イオンと酸素イオンとの結合力の大小と密接な関係にある．

いま，陽イオン，陰イオンの電荷を，それぞれ z_1, z_2 とし，陽イオンの半径を r とすると，イオン間結合力は $z_1 z_2 / r^2$ により近似的に求められる．これによると結合力の大きさの順位は K$_2$O＜Na$_2$O＜CaO＜FeO＜MgO＜Fe$_2$O$_3$＜Al$_2$O$_3$＜TiO$_2$＜B$_2$O$_3$＜SiO$_2$ となり，結合力の小さいものほど塩基性で，結

合力の大きいものほど酸性であることがわかる．したがって，セメントキルンのなかで，石灰石 ($CaCO_3$) の熱分解によって生成した塩基性 CaO はきわめて活性にとみ，粘土の熱分解によって生成する酸性の SiO_2 や Al_2O_3 とすみやかに反応して，$3CaO \cdot SiO_2(C_3S)$ や $3CaO \cdot Al_2O_3$ (C_3A) に変化するのである．

つぎに，2種以上の単一酸化物が組みあわさると，複合酸化物 (complex oxide) または酸素酸塩 (oxy salt) ができる．複合酸化物は，O^{2-} の密充てんのすき間に2種以上の金属イオンがはいり，平等なイオン格子を形成したもので，その構造は基本的には単一酸化物と同じで，安定である．

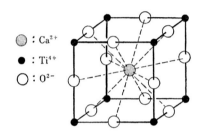

図 2·12　$CaTiO_3$ の構造

$CaTiO_3$ は AO と BO_2 との組みあわせによる代表的な複合酸化物で，ペロブスカイト (perovskite) とよばれ，強誘電体として知られる $BaTiO_3$ など，多くの化合物がこれにぞくする．その構造は図 2·12 に見られるとおりの立方晶で，O^{2-} は Ca^{2+} のまわりに 12 配位し，Ti^{4+} のまわりに 6 配位して，Ca^{2+} と Ti^{4+} とは酸素格子のなかに平等に組みこまれている．融点は 1970°C の安定構造であるが，じっさいには Ca^{2+} の変位が大きく斜方晶となっている．

セメント化合物の一つである C_3A は，AO と B_2O_3 との組みあわせによる複合酸化物で，その組成は $3CaO \cdot Al_2O_3$ とも $Ca_3Al_2O_6(Ca_{1.5}AlO_3)$ ともあらわすことができる．純粋な C_3A は $CaTiO_3$ (C_3A 単位格子に対応させると $a=15.25$ Å) によくにた立方晶 ($a=15.29$ Å) であるが，ポルトランドセメントのクリンカー中では，これに微量の Na_2O などが固溶して斜方晶に変形している．立方晶 C_3A の構造を図 2·13 に示す．単位格子中には 24 個の C_3A がふくまれている．図は単位格子の $Z=0$（z 軸に対して垂直な最下面）の投影図で

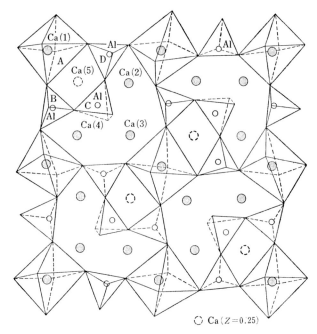

図 2・13 立方晶 C_3A の構造 ($Z=0$)
森川日出貴ら,セメント技術年報, 28, 37 (1974).

あり,CaO_6 八面体と AlO_4 四面体とが頂点共有で 3 次元的に連結しているのがよくわかる.すなわち,O^{2-} をはさんで Ca^{2+} と Al^{3+} とが平等なイオン格子を形成している.その基本構造は CaO_6 八面体 A と AlO_4 四面体 B, C, D がつらなる環状構造が,さらに 1 層上の 1 個の CaO_6 八面体と 3 個の AlO_4 四面体がつらなる環状構造と縦に連結して,$Ca_2Al_6O_{24}$ を構成している.$Ca_2Al_6O_{24}$ 中の Ca はすべて 6 配位であるが,その外側には 9 配位の Ca(2),Ca(4),7 配位の Ca(3),8 配位の Ca(5) ($Z=0.25$ の層だけに存在) が,それぞれ配列している.

いっぽう,酸素酸塩は,複合酸化物と同じように AO と BO_n との組みあわされたものであるが,B イオンの大きさが小さく電荷密度が高くなるにつれて,O^{2-} の電子雲を強力に引きつけ電子対共有による B‐O 結合を形成する.すなわち,A イオンと B イオンとはもはや平等な格子をつくらず,正電荷をもつ A イオンと負電荷をもつ BO_n イオンからなるイオン格子となる.

これが酸素酸塩で,カルシウム塩を例にとっても,$CaCO_3$, Ca_2SiO_4, $Ca_3(PO_4)_2$, $CaSO_4$, $Ca(NO_3)_2$ など,その種類はきわめて多い. $CaTiO_3$ や $Ca_3Al_2O_6(C_3A)$ のような複合酸化物では TiO_3^{2-} や $Al_2O_6^{6-}$（または AlO_3^{3-}）のような原子団を格子中にみとめることはできないが,上記のカルシウムの酸素酸塩では, CO_3^{2-}, SiO_4^{4-}, PO_4^{3-}, SO_4^{2-}, NO_3^- のような酸素酸陰イオンを形成する原子団をはっきりみとめることができる.

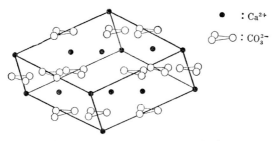

図 2·14 カルサイト（$CaCO_3$）の構造

図 2·14 に石灰石 (limestone) の主成分カルサイト (calcite, $CaCO_3$) の単位格子を示す. 図 2·5 の CaO の面心立方格子を体対角線の方向におしつぶした菱（りょう）面体格子で, Ca^{2+} の位置はそのまま, O^{2-} の代わりに平面三角形の CO_3^{2-} が配列している. $Ca-CO_3$ 間はイオン結合であるが, C-O 間は共有結合であるため, CO_3 基は安定で 890℃ で CO_2 蒸気圧が 1 気圧をこえると熱分解し, CO_2 を気散し O^{2-} を残し, 格子は収縮しながら面心立方格子の CaO となる.

2 種以上の酸化物（または塩）が組みあわさってできる化合物の形として, もう一つ,固溶体 (solid solution,略号 ss) があげられる. この固溶体は,単一酸化物,複合酸化物,酸素酸塩のいずれの場合でも,多成分系の熱力学的平衡により結晶中のあるイオンが異なる種類のイオンとおきかわることによって生成することが多い. 固溶体生成の基本条件は,固溶しようとする 2 種の化合物が同じ構造形であり,置換しようとする 2 種のイオンは電荷が同じで大きさも近い（その差は約 15% 以内）ということである.

イオン結晶はイオン球の充てん物（図 2·5 参照）であるから, その空間でのつめあわせを考える場合,イオンを一定の半径を有する球とみなすと便利で

ある.そこで,セメントに関係する化合物の構成イオンのイオン半径 (ion radius) を表2·1に示す.ただし,これらの数値は厳密なものではなく,あくまでも便宜的なものである.

表 2·1　イオン半径 (Å)

Li^+	0.68	Be^{2+}	0.35	Ti^{3+}	0.76	Ti^{4+}	0.68	F^-	1.33
Na^+	0.97	Mg^{2+}	0.66	Cr^{3+}	0.74	Zr^{4+}	0.76	Cl^-	1.81
K^+	1.33	Ca^{2+}	0.99	Mn^{3+}	0.66	Si^{4+}	0.42	O^{2-}	1.40
Cu^+	0.96	Sr^{2+}	1.12	Fe^{3+}	0.64			S^{2-}	1.84
		Ba^{2+}	1.34	Al^{3+}	0.55				
		Fe^{2+}	0.74						

まず,単一酸化物の固溶体の例として,CaOとMgOとの組みあわせがある.CaOもMgOも同じ面心立方格子にぞくするが,イオン半径はCa^{2+} 0.99 A,Mg^{2+} 0.66 A で大きさがかなり異なるため,完全固溶はできず部分固溶することが知られている.図2·15にCaO-MgO系状態図を示すが,2370°Cで固溶量は量大値を示し,MgO側ではCaOが8%,CaO側ではMgOが14%,

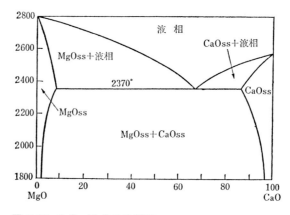

図 2·15　CaO - MgO 系状態図(R. C. Domans et al., 1963)

それぞれ固溶することが実験的にたしかめられている.MgO側において大きなCa^{2+}は小さなMg^{2+}とおきかわりにくいが,CaO側では小さなMg^{2+}は大きなCa^{2+}とおきかわりやすいことが理解できるであろう.図2·11のセメ

ントクリンカーのX線回折図形からも遊離 CaO の存在がみとめられるが，1500°C 近くで焼成されているので，微量の FeO や MgO を部分固溶し，比較的安定構造となっている．CaO - MgO 系固溶体の構造を図 2·16 に示す．さきの図 2·5 の CaO の面心立方格子において，任意の位置の Ca^{2+} の一部を Mg^{2+} によっておきかえられた構造となっている．

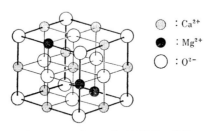

図 2·16　CaO - MgO 系固溶体の構造

つぎに酸素酸塩の固溶体の例として，Mg_2SiO_4 - Fe_2SiO_4 系固溶体についてのべる．ホルステライト (forsterite, Mg_2SiO_4) は，カンラン石 (olivine) の主成分として知られているが，Mg^{2+} の一部は Fe^{2+} に置換されて，$(Mg_{1-x}Fe_x)_2SiO_4$ の形をとることが多い．この場合は Mg_2SiO_4 も Fe_2SiO_4 (fayalite) も同じ斜方晶で，イオン半径は Mg^{2+} 0.66 Å，Fe^{2+} 0.74 Å で，大きさがひじょうに近いため，完全固溶を示す．図 2·17 はその状態図を示すが，両者の混合比に応じて任意組成の固溶体がえられ，融点は 1890 から 1205°C まで連続的に変化することがわかる．Fe^{2+} の固溶量に応じて $Mg_2SiO_4(M_2S)$ から $MgFeSiO_4$ (MFS) へと変化していく過程のX線回折図形を，図 2·18 に示す．固

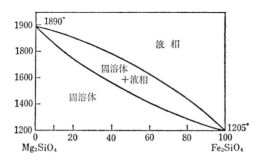

図 2·17　Mg_2SiO_4 - Fe_2SiO_4 系状態図 (N. L. Bowen et al., 1935)

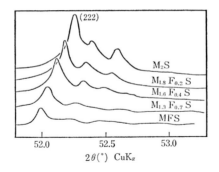

図 2・18　Mg_2SiO_4 - Fe_2SiO_4 系固溶体のX線回折図形
荒井康夫，永井彰一郎，石膏と石灰，No.67, 245 (1963).

溶にともない (222) 面の回折ピークは低角度側にずれていくが，これは小さい Mg^{2+} が大きい Fe^{3+} におきかえられる結果，格子は膨張し θ は小さくなるからである．

　置換固溶を行うのは陽イオンだけでなく，同じ条件で陰イオンもしばしば固溶する．たとえば $CaSO_4\cdot 2H_2O$（セッコウ）と $CaHPO_4\cdot 2H_2O$ は，いずれも単斜晶にぞくする同じ構造形であり，しかも SO_4^{2-} と HPO_4^{2-} の大きさもほとんど変りない．したがって，リン鉱石 $3Ca_3(PO_4)_2\cdot CaF_2$ を硫酸分解してリン酸液とセッコウをえる場合，セッコウとともに HPO_4^{2-} も共沈して $Ca(SO_4\cdot HPO_4)\cdot 2H_2O$ 固溶体が生成しやすい．リン酸工業から副産されるリン酸セッコウ (phosphogypsum) には，しばしばこの形態のリン酸分が微量固溶し，たんなる水洗ではとりのぞくことができず，そのままセメント原料としてもちいると，セメントの凝結に大きな影響をおよぼし問題となる．

　最後に複合酸化物の固溶体の例として，セメント化合物の一つである C_4AF についてのべる．その組成は $4CaO\cdot Al_2O_3\cdot Fe_2O_3$ または Ca_2AlFeO_5 であらわされるが，じっさいには $2CaO\cdot Al_2O_3$ (C_2A) と $2CaO\cdot Fe_2O_3$ (C_2F) とのあいだの固溶体で，$Ca_2(Al_{1-x}Fe_x)_2O_5$ である．C_2A も C_2F も同じ斜方晶で，イオン半径は Al^{3+} 0.55 Å，Fe^{3+} 0.64 Å でその差はわずかであり，一部の AlO_4 四面体の中心の Al^{3+} が Fe^{3+} に任意置換して完全固溶を示す（図 3・19 参照）．
したがって C_4AF という組成は，はっきりしたものではない．$2CaO\cdot Al_2O_3$ において，Al^{3+} を Fe^{3+} に置換していくと，図 2・19 のX線回折図形に見られ

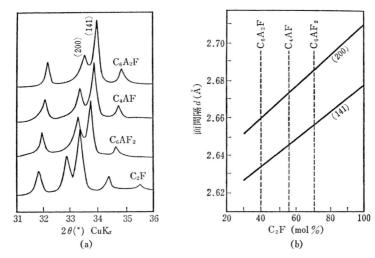

図 2·19　2CaO·Al$_2$O$_3$ - 2CaO·Fe$_2$O$_3$ 系固溶体の X 線回折図形
D. K. Smith, *Acta Cryst.*, 15, 1146 (1962).

るような格子の膨張がみとめられる．この系の固溶体では，さらに Ca^{2+} ⇌ Mg^{2+}, Al^{3+} ⇌ Si^{4+} の部分固溶も行われるという研究もある．

セメント化学においては，セメント化合物を C$_3$S, C$_2$S, C$_3$A, C$_4$AF というような略号であらわしているが，これはあくまでも組成を便宜的にあらわしただけで，それぞれのもつ構造とはまったく関係ない．すなわち，酸化物の形態という立場からみると，C$_3$S は Ca$_3$O(SiO$_4$) であらわされ，単一酸化物 CaO と酸素酸塩 Ca$_2$SiO$_4$ とが組みあわさった複合酸化物である．また，C$_2$S は Ca$_2$SiO$_4$ であらわされる酸素酸塩であり，C$_3$A は Ca$_3$Al$_2$O$_6$ であらわされる複合酸化物であり，C$_4$AF は Ca$_2$(Al$_{1-x}$Fe$_x$)$_2$O$_5$ であらわされ，複合酸化物どうしが任意割合 x で組みあわさった完全固溶体であり，おのおのの構造がはっきり異なることを，じゅうぶん認識しておく必要がある．

2·5 ケイ酸塩の構造

ケイ酸塩 (silicate) は代表的な酸素酸塩で，大小さまざまのケイ酸基を形成し種類もきわめて多い．地殻を構成する元素の存在量を考えると，O 49.5%, Si 25.8%, Al 7.56% の順で，これらの3元素の合計だけで 82.86% に達

する．このことは地球の表面近くの大部分は，ケイ酸塩やアルミノケイ酸塩 (aluminosilicate) として存在することが示されている．アルミノケイ酸塩として代表的な鉱物は，粘土 (clay) である．単一酸化物としての SiO_2 は，ケイ石 (quartzite) として産出するが，その量は少ない．

SiとOとの結合の基本形は，SiのまわりにOが4配位する SiO_4 四面体結合で，その結合はイオン結合性50％，共有結合性50％であるといわれる．この四面体が多数あつまり，それぞれの頂点にあるOのいくつかを共有しながらつながり，そのつながり方によって環状，鎖状，層状，網状などの大形ケイ酸イオンを構成するのである．これらのケイ酸イオンのO/Si比は4から2のあいだにあり，2に近づくほど，SiO_4 四面体のつながりはふえ，大形イオンとなる．

2・5・1　C_2S と C_3S の構造

もっとも小形のケイ酸イオンは，SiO_4 体四面体がそのまま独立陰イオンとなった SiO_4^{4-} イオンで，そのO/Si比は4である．金属イオンとイオン結合により Ca_2SiO_4，Mg_2SiO_4 のような酸素酸塩をつくる．このような形のケイ酸塩をオルトケイ酸塩 (orthosilicate) とよぶ．

Ca_2SiO_4 は組成式 $2CaO \cdot SiO_2$ から C_2S と略称されているが，ポルトランドセメントを構成する重要なセメント化合物の一つである．その示性式 Ca_2SiO_4 から理解されるように，構造中には SiO_4^{4-} 原子団がはっきりとみとめられる酸素酸塩で，結晶配列の相違から $\alpha, \alpha', \beta, \gamma$ の4種の変態が知られている．これらの C_2S の多形は，O^{2-} の充てん配列の相違により生ずるもので，Mg_2SiO_4 型と $\beta-K_2SO_4$ 型の二つの構造形に大別できる．なかでも $\gamma-C_2S$ だけが Mg_2SiO_4 型で，そのほかの C_2S の変態はすべて $\beta-K_2SO_4$ 型が基本となっている．

まず，$\gamma-C_2S$ の構造を図 2・20 (1) に示す．この変態は常温で安定な斜方晶 ($a=5.081$ Å，$b=11.224$ Å，$c=6.778$ Å) で，その配列は O^{2-} の六方密充てん*のすき間の4配位位置に Si^{4+} がはいり独立した SiO_4^{4-} イオンをつくっている．6配位位置に Mg^{2+} がはいると Mg_2SiO_4 (ホルステライト) となり，Ca^{2+} がは

---

* 同じ大きさの球を密充てんする方法には，立方密充てんと六方密充てんとがあり，いずれも12配位をとるが，前者のほうが対称性がよい．

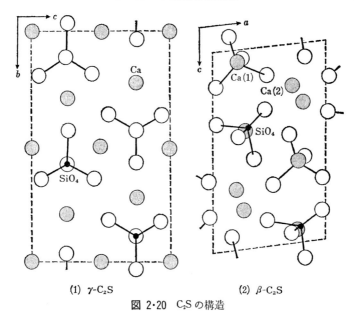

(1) γ-C₂S　　　(2) β-C₂S
図 2·20　C₂S の構造

いると γ-Ca₂SiO₄(γ-C₂S) となる．この構造は対称性のよい安定構造のため，γ-C₂S はホルステライトと同じように水和性を示さず，セメント化合物としては不適当である．

β-C₂S はポルトランドセメント中に存在するもっとも一般的な C₂S の変態で，単斜晶 (a =5.513 Å, b =6.763 Å, c =9.321 Å, β =94.55°) にぞくし，β-K₂SO₄ 型の配列をとる．

β-K₂SO₄ 型の特徴は，O^{2-} の配列が Mg₂SiO₄ 型ほど対称性がよくないことである．そのため単位格子の O^{2-} の配列のすき間に，4配位位置，8配位位置，10配位位置がそれぞれ4個所ずつ存在し，Mg₂SiO₄ 型とくらべ大きな陽イオンを収容できることである．すなわち，図 2·20(2) に見られるとおり，4配位位置には Si^{4+} がはいって SiO_4^{4-} となり，8個の Ca^{2+} のうち4個は SiO_4^{4-} のむこう側とこちら側とに2個ずつ分かれて Ca(1)O₁₀ 配位を構成し，残りの4個は SiO_4^{4-} のあいだにあって Ca(2)O₈ 配位を構成している．β-C₂S における Ca‐O の平均原子間距離は，γ-C₂S の Ca‐O のそれとくらべると，いちじるしく大きく，それだけ不安定で水和しやすい性質をもっている．

β–C_2S は常温では不安定であるが,ポルトランドセメントクリンカー中に生成する β–C_2S は,原料中の Al_2O_3, Fe_2O_3, アルカリなどが微量,固溶し,その安定化に寄与している.

そのほか,SiO_4^{4-} イオンをもっているが,C_2S とはちがった独特の形をもつオルトケイ酸塩として C_3S がある.C_3S はポルトランドセメントの性質を支配するもっとも重要なセメント化合物である.C_3S の組成式は $3CaO \cdot SiO_2$ であるが,示性式は $Ca_3O(SiO_4)$ であらわされるように単一酸化物と酸素酸塩が組みあわさった複合体である.Ca^{2+} とバランスをとる陰イオンとしては,SiO_4^{4-} と O^{2-} とが存在するため,β–C_2S よりもさらに不安定な構造で,水和性も大きい.

C_3S には7種の変態が知られているが,高温安定形でもっとも対称性のよ

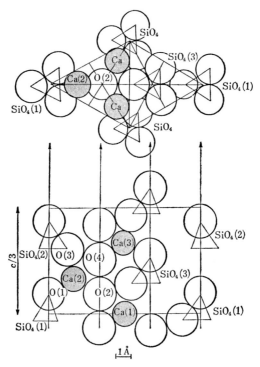

図 2・21 C_3S の構造

い菱面体晶 C_3S がその基本構造となっている．いっぽう，じっさいにポルトランドセメントのなかには，微量の不純成分が固溶して，安定化した単斜晶 C_3S が多くふくまれている．菱面体晶 C_3S の構造を図 2・21 に示す．その単位格子は，一辺 $a=7.0$ Å のひし形で，高さ 25.0 Å の c 軸上にのびた柱状体となっている．この単位格子は，さらに c 軸に直角にほぼ 3 等分することができる．最小単位は $c/9$ 格子となり，このなかには Ca^{2+} が 3 個，SiO_4^{4-} が 1 個，O^{2-} が 1 個ふくまれている．Ca(2) を見るとわかるように Ca^{2+} は SiO_4^{4-} の O^{2-} と結合しているいっぽう，独立した O^{2-} とも結合しているのが特徴である．

2・5・2 ケイ酸イオンの大形化

2 個の SiO_4^{4-} がそれぞれ 1 個の O 原子を共有してつながると，$Si_2O_7^{6-}$ イオンとなり，その O/Si 比は 3.5 である．このような形のケイ酸基をもつケイ酸塩を，二ケイ酸塩 (disilicate) という．その代表的な例としてオーケルマナイト (akermanite, $Ca_2MgSi_2O_7$) の構造を，図 2・22 に示す．正方晶の単位格子から原子団 $Si_2O_7^{6-}$ と，これらにぞくする O 原子を 6 配位する Ca^{2+} と 4 配位する Mg^{2+} をはっきりみとめることができるであろう．セメントクリンカーの生成過程で存在がみとめられているゲーレナイト (gehlenite, $Ca_2Al(SiAl)O_7$) も同じ構造の化合物である．メリライト (melilite) は，オーケルマナイトとゲーレ

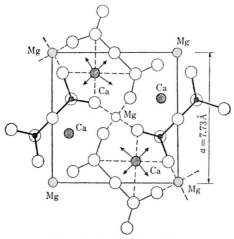

図 2・22 $Ca_2MgSi_2O_7$ の構造

ナイトとの固溶体で，製鉄工業から副産される高炉スラグ中にしばしば見いだされる化合物である．高炉スラグをポルトランドセメントと混合したものが，高炉セメントである．

3個のSiO_4^{4-}がそれぞれ2個のO原子を共有して環状につながると，$Si_3O_9^{6-}$イオンとなり，6個のSiO_4^{4-}が同じように環状につながると$Si_6O_{18}^{12-}$イオンとなる．O/Si比はいずれも3.0で，SiO_4四面体の数に応じてケイ酸イオンは大形化する．このような環状ケイ酸基をもつケイ酸塩を，環状ケイ酸塩 (cyclic silicate) という．

$Si_3O_9^{6-}$環をもつ例としては，高温型（α型）のウォルストナイト(wallastonite, $Ca_3Si_3O_9$)が知られ，$Si_6O_{18}^{12-}$環をもつ例としては，コージェライト(cordierite, $Mg_2Al_3(AlSi_5)O_{18}$)があげられる．図2·23にα-ウォルストナイト（単斜晶）の構造を示す．組成式は$CaO \cdot SiO_2$であるが，示性式は$CaSiO_3$ではなく$Ca_3Si_3O_9$であることに注意せよ．

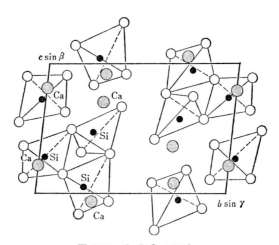

図 2·23 $Ca_3Si_3O_9$の構造

SiO_4四面体が，それぞれ2個のO原子を共有して無限にn個つながって鎖状となる形は，$(SiO_3)_n^{2n-}$となり，O/Si比は3.0である．この$(SiO_3)_n^{2n-}$の鎖を上下にかさねてさらに1個のO原子を共有させてつないだ二重鎖は$(Si_4O_{11})_n^{6n-}$となり，O/Si比は2.75となる．このような鎖状ケイ酸基をもつ

2 セメントの固体化学的基礎

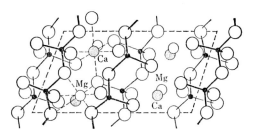

図 2・24 $CaMg(SiO_3)_2$ の構造

ケイ酸塩を，鎖状ケイ酸塩 (chain silicate) という．

$(SiO_3)_n^{2n-}$ 鎖を有する例として，ジオプサイド (diopside, $CaMg(SiO_3)_2$, 単斜晶) の構造を，図 2・24 に示す．そのほかにも $(SiO_3)_n^{2n-}$ を有する化合物としてエンスタタイト (enstatite, $MgSiO_3$, 斜方晶)，$β-$ウォルストナイト (低温型-$CaSiO_3$, 単斜晶) などがある．ポルトランドセメントの水和によってえられるセメントゲルも，$(SiO_3)_n^{2n-}$ 鎖を骨格とし，これらの鎖がからみあって硬化するという説が有力である．

$(Si_4O_{11})_n^{6n-}$ 二重鎖を有する例としては，代表的繊維質鉱物として知られている温石綿 (crysotile, $Mg_6(OH)_6Si_4O_{11} \cdot H_2O$) がある．温石綿はアスベスト (asbestos) の主成分で，スレートのようなセメント二次製品の補強材として使用されている．

2・5・3 層状ケイ酸塩と粘土鉱物

SiO_4 四面体が，それぞれ 3 個の O 原子を共有すると，図 2・25 (7) に示すような $(Si_2O_5)_n^{2n-}$ の層となり，O/Si 比は 2.5 となる．このような層状ケイ酸基をもつケイ酸塩を，層状ケイ酸塩 (sheet silicate) という．その代表的な例は，粘土の主成分であるカオリナイト (kaolinite, $Al_2Si_2O_5(OH)_4$) である．カオリナイトは単斜晶にぞくするが六方晶に近似し，その構造は図 2・25 (8), (9) から説明できる．すなわち，まず，ケイ酸 H_4SiO_4 の脱水縮合により $H_2Si_2O_5$ ができるが，これと $Al(OH)_3$ 層をかさねると，つぎのように脱水縮合してカオリナイトとなる．

$$(OH)_3Al_2(OH)_3 + (OH)_2Si_2O_3$$
$$\longrightarrow (OH)_3Al_2(OH)O_2Si_2O_3 + 2H_2O \uparrow \qquad (2\cdot3)$$

カオリナイトは $[Al_2(OH)_4]^{2n+}$ 層と $(Si_2O_5)_n^{2n-}$ 層とが接合した二重層である．接合の機構は，$Al_2(OH)_6$ 層の下面の 3 個の OH^- のうち 2/3 が $(Si_2O_5)_n^{2n-}$ 層の上面の O^- と置換，接合されたものと考えればよい．そして二重層と他の二重層とのあいだは，ファンデルワールス結合によってつながっている．粘土を水でねると，水分子はファンデルワールス層にしみこみ，その滑り作用により可塑性 (plasticity) を生ずる．

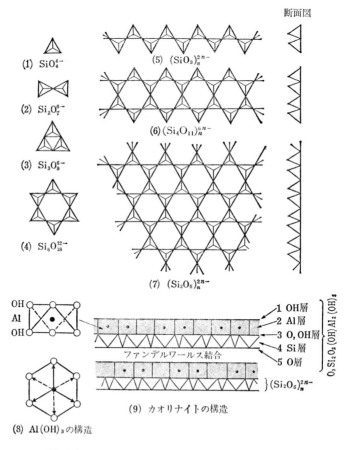

図 2・25　ケイ酸イオンの構造とカオリナイトの構成

二重層のカオリナイトの変形として,三重層の粘土鉱物が知られている.たとえば,ロウ石 (pyrophyllite, $Si_2O_5(OH)Al_2(OH)Si_2O_5$) や滑石 (talc, $Si_2O_5(OH)Mg_3(OH)Si_2O_5$) があるが,これらはカオリナイトのように水をよく吸収しない.その理由は上の示性式からも知れるように,極性の大きい水分子を引きつけやすい Al-OH 層や Mg-OH 層を両側から Si_2O_5 層ではさみこんでしまっているからである.

2・5・4 シリカの構造

SiO_4 四面体の 4 個の O 原子がすべて他の SiO_4 四面体によって共有されると,3 次元的に無限に広がった網状ケイ酸塩 (three-dimentional network silicate) となる.シリカ (silica, SiO_2) は,その代表的な例でケイ石として天然に産出する.もっともよく知られているシリカの変態は,石英 (quartz),トリジマイト (tridymite),クリストバライト (cristobalite) の 3 種で,それぞれ低温型 (α 型) と高温型 (β 型) とがある.高温型と低温型の構造はほとんど変りないが,対称性は高温型のほうがよい.

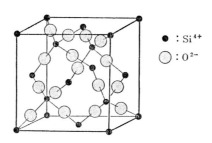

図 2・26 β-クリストバライトの構造

β-クリストバライトの構造は,図 2・26 に示すような面心立方格子の応用形である.SiO_4 の 4 個の O 原子はすべて他の SiO_4 によって共有されているので陽イオンのつく余地はなく,SiO_2 は中性で,O/Si 比は最終値 2 となる.

SiO_2 の格子中の一部の SiO_4 四面体の中心の Si^{4+} を Al^{3+} によって置換すると,$Si^{4+} \rightleftarrows Al^{3+} + R^+$ のように電気的中性をたもつために,金属イオン R^+ を加える.その代表的な例は,正長石 (orthoclase, $KAlSi_3O_8$) である.

ゼオライト (zeolite) は長石の誘導体で,さらに格子のすき間に結晶水がはいり,長石よりも開いた構造となっている.たとえば,ソーダフッ石 (natrolite, $Na_2(Al_2Si_8O_{10})\cdot 2H_2O$) がある．これを加熱すると，格子を破壊することなく結晶水がとび，あとに空どうが残るが，この空どうに CO_2, NH_3, CH_3OH などをよく吸着する性質がある．ゼオライトの結晶水のように格子内から出入り自由の水分を，ゼオライト水 (zeolite water) とよんでいる．

2·6 結晶転移

結晶物質が，温度，圧力などの環境の変化によってその結晶構造を変える現象を，転移 (transition) という．転移をおこす温度，圧力などを転移点とよび，これらの構造を多形 (polymorphism) という．転移現象は，つねにあたえられた条件において，もっとも自由エネルギーの低い安定相に変化する過程である．転移による固体の構造変化は，材料の性質制御に応用される重要な固体化学的手段である．

2·6·1 シリカの転移

シリカ (SiO_2) の温度—自由エネルギー変化曲線を，図 2·27 に示す．各相

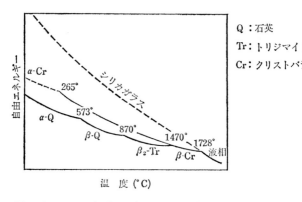

図 2·27 シリカ多形の自由エネルギー変化 (V.G.Hill et al., 1958)

の自由エネルギー曲線のまじわる点が，転移点である．1気圧において低温型の α-石英（六方晶）は，573°C で高温型の β-石英（六方晶）に変化し，さらに加熱をつづけると 870°C で β_2-トリジマイト（六方晶）に，つづいて 1470°C で β-クリストバライト（立方晶）に変化し，最後に 1728°C で融解する．この融解物を冷却すると，ふつうは準安定相としてのシリカガラス (silica glass)

となる.

温度 T, 圧力 P のもとで, 固相の自由エネルギー G はつぎの式でさだまる.

$$G = E - TS + PV \tag{2・4}$$

ここで E は内部エネルギー, S はエントロピー, V は体積である. 結晶の転移において, よほどの高い圧力でないかぎり体積変化は小さいので PV 項はほとんど無視できる. 0 K では温度-エントロピー項 TS は 0 で, $G = 0$ となるが, 温度が上がるにつれて TS 項の影響は大きくなる. そして, 高温になるほどイオンの熱振動により E も増大するが, それ以上に S の影響が大きくなる.

シリカの多形において, もっとも安定な結晶相は α-石英であるが, 加熱すると 573°C で β-石英に転移する. 図 2・28 は α-石英と β-石英との構造を比較したもので, いずれも六方晶で c 軸方向への Si 原子の投影図で示して

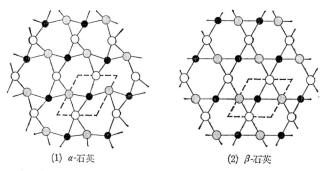

(1) α-石英　　(2) β-石英

(0001)面への投影　Si 原子の位置だけを示す

○:0,　◎:$\frac{1}{3}$,　●:$\frac{2}{3}$

図 2・28　石英の構造

いる. α 型はゆがんだ六方格子であるが, 転移温度まで達すると原子はわずかに移動し, 対称性のよい六方格子の β 型に転移する. 対称性の高い構造とは, 対称の場が多いわけでそれだけ S が増大し, G を小さくする効果が上がる.

α-石英からβ-石英への転移は，ゆがんだ格子が正しいきちんとした格子に変わるだけで原子の移動距離は短かくてすむため，転移速度はすみやかで可逆転移(reversible transition)である．しかし$β_2$-トリジマイトからβ-クリストバライトへのような転移は，六方晶から立方晶への配列そのものの組み変えであり，原子の移動距離は大きいので転移速度はおそく不可逆転移(irreversible transition)である．六方晶よりも立方晶のほうが対称性が高いので，エントロピー効果も大きい．そして，いったんβ-クリストバライトに転移してしまうと，これを冷却しても不可逆転移であるため$β_2$-トリジマイトにはもどりにくく，同じ立方晶の準安定相であるα-クリストバライトに変化してしまうのである．α-クリストバライトはβ型立方格子のゆがんだものである．

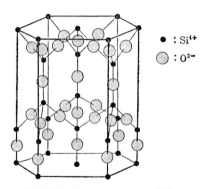

図 2・29　$β_2$-トリジマイトの構造

図2・29に$β_2$-トリジマイト（六方晶）の構造をかかげておく．図2・26のβ-クリストバライト（立方晶）の構造と対比せよ．

転移により構造が変化すれば，性質も当然変化する．たとえば，図2・30はシリカの多形の熱膨張曲線を比較したものであるが，すべてのα⟶β転移にともなってかなりの体積変化がみとめられる．とくに石英のα⟶β転移では2％におよぶ急膨張を生ずるが，可逆転移であるため，冷却にさいして同じ割合で収縮をおこす．Al_2O_3-SiO_2系耐火物を573℃前後で炉材として使用すると，Al_2O_3と結合していない遊離石英は膨張，収縮をくりかえし，ついには炉体を破壊してしまう．この対策としては高温でじゅうぶんに焼成

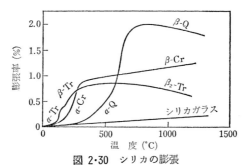

図 2・30 シリカの膨張
荒井康夫,"改訂3版 セラミックスの材料化学",大日本図書(1985) p.68

して Al_2O_3 と反応させるか,膨張率の小さいトリジマイトとして安定化することである.

2・6・2 C_2S の転移

結晶転移が材料の性質に大きな影響をもたらす例として,セメントクリンカーを焼成するさいに生ずる C_2S の転移がある.この化合物の多形については,すでに2・5・1項においてふれたが,高温側から α, α', β, γ の4種の変態が知られている. α' はさらに α'_H と α'_L とに分けられることがあるが,これらのあいだの構造上の相違はきわめて少ない.

C_2S の転移関係は,つぎのようにまとめられる.

$$\gamma\text{-}C_2S \xrightarrow{\sim 700℃} \alpha'_L\text{-}C_2S \underset{1160℃}{\rightleftarrows} \alpha'_H\text{-}C_2S \underset{1450℃}{\rightleftarrows} \alpha\text{-}C_2S \underset{2130℃}{\rightleftarrows} 融解$$
(斜方) (斜方) (斜方) (六方)

$$\sim 500℃ \searrow \beta\text{-}C_2S \nearrow 680℃$$
(単斜)

セメントクリンカーの焼成温度 1450℃ は $\alpha'_H\text{-}C_2S$ または $\alpha\text{-}C_2S$ の安定領域であるが,冷却にともない $\alpha' \longrightarrow \beta \longrightarrow \gamma$ の変化過程をたどる.このさいの各相の比重は $\alpha'_L\text{-}C_2S$ の3.44, $\beta\text{-}C_2S$ の3.28からいっきょに $\gamma\text{-}C_2S$ の2.96に変化するため,10%もの急膨張をおこし結晶は破壊し,その結果セメントクリンカーは微粉末化してしまう.このような現象をダスティング (dusting) とよぶ.この転移では CaO_x 多面体の熱収縮による変形と Ca^{2+} の移動による SiO_4 四面体の回転のために,大きな体積変化がおこるのである.すでにのべたように $\gamma\text{-}C_2S$ は Mg_2SiO_4 型で,その結晶配列は対称性が高く

安定で水和性を示さず,セメント化合物には向かないのである.

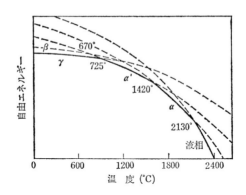

図 2・31 C$_2$S 多形の自由エネルギー変化
(W. R. Foster, 1968)

図 2・31 は C$_2$S の転移関係を,温度 - 自由エネルギー変化曲線で示している.高温安定形の α-C$_2$S を,そのまま冷却すると,α'-C$_2$S をへて低温型の γ-C$_2$S となってしまう.そこでポルトランドセメントの製造にさいしては,クリンカーの主成分が準安定相である β-C$_2$S となるよう,ロータリキルンから 1200°C ぐらいででてきたクリンカーを 60〜80°C までいっきょに急冷するのである (1・5 節参照).β-C$_2$S の構造 (図 2・20 参照) において,Ca^{2+} は 8 配位と 10 配位に位置し,その配位形は非対称で格子ひずみを大きくしている.したがって,水和性にとみセメント化合物としてすぐれた性質をあらわすのである.β-C$_2$S を加熱すると,安定相 γ に転移する.

2・7 水和と結晶水

一般に構造中においてイオン球が密充てんをとらないイオン結晶では,水を構造にとりいれて安定な水和物 (hydrate) をとろうとする.構造中にはいった水は結晶水 (water of crystallization) とよばれている.

水和物中の結晶水の形態を分類すると,(1) H$_2$O 分子,例 CaSO$_4$・2H$_2$O,(2) OH 基,例 Ca(OH)$_2$,(3) 水素結合,例 CaH$_2$SiO$_4$ の 3 種となる.

2・7・1 セッコウ中の水分子

もっとも簡単なセッコウ (gypsum, CaSO$_4$・2H$_2$O) の構造内にふくまれている

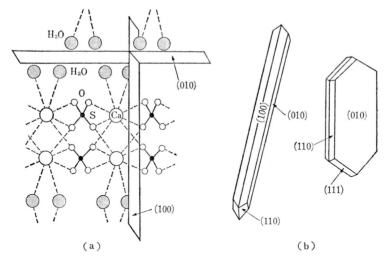

図 2·32 セッコウの構造と結晶外形

結晶水について考えてみよう．セッコウは単斜晶にぞくし，その構造（$a = 5.67$ Å, $b = 15.20$ Å, $c = 6.53$ Å, $\beta = 118°36'$）は図 2·32 (a) に示すような Ca^{2+} と SO_4^{2-} からなるイオン結合層と水素結合でつながる水分子層からなる．すなわち $CaSO_4$ 層と H_2O 層とが b 軸に対して直角方向に交互に配列し，層状構造を形成している．H_2O 層がもっとも結合が弱く切れやすいため，(010) 面でいちじるしいへき開性 (cleavage property) があらわれる．また，Ca^{2+} と H_2O 分子とのあいだは弱い双極子結合でつながり，したがってセッコウ中の水分子を不安定なものとしている．割れて H_2O 分子が表にでた (010) 面はひじょうに安定で表面エネルギーも低く，溶解度も低い．これに対して (010) 面と直角にまじわる (100)，(110)，(111) などの面は，$CaSO_4$ 層を切断するため，表面エネルギーは大きく，溶解度も高くなる．

$CaCl_2$ と Na_2SO_4 の水溶液どうしの反応からセッコウの結晶をえようとする場合，濃度の高い溶液どうしでは過飽和度（セッコウの溶解度より濃度が高くなる割合）が大きくなるため，高エネルギー状態から溶解度の高い (100) や (110) のような面が発達する．そしてエネルギーをすみやかに低下させるプロセスとして比表面積（表面積/単位重量）のできるかぎり大きい結晶を析出させる必要がある（表面積が大きいほど表面エネルギーが大となる）．この場合，

(100) や (110) の面からなる針状結晶が，核を中心として放射状にひろがりすみやかに成長する．いっぽう，濃度の低い溶液どうしでゆっくり反応させると，過飽和度も大きくならないので，溶解度が低く安定な (010) 面がしだいに成長して，大きな板状結晶に発達する．セッコウの結晶外形の例については，図 2・32(b) に示しておいた．

焼きセッコウ (calcined gypsum, $CaSO_4 \cdot 1/2 H_2O$) の水和は，つぎの式による．焼きセッコウがいったん水に溶けて，セッコウとなって析出し，凝結，硬化する過程である．

$$CaSO_4 \cdot 1/2\,H_2O + 3/2\,H_2O \longrightarrow$$
（六方）
$$CaSO_4 \cdot 2\,H_2O + 4.6\,kcal/mol \qquad (2\cdot5)$$
（単斜）

各種形態のセッコウの水に対する溶解度を図 2・33 に示すが，常温付近における焼きセッコウの溶解度はセッコウのそれとくらべると，いちじるしく高い．したがって焼きセッコウに適当量の水を加えてねると，すみやかに溶解してセッコウに対していちじるしく大きな過飽和状態となるため，さきにのべたような理由によりセッコウの針状結晶がいっきに析出し，これらのか

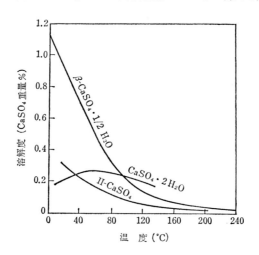

図 2・33 セッコウの溶解度
石膏石灰学会，"石膏石灰ハンドブック"，技報堂 (1972) p.34.

らみあい抵抗により凝結，強度が発現するのである．この場合，溶解熱（結晶格子をばらばらにするために吸収されるエネルギー）よりも水和熱（水和物を組みたてるために放出されるエネルギー）のほうが大きいので，発熱となる．

焼きセッコウはセッコウを200℃ぐらいまで加熱して，いったんⅢ型無水セッコウまで脱水させたのち，これを大気で熟成しふたたび水分を吸収させて半水セッコウ (gypsum hemihydrate, $CaSO_4 \cdot 1/2 H_2O$) としたものである．半水セッコウの構造は図2·34に示すが，これは六方晶（$a=6.9$ Å，$c=12.66$ Å）の格子を c 軸方向から見たもので，図2·32のセッコウの構造において $CaSO_4$ 層をたんにずらすことによりみちびくことができる．3/2 H_2O のぬけでたあとは約3Åのはばの大きな空どうができているが，このことはこの構造には水が侵入してこわされやすいこと，すなわち溶けやすいことを，ものがたっている．この空どうは c 軸に沿って水分子の通路になっており，1/2 H_2O は格子を破壊することなくこの通路を自由に出入りできる状態にあり，その挙動はゼオライトの結晶水によくにていることからゼオライト水ともよばれている．したがって半水セッコウを200℃ぐらいに加熱しても，格子がやや収縮するだけで大部分の水がぬけでてⅢ型無水セッコウ（Ⅲ-$CaSO_4$，六方晶）と

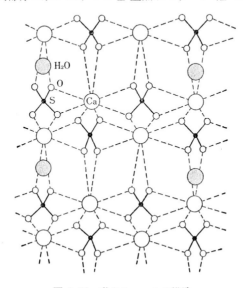

図 2·34 半水セッコウの構造

なる．$CaSO_4 \cdot 1/2 H_2O$ と $Ⅲ-CaSO_4$ とは，X線回折図形がほとんど変わらず，はっきりと区別できない．この無水和物は構造内に多くの空どうを残しているので，吸湿しやすく，大気中に放置すると，ふたたび水分子を構造内にとりいれ半水セッコウにもどる性質がある．

半水セッコウには，α型とβ型の2種類が知られているが，これらはいまのところ，はっきりとした変態としてみとめられているわけではなく（格子定数は0.5％以下の精度で一致する），たんなる結晶性の相違から区別されているようである．

2・7・2 $Ca(OH)_2$中のOH基

水酸化カルシウムは $Ca(OH)_2$ の示性式であらわされるように，OH基の形態の結晶水をもった水和物であり，CaOの水和によって生成する．CaOの活性(activity)が大きいため，水和はすみやかで水和熱も半水セッコウのそれとくらべると，かなり大きい．

$$CaO + H_2O \longrightarrow Ca(OH)_2 + 15.6 \, kcal/mol \qquad (2・6)$$

CaOの構造は図2・5に示したようなイオン性の面心立方格子で，Ca^{2+} は CaO_6 配位が基本単位となっているが，Ca^{2+} の大きさが6配位をとるには大きすぎるため，構造は不安定で反応性はきわめて大きい．セッコウ中の Ca^{2+} は H_2O 分子もあわせて8配位となって安定していることに注意せよ（図2・32参照）．CaOと水とが接触すると，H_2O はまず結晶表面の Ca^{2+} を O^{2-} から引き離して水中に溶かしこむとともに，O^{2-} と水和反応してOH基を生成する．Ca^{2+} も OH^- もいったんは溶解するが，過飽和状態をへて $Ca(OH)_2$ 六方晶を析出する．

$$O^{2-} + H_2O \longrightarrow 2OH^- \qquad (2・7)$$

(2・6)式の水和反応は急激で結晶成長のいとまがないが，メタノールやエタノールを添加すると，CH_3O 基や C_2H_5O 基が CaO上の Ca^{2+} に吸着し水和を抑制するので水和物結晶をゆっくり成長させることができる．これらのラジカルは $Ca(OH)_2$ の(0001)面のOH基上にも吸着しやすく，その結果，薄い六角板状結晶がよく発達するのである．

Ca(OH)$_2$ を加熱すると，約 450°C で脱水して CaO にもどる．Ca(OH)$_2$ と脱水物 CaO との変位関係を示したものが図 2·35 で，六方晶の Ca(OH)$_2$ の (0001) 面の Ca 層は，そのまま立方晶の CaO の (111) 面の Ca 層となるという，きわめて秩序だった変位関係を示している．ただし，(2·7) 式の逆反応により，2 層の OH 層が 1 層の O 層に脱水するため，Ca 層間距離は，4.91 Å から 2.78 Å に大きく収縮する．

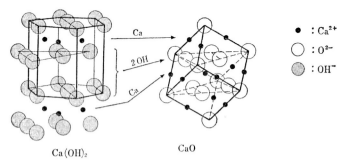

図 2·35 Ca(OH)$_2$ と CaO の変位関係

● : Ca^{2+}
○ : O^{2-}
◯ : OH$^-$

結晶水の安定性を考えると，H$_2$O 分子は陽イオンと弱い双極子結合でつながっているので，セッコウに見られるように 200°C 以下の加熱でそのまま脱水してしまうが，これに対して OH 基の脱水には 2 個の OH 基の合体を必要とし，しかも OH 基は Ca^{2+} にイオン結合でつながり，動きにくいので移動には大きな活性化エネルギーを必要とする．したがって，Ca(OH)$_2$ の例に見られるように 400°C 以上の加熱によりようやく脱水するのである．

2·7·3 セメント水和物と水素ケイ酸イオン

結晶水が水素結合の形態となっている例としては，水素ケイ酸イオンがあげられる．このイオンはポルトランドセメントの水和反応において，重要な役割をはたしている．

セメント化合物の一つ，β-C$_2$S の水和反応は，近似的につぎのような式であらわすことができる．

$$2\,C_2S + 4\,H_2O \longrightarrow$$
$$C_3S_2 \cdot 3\,H_2O + Ca(OH)_2 + 7.1\,\text{kcal/mol} \tag{2·8}$$

β-C_2S は Ca^{2+} と SiO_4^{4-} からなるイオン結晶で，水と接触すると Ca^{2+} が溶出し SiO_4^{4-} が残る．しかし，やがて SiO_4^{4-} も水和しはじめ，$HSiO_4^{3-}$，$H_2SiO_4^{2-}$ のような水素ケイ酸イオンに変化する．これらの小形水和ケイ酸イオンの OH 基は，隣りの水和ケイ酸イオンの O とのあいだを水素結合 O—H⋯O でつながり，つぎの (2・9) 式に示すように相互に脱水縮合して $Si_2O_7^{6-}$，$Si_3O_{10}^{8-}$ のような大形の鎖状ケイ酸イオンに変化していく．

$$
\begin{array}{c}
\text{OH}\nearrow^{H_2O}\text{OH}\nearrow^{H_2O}\text{OH}\nearrow^{H_2O}\\
|||\\
O^-\!-\!Si\!-\!OH\cdots O^-\!-\!Si\!-\!OH\cdots O^-\!-\!Si\!-\!OH\longrightarrow\\
|||\\
O^-O^-O^-\\[4pt]
O^-O^-O^-\\
|||\\
O^-\!-\!Si\!-\!O\!-\!Si\!-\!O\!-\!Si\!-\!O^-\\
|||\\
O^-O^-O^-
\end{array}
\qquad (2\cdot 9)
$$

C_3S も β-C_2S と同じように SiO_4^{4-} をもっているが，その示性式は $Ca_3O(SiO_4)$ であらわされるように CaO 過剰構造であるので，反応は急激におこる．しかし，SiO_4^{4-} は (2・9) 式と同じプロセスで大形ケイ酸イオンをつくる．

セメントペースト中では，遊離 $Ca(OH)_2$ の飽和濃度に達すると pH 約 12 となるが，$Ca(OH)_2$ の析出につれて，塩基性から中性に近づきながら水和物のケイ酸イオンの重合度はしだいに大きくなる．しかし，セメントの水和において初期に生成する水和ケイ酸ゲルは $Si_2O_7^{6-}$ や $Si_3O_{10}^{8-}$ のような比較的小形のケイ酸イオンとして存在するものと思われ，しだいに鎖を長くしながら繊維状の $CaO-SiO_2-H_2O$ 相 (C-S-H 相と略称) が成長していく．C-S-H 相は低結晶性で，そのX線回折図形からは回折ピークをはっきりみとめることができないが，その組成は $3CaO \cdot 2SiO_2 \cdot 3H_2O (C_3S_2 \cdot 3H_2O)$ に近い．

セメント水和物の形態を電子顕微鏡でしらべてみると，繊維状水和物がからみあい，これらが接合して網状組織を形成している．そしてからみやすい性質の繊維状水和物が大きいほど，セメントの強度発現は良好といわれている．このような水和物は微小結晶の集合体というよりも，むしろ ゲル (gel) として，一体の構造を有する組織と考えたほうが適当である．セメント水和物が，セメントゲルとよばれるのもこの理由による．

2·7·4 トバモライトとエトリンガイトの構造

C-S-H 相のなかで,代表的な繊維状水和物とよばれるトバモライト (tobermorite) の構造を,図2·36に示す.組成式は $C_5S_6\cdot5H_2O$,示性式は $Ca_5(Si_6O_{18}H_2)\cdot4H_2O$ であらわされ,斜方晶 ($a=11.3$ Å, $b=7.3$ Å, $c=22.6$ Å) にぞくし,11 Å トバモライトともよばれている.図からもわかるように,カオリナイトによくにた層状構造で,層の厚さは11.3 Å,一つの層はその中心が Ca-O 層からなり,その両側から SiO_3 鎖群がはさみこんで,$[Ca_4(Si_3O_9H)_2]^{2-}$ 層を形成している.残りの1個の Ca^{2+} と4分子の H_2O は SiO_3 鎖のよじれによってできた空どうに充てんされている.すなわち,トバモライトの結晶水の形態は,無限に連結された重合水素ケイ酸イオン $\left[\begin{array}{c} O^- \\ | \\ -Si-O- \\ | \\ OH \end{array}\right]_n^{n-}$

と水分子からなる.

セメントの水和物には,組成がはっきりしない $CaO-SiO_2-H_2O$ 系化合物として CSH(I) と CSH(II) が知られている.いずれも結晶性のきわめて低い水和物で,その構造はトバモライトによくにているといわれる.とくに CSH(II) は繊維状水和物で,微弱であるが (110) 3.07 Å, (200) 2.85 Å, (020) 2.80 Å に,トバモライトと一致する回折ピークがみとめられること

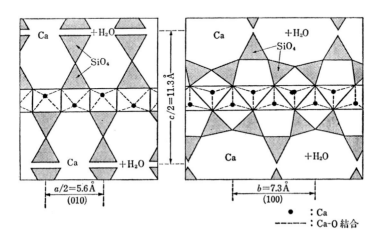

図 2·36 トバモライトの構造 (H. D. Megaw et al., 1956)

からトバモライトゲル (tobermorite gel) とよばれている．トバモライトゲルの組成は $C_3S_2 \cdot xH_2O$ であらわされるが，生成条件によって CaO/SiO_2 モル比，結晶水量，X線回折図形，結晶性などがかなり異なってくる．トバモライトの構造は，A を SiO_3 層，B を $Ca-O$ 層とすると，ABAABA の層状構造であるが，トバモライトゲルは CaO/SiO_2 モル比が上がるにつれて ABABAB の層状構造に変化するといわれている．

ケイ酸カルシウム水和物における結晶水の形態は，$Si-O$ に $Si-OH$ として水素ケイ酸イオンとしてはいるもの，Ca^{2+} に対し OH^- としてイオン的にはいるもの，構造のすき間に H_2O 分子としてはいるものがある．たとえばトバモライト ($C_5S_6 \cdot 5H_2O$)，アフィライト (afwillite, $C_3S_2 \cdot 3H_2O$) などは $Si-OH$ と H_2O の形で，ゾノトライト (xonotolite, $C_6H_6 \cdot H_2O$) はすべて OH^- として存在する．

結晶水の脱水温度は $Si-OH$ と H_2O は 400°C 以下であるが，OH 基は 500～700°C となる．ゾノトライトのように水熱反応によって生成する水和物は，結晶水量が小さく脱水温度が高くなるので，その硬化体は熱的に安定で防火建材としての用途が開けている．

C_3A は水とすみやかに反応し，$C_3A \cdot 6H_2O$ を生成する．この水和物は OH 基を構造にとりいれた示性式 $Ca_3[Al(OH)_6]_2$ であらわされる．しかし，水と反応するさいにセッコウ ($CaSO_4 \cdot 2H_2O$) が共存すると，C_3A の水和は抑制される．すなわち，セッコウから水中に溶けた SO_4^{2-} は $Ca_3[Al(OH)_6]_2$ と反応し，エトリンガイト (ettringite, $C_3A \cdot 3CaSO_4 \cdot 32H_2O$) が生成するためである．ポルトランドセメントが 3～5% のセッコウをふくむのは，C_3A の水和をおさえるのがおもな目的である．

エトリンガイトを示性式にかきなおすと，$Ca_6Al_2(OH)_{12}(SO_4)_3 \cdot 26H_2O$ となり，結晶水は OH 基と H_2O 分子の 2 種の形態からなることがわかる．この化合物は六方晶 ($a = 11.23$ Å, $c = 21.44$ Å) にぞくし，図 2・37 に示すようなコラム構造(柱状構造)からなることが知られている．

(a)は (0001) 面への投影図を，4 個のコラムで構成されるプリズム形で，(b)は 1 個のコラムの (11$\bar{2}$0) 面への投影図を，それぞれ示している．すなわち，1 個のコラムは $\{Ca_6[Al(OH)_6]_2 \cdot 24H_2O\}^{6+}$ であらわされ c 軸にのびた骨

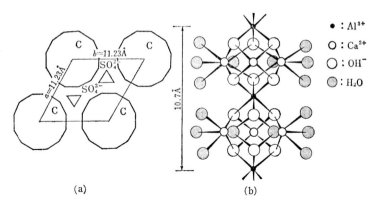

図 2·37 エトリンガイトの構造 (A. E. Moore et al., 1968)

格をつくり，コラムのあいだにはSO_4^{2-}四面体と水分子からなる$[(SO_4)_3 \cdot 2H_2O]^{6-}$のチャンネルが存在している．コラムの中心の$Ca^{2+}$は4個の水分子と4個のOH基によって8配位され，$c$軸上に沿ってのびる$[Al(OH)_6]^{3-}$八面体に3個の$Ca^{2+}$が結合してつらなっている．加熱による脱水機構については，次項でのべる．

2·8 熱変化

結晶を加熱すると，格子中の原子やイオンの熱振動はしだいに大きくなり，やがて結合を断ちきって動きだし，自由エネルギーGのより小さな新しい結晶配列をとろうとして移動する．これが結晶の熱変化で，さきにのべた結晶転移も，その一つの例である．そのほか，一つの結晶相が二つ以上の結晶相に変化したり，構成成分の一部を気体(H_2O, CO_2, SO_3など)として放出しながら新しい結晶相に移行しようとする熱分解，高温によるイオンの熱振動が大きくなりすぎて格子を保持できなくなり液相に変化する融解，などがあげられる．

2·8·1 熱分析

加熱過程の結晶の熱変化は，加熱物のX線回折図形の変化から観察することもできるが，気体を放出する熱分解にともなう重量変化や，熱分解，結晶転移，融解などにともなうエネルギーの吸収や放出を連続的に測定できれば

便利である．このような目的に沿う測定が熱分析 (thermal analysis) で，熱てんびんと示差熱分析とがある．熱てんびん (thermal gravimetny, 略 TG) は，定速で試料を加熱する電気炉とてんびんとの組みあわせで，加熱中の試料の重量変化曲線を求めることができる．示差熱分析 (differential thermal analysis, 略 DTA) は，電気炉と検流計との組みあわせで，加熱中の試料に吸熱や発熱がおこると，中性体 (熱安定物質，ふつう α-Al_2O_3 を使用) とのあいだに温度差を生ずるので，これにより熱電対回路に流れる微小電流を検流計でとらえる．同一試料でTGとDTAがともに測定可能な熱分析装置の概要を，図2・38に示す，また，セメントに関係する化合物についての測定例 (昇温速度10℃/min) を図2・39に示す．

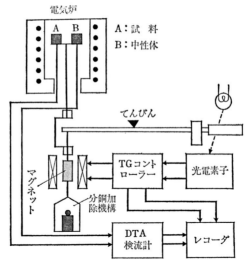

図 2・38　TG–DTA 装置

まず，水和物の TG–DTA 曲線から結晶水の安定性を考えてみよう．H_2O 分子は結合力が比較的小さいため，セッコウ，エトリンガイトに見られるように100〜200℃の低温で脱水している．セッコウの場合，ピーク1は β-$CaSO_4 \cdot 1/2 H_2O$ (六方晶) への脱水，ピーク2は Ⅲ-$CaSO_4$ (六方晶) への脱水，ピーク3は Ⅱ-$CaSO_4$ への転移をあらわしている．エトリンガイトは，そのもつ32H_2O 分の結晶水のうち，H_2O 分子に相当する 26H_2O 分が，まず200℃

以下で脱水し，いったん格子はくずれて無定形状態 (amorphous state, X 線回折図形から回折ピークがみとめられなくなった状態) になったのち，OH 基に相当する残りの $6H_2O$ がゆっくり脱水していく．いっぽうカオリナイト中の OH 基は，ピーク1の 550～600℃ でいっきょに脱水して無定形状態になったのち，ピーク2で結晶化する．一般にコラム状や層状の巨大骨格中から結晶水がぬけていくと，骨格はそのままゆがんでしばらく無定形状態をたもつ場合が多い．

セッコウの DTA 曲線のピーク3とカオリナイトのそれのピーク2は，重量変化をともなわない熱変化で，DTA だけに感応する．DTA 曲線上のピークの面積から分解熱や転移熱を測定することも可能である．なお，カオリナイトのピーク2については，現在でも多くの議論が提起されており，これについては，2・8・3項で紹介することとする．

2・8・2 石灰石の熱分解

ポルトランドセメントの主成分は石灰石と粘土で，これらの約1450℃の高温反応によって製造される．したがって，石灰石と粘土のそれぞれの単独における熱変化を知ることがたいせつである．石灰石の主成分カルサイト (図 2・14 参照) の熱分解は，つぎの式で示される吸熱反応である．

$$CaCO_3 \longrightarrow CaO + CO_2\uparrow - 42.5\,\text{kcal/mol} \qquad (2\cdot10)$$

$CaCO_3$ 格子中の CO_3^{2-} の CO_2 蒸気圧が1気圧をこえる温度，890℃で $CaCO_3$ の熱分解ははじまり，CO_2 がでたあと残った O^{2-} は移動して自由エネルギーのもっとも低い CaO 格子に，再配列を開始するのである．図 2・39 の TG-DTA 曲線からもあきらかなように，熱分解は粒子の表面からはじまり，しだいに内部におよぶため分解終了までにある時間を必要とする．

$CaCO_3$ の熱分解機構は，図 2・40 にモデル的にえがいた4段階の過程をへるものと考えられる．さきにのべたようにカルサイト ($CaCO_3$) の菱面体晶と CaO の立方晶とのあいだにはきわめて密接な変位関係があり，菱面体晶の (200) 面はそのまま立方晶の (200) 面に移行する．ただし，CO_3 基から CO_2 が気散して1個の O^{2-} が格子に残るので，いちじるしい収縮がおこる．

図 2・39 のカルサイトの DTA 曲線上にしるした位置 1, 2, 3 の過程と対

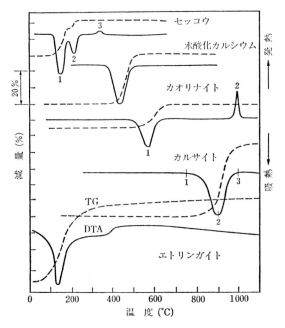

図 2・39 石灰石,粘土などの TG - DTA 曲線

比しながら考察しよう. まず,図 2・40 (a) は,分解初期(DTA 曲線上の位置 1 に対応)におけるカルサイトの (200) 面の配列をモデル的にえがいたものである. これによると一部ではすでに熱分解ははじまっているが,熱解離した Ca^{2+} や O^{2-} はまだ最初の格子位置から動いていない. (b) は熱分解ピークの中心にある位置 2 に対応する過程である. 熱解離した Ca^{2+} と O^{2-} はカルサイトの格子点から移動し,しだいにあつまって新しい CaO の核を生成する. しかし,基本的にはまだ母結晶 $CaCO_3$ の骨格の大部分が保持されており,内部はきわめてすき間の多い構造で,活性にとんでいる. (c) は熱分解終了直後の位置 3 に対応する過程で,CaO 核はつぎつぎとまわりの Ca^{2+} と O^{2-} を引きつけて CaO 結晶は成長するとともに,体積のいちじるしい収縮がおこる. (d) は約 1500°C の高温の状態で DTA 曲線上ではその位置を示すことができなかったが,CaO 結晶はじゅうぶんに成長し,安定した状態となっている. 図 2・40 には熱分解過程における比表面積の変化もあわせかかげた.

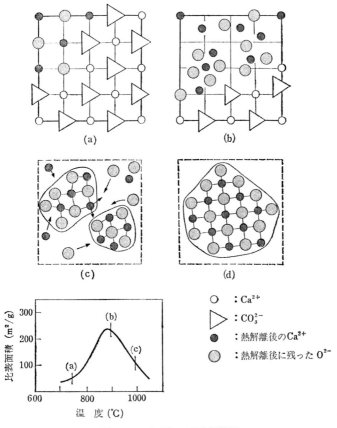

図 2·40 $CaCO_3$ の熱分解機構

2·8·3 粘土の熱分解

代表的粘土鉱物，カオリン (kaoline) の主成分であるカオリナイトの熱分解について考える．すでに図 2·39 のカオリナイトの DTA 曲線上のピーク 1 (吸熱) で示されるように，550～600℃ で，その有するすべての OH 基を脱水するとともに，X 線回折図形からはすべての回折ピークは消え，結晶配列はくずれ無定形状態となる．

$$Al_2Si_2O_5(OH)_4 \xrightarrow{550\sim600℃} Al_2Si_2O_7 + 2H_2O\uparrow \qquad (2·11)$$
（単斜）　　　　　　　（無定形相）

この無定形相を HCl で処理すると，Al_2O_3 分がかなり溶出することから，この相は 1 mol の $\gamma-Al_2O_3$ と 2 mol の SiO_2 が混合状態にあるといわれていた．しかし，最近の研究によると，Al_2O_3 と SiO_2 に分解したのではなく，カオリナイト中の Si_2O_5 層は変形はするものの，そのままの形で残っているという説が有力である．すなわち，カオリナイトは Al−OH 層と Si_2O_5 層が接合した二重層であるが，加熱によりまず Al−OH 層だけが，脱水，分解する．このさい Al^{3+} は 6 配位から 4 配位に変化するといわれる．

スピネル (spinel, $MgAl_2O_4$) は，MgO と Al_2O_3 の単一酸化物どうしが組みあわさってできた複合酸化物で，一般式は AB_2O_4 であらわされる．O^{2-} の立方密てんのすき間に A^{2-} は 4 配位，B^{3+} は 6 配位している．従来の研究によると，カオリナイトの脱水物は，Al^{3+} が 4 配位に変わることから，6 配位位置の Al^{3+} の一部が 4 配位位置にうつり $Al_{2/3}\square_{1/3}Al_2O_4$ であらわされるスピネル欠陥構造 $\gamma-Al_2O_3$ であろうと考えられていた．しかし，ピーク 2（発熱）において $\gamma-Al_2O_3$ は $\alpha-Al_2O_3$ に転移，結晶化するという説は否定され，じっさいには $\gamma-Al_2O_3$ ではなく，4 配位位置の Al^{3+} の一部がさらに Si^{4+} に置換された欠陥型 Al–Si スピネルとなっており，これがピーク 2 において結晶化するという考えかたが支持されている．

$$2\,Al_2Si_2O_7 \xrightarrow{980℃} 2\,Al_2O_3 \cdot 3\,SiO_2 + SiO_2 \qquad (2\cdot12)$$
（無定形相）　　　　　（Al–Si スピネル）　（クリストバライト）

すなわち，ピーク 1 のあとで，すべての結合 SiO_2 がいっきょに遊離状態になるとは考えられず，Si_2O_5 の配列のまま Al^{3+} も化合状態のまま Al–Si スピネルに変化するものと思われる．図 2・41 は加熱にともなうカオリナイト加熱物のX線回折図形の変化を示している．550～600℃ の脱水によって生じた無定形状態はピーク 2 の直前までつづくが，$20°\,2\theta$ 付近に非晶質シリカににた幅広い山（ハロー，halo）がみとめられ，Si_2O_5 の規則性をわずかに残している．ピーク 2 に相当する 980℃ から，Al–Si スピネルに相当する立方晶のピーク S があらわれ，つづいて斜方晶ムライト (mullite, $3\,Al_2O_3\cdot2\,SiO_2$) にすみやかに変化する．

カオリナイトが脱水して無定形相をへて Al–Si スピネルにいたる構造変化

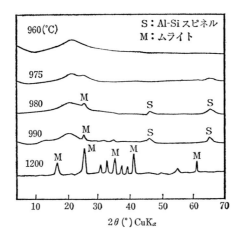

図 2·41 カオリナイト加熱物のX線回折図形

をモデル的にえがいてみると,図2·42のようになる.Al–Si スピネルは O^{2-} の立方密てんのすき間に Al^{3+} と Si^{4+} とが交互に配列し,$2Al_2O_3 \cdot 3SiO_2(Si_3Al_4O_{12})$ の組成からその構造を考えると,$Si_8(Al_{10\frac{2}{3}}\square_{5\frac{1}{3}})O_{32}$ のような欠陥スピネルということになる.

1000℃付近からはじまるムライトへの変化は,つぎの式のようになる.

$$3(2Al_2O_3 \cdot 3SiO_2) \longrightarrow 2(3Al_2O_3 \cdot 2SiO_2) + 5SiO_2 \quad (2\cdot 13)$$
$$\text{(Al–Si スピネル)} \qquad \text{(ムライト)} \qquad \begin{pmatrix}\text{クリスト}\\\text{バライト}\end{pmatrix}$$

$CaCO_3$ の熱分解と同じように,カオリナイトの熱分解においても構造の連続性はたもたれているはずであり,カオリナイトの Si_2O_5 層の (001) 面はスピネルの (111) 面に引きつがれ,最後にムライトの (110) 面に移行すること

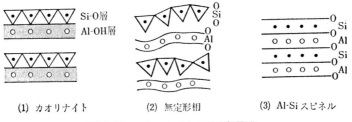

図 2·42 カオリナイトの熱分解機構

が推論されている．

　カオリナイトの脱水機構について，まだはっきりしないことが多いのは，純粋なカオリナイトがえられにくくハロイサイト (halloysite, $Al_2Si_4O_5(OH)_4 \cdot xH_2O$) のような他の粘土鉱物が共存しやすいこと，結晶性のよしあし，粒子の大きさ，不純物の形態などが，構造変化にさまざまな影響をあたえるからである．

2・9　固相反応と焼結

　セメントクリンカーの焼結過程やセメントの水和硬化過程においては，固相が関与する多くの化学反応がおきている．これらの反応は固相反応 (solid-state reaction) とよばれるもので，固相－気相反応（侵食），固相－液相反応（溶解，水和），固相－固相反応（焼結）の3種に大別される．

　セメント原料である石灰石や粘土は，まずプレヒーター内で熱分解して活性の大きな CaO と SiO_2 成分とになり，ついでキルンにはいり固相－固相反応によりセメント化合物 C_3S や C_2S を生成するのである．このさい，共存する Na_2O や Fe_2O_3 の一部は，SiO_2 分と結合して低融点のガラス相を生成し，固相－液相反応により固相間の反応を促進する．いっぽう，セメントの水和は固相－液相反応であり，セメントの風化は固相－気相反応である．

　固相－気相間，固相－液相間の反応速度は，相間の界面反応速度に律速であるが，固相－固相間のそれは接触部分をとおして行われる構成成分の拡散速度に律速である．すなわち，固体どうしの反応では接触する場所，点の数や面の面積が重要であって，気体どうしや液体どうしの反応のような濃度というような概念は適用しない．

　焼結は固相反応の延長において，反応物粒子が合体して，さらに大きな生成物粒子に移行する過程で，表面積を小さくすることにより低エネルギー状態に変化しようとする．この現象は融点近くで構成成分が移動しやすい高温で行われるが，異種の粒子どうし間だけでなく同種の粒子間においても，しばしばみとめられている．

2・9・1　固相反応の機構

　石灰石や粘土をただ混合しただけでは，熱分解も固相反応もおこらない．

すでにのべたようにこれらの熱分解によって生成した活性にとむ CaO と SiO_2 とが，ひきつづき高温で接触することにより，ようやく固相反応がおこり C_3S や C_2S が生成するのである．一般に酸化物どうしの固相反応では，構成成分が格子点位置を離れて移動するためには大きな活性化エネルギーを必要とするので，高温に加熱しなければならないのである．

いま，もっとも簡単な固相反応の型式 A＋B ⟶ AB について図2・43で考えてみると，接触部分を通じてA成分だけが移動(a)，B成分だけが移動(b)，AB成分ともに移動(c)の三つの場合が考えられる．

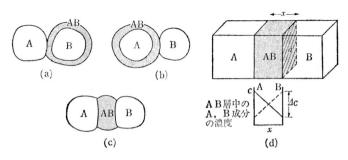

図 2・43　固相反応の拡散型式

いずれにせよAとBとの接触点から反応ははじまり，A，B成分は生成物層ABを通じ相手がたの内部に拡散していくので，反応速度は拡散成分の拡散速度によって支配される．図2・43(d)において，生成層ABの厚みを x，拡散断面積を a とすると，反応にあずかる拡散成分の移動速度は，つぎのような式であらわされる．

$$\frac{dx/dt}{a} = D\left(\frac{k\varDelta c}{x}\right) \tag{2・14}$$

ここに k は反応速度定数，$\varDelta c$ は生成層中の拡散成分の濃度差，D は拡散係数である．(2・14)式を積分すると，つぎのような放物線の式がえられる．

$$x^2 = kDt \tag{2・15}$$

すなわち，生成物層ABの厚さの2乗は，拡散係数と時間に比例的な関係にあることがわかる．

セメントの製造では，原料の粉体が高温で固相反応によってセメント化合物に変化している．したがって，石灰石や粘土の原料をできるかぎり微細に粉砕し，均一となるようじゅうぶんに混合すれば，両者のあいだの接触面積は大きくなり，また生成物層もあまり厚くならないので反応速度も大となる．また，反応にあずかる固相の性質も反応速度にいちじるしい影響をおよぼす．すなわち，結晶性が低く格子欠陥（格子中のイオンの一部が欠除している部分）を多くふくむと，たとえば粘土の 550～600°C 加熱脱水物のように Al_2O_3 も SiO_2 もみだれた格子中にあって無定形状態となっていると，CaO 成分との反応性はきわめて高く，それだけ活性化エネルギーも小さくてすむ．一般に固相反応においては，まず粒子間の完全な接触，つぎに温度の上昇につれて表面拡散*による粒子間接合部の形成，つぎに体積拡散**が可能となる温度に達すると，反応速度はその拡散速度に律速となるのである．

このように考えると，固相-固相反応の機構はきわめて複雑で，その解析は容易ではないことが理解できよう．Jander (1927) は，$A + B \longrightarrow AB$ の固相反応において，B が球状粒子でそのまわりを微粒子 A がとりかこんでいるモデルを仮定し，反応率 α と時間 t とのあいだに，つぎのような関係式をみちびいた．

$$(1 - \sqrt[3]{1-\alpha})^2 = kt \qquad (2\cdot16)$$

さきの (2·15) 式において，生成物層 AB の成長速度は厚み x の変化にしたがうことがあきらかにされたが，粉体反応においては x を直接測定することがむずかしいので，反応率 α から反応速度定数 k を求めたのである．一般に α は生成物 AB の量的変化として，X線回折ピークの面積変化からも求めることができる．Jander 式は計算が簡単で固相反応の速度論的解析に広くもちいられているが，その仮定はあまりに単純で，じっさいの反応機構をあらわすには多くの問題がある．

このようにして求めた反応速度定数は，つぎの式で示されるように温度と指数関数的な関係で大きくなる．

---

　* 粒子表面は格子のみだれが大きく，内部よりもイオンは移動しやすい．
　** 粒子中心部の格子のあいだをイオンが動く．表面拡散よりも大きなエネルギーが必要．

$$\ln k = B - \frac{\Delta E^*}{RT} \tag{2·17}$$

ここに ΔE^* は反応に必要な活性化エネルギー (activation energy), B は温度によって変わらぬ定数で, 実験的にはほとんど0である. できるかぎり多くの温度 T においてそれぞれの反応速度定数 k を測定し, $\ln k$ と $1/T$ との関係から直線関係がえられれば, その直線の傾きから ΔE^* を算出することができる.

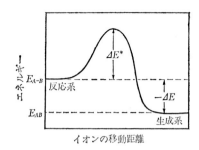

図 2·44 固相反応の自由エネルギー変化

固相反応 A + B ⟶ AB は, A と B がまったく消滅して, すべてが AB に変化したとき反応は終了する. この変化の原動力は, 反応系 A + B の自由エネルギーよりも生成系 AB の自由エネルギーのほうが低いからである. すなわち, 図 2·44 に示すエネルギー変化曲線において, まず A と B の成分が格子位置を離れて動きはじめるためには, 活性化エネルギー ΔE^* を必要とする. このため高温に加熱することによりエネルギーの山 ΔE^* をのりこえて AB のさらに安定な格子位置におちつくのである. $-\Delta E$ は反応熱(発熱)である. セメント化合物の生成反応には, このような発熱反応が多い.

$$2\,\text{CaO} + \text{SiO}_2\,(\text{石英}) \longrightarrow \beta\text{-C}_2\text{S} + 29.8\,\text{kcal/mol} \tag{2·18}$$

$$3\,\text{CaO} + \text{SiO}_2\,(\text{石英}) \longrightarrow \text{C}_3\text{S} + 29.4\,\text{kcal/mol} \tag{2·19}$$

固相反応 A + B ⟶ AB において, A と B との接触部分からしだいに AB 層が成長していくが, AB 層中の A, B 成分の濃度はこう配をもち AB 組成は均一ではない(図 2·43(d)参照). もしも, A-B 反応系において AB のほかに組成の異なる A_2B と AB_2 の 2 種の中間生成物が存在すると仮定すると,

最初の生成物はA粒子側にA_2B層，B粒子側にAB_2層ができて，最終的にはA_2BとAB_2とが反応してAB層となる過程をへることが多い．たとえば，$CaO-SiO_2$系固相反応（CaO/SiO_2モル比1.0，1200°C）において，生成物がどのように変化していくかを実験的にたしかめたのが，図2・45である．

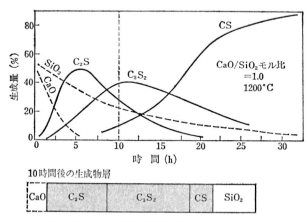

図 2・45　$CaO-SiO_2$系固相反応（荒井康夫ら，1983）

図2・45によると，SiO_2とくらべCaOのほうが反応がはやく進行するため，中間生成物としてCaO過剰のC_2S，C_3S_2がいったん生成するが，SiO_2の消耗が進むにしたがって，やがて全部がCSに変化する．最終生成物がなにに きまるかはCaO/SiO_2モル比，温度，時間による．

一般に酸化物どうしの固相反応 $AO + BO_n \longrightarrow ABO_{1+n}$ においては，拡

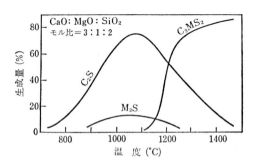

図 2・46　$CaO-MgO-SiO_2$系固相反応
永井彰一郎，荒井康夫，工業化学雑誌 62, 1348 (1959)

散成分はもっぱら小形陽イオンである A, B イオンで, O^{2-} 格子中を相互に移動する. しかし, $CaO-SiO_2$ 系では, SiO_2 の Si-O 結合は共有結合で動きにくく, 拡散成分はもっぱらイオン性の CaO の Ca^{2+} と O^{2-} で, 構造中にすき間の多い SiO_2 中に拡散していく, いわゆる一方拡散である. これに対して $MgO-Al_2O_3$ 系では, $3Mg^{2+} \rightleftarrows 2Al^{3+}$ のような陽イオンどうしの相互拡散がおこり, O^{2-} はいずれも動かない.

固相反応はつねに接触する2成分間において行われるので, どうじに3成分が反応することはありえない. 図2·46は $CaO-MgO-SiO_2$ 系固相反応を, 生成物の量的変化をX線回折により追跡した結果である. つねに2成分間の反応が優先的におこり, ついでその生成物どうし, または第1, 第2の成分の生成物と第3の成分との反応がおこることがたしかめられる.

2·9·2 $CaO + C_2S \longrightarrow C_3S$ 固相反応の速度論

ポルトランドセメントのクリンカー生成機構については, 多くの研究者によって研究されているが, その生成反応は液相が一部関与する固相反応であることが知られている. とくに C_2S が C_3S に変化するのは 1300°C 以上の高温で, 液相の介在によってその生成量は急増する. すなわち, クリンカー中の C_3S の生成反応では, 固相から構成成分の融液への溶解, C_3S の析出がくりかえし行われるものと考えられ, 結果的には固相間の拡散成分の拡散が融液をとおして行われていることとなり, Jander式の適用も可能と推察される.

近藤連一らは, CaO と C_2S との固相反応において液相が介在する場合を想定して, 反応速度式をみちびいている. まず, CaO と C_2S とのペレット反応において, クリンカー融液組成 ($CaO-Al_2O_3-Fe_2O_3-SiO_2$ 系共融物組成) のガラスをはさみこみ, 境界面における生成物層の成長を顕微鏡で観察すると, 1300°C 以上の高温で, 固相間の融液中に六角板状の C_3S の結晶が多数みとめられた. そして CaO と C_2S のペレットは融液側からしだいに侵食され C_3S 生成層は厚みを増していく. 反応率 α は, ガラス相をふくみ C_3S 組成となるよう調合された試料を加圧成形し, これを加熱, 焼成, 急冷したものについて, イソプロピルアルコールとアセト酢酸エチルを溶媒として未反応の CaO 量を定量することによって求めた.

温度 (°C), ガラス相量 (%), 粒径 (μm) の三つの要因を変えた場合の α-t

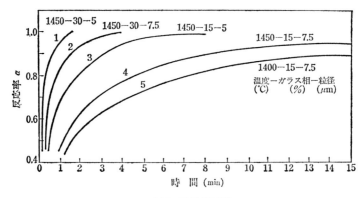

(1) 反応速度曲線

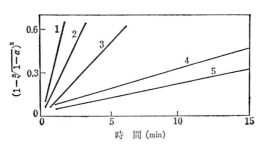

(2) Jander 式への適合性

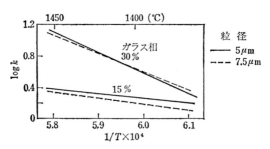

(3) 反応途度定数 k の温度依存性

図 2·47　$CaO + C_2S \rightarrow C_3S$ 固相反応
近藤連一ら, 窯業協会誌, 78, 14 (1970).

関係曲線は，図 2・47 (1) のとおりとなる．すなわち，C_2S からの C_3S の生成速度は，ガラス相が多く粒径がこまかく温度が高いほど促進されることがわかる．じっさいのセメントクリンカーの生成にさいしては，いったん固相反応により C_2S，C_4AF などが生成したのち，1300°C 以上の高温で融液が生成しはじめ，これに未反応 CaO と C_2S が溶解し過飽和状態から C_3S が晶出するのである．

(1) の反応速度曲線にいろいろな速度式を仮定して適合性を検討すると，(2) に示すように Jander 式によってもっともよく表現できることがわかった．単純な仮定のもとに算出された Jander 式が，複雑なクリンカーの生成反応にも適合できることは，おどろきである．(3) は反応速度定数 k の温度依存性を示す．$\log k - 1/T$ 直線の傾きは融液の量によって異なり，ガラス相の量が 30 % のとき約 120 kcal/mol，15 % のとき約 40 kcal/mol と求められ，融液層の厚みが大きいほど拡散成分の拡散に大きなエネルギーを要するものと推察される．

2・9・3 焼　結

焼結 (sintering) は，高温において小さな粒子どうしが，融点以下で接合し大きな粒子に成長する過程で，固相反応とも密接な関係にある．

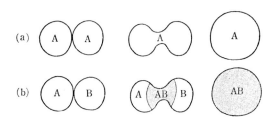

図 2・48　2 粒子の焼結モデル

まず，同種の 2 粒子が接触する過程を考えると，図 2・48 (a) のようになり，構成成分の移動が可能となる温度に達すると粒子間において相互拡散がおこり，しだいに接合部が成長する．粒子は最小表面積のときがもっともエネルギーが低いので，粒子表面はつねにちぢまろうとする力，表面張力 (surface tension) がはたらいている．2 個の小粒子はあわさって 1 個の大粒子となっ

たほうが比表面積は小さくなり，したがって表面エネルギーも減小する．このように粒子系ぜんたいの自由エネルギーを小さくする操作として，焼結がおこる．

いっぽう，A, B 2種の粒子が接触すると，(b)に示すような A + B ⟶ AB の固相反応がおこる．この場合は反応系と生成系との自由エネルギーの差と，小粒子と大粒子との自由エネルギーの差がともに原動力となり，固相反応と焼結を促進し，最終的には1個の大きな AB 粒子となる．焼結過程においては，大粒子はつぎつぎと小粒子を併合することによってぜんたいのエネルギーを低下させる．これが結晶成長 (crystal growth) で，粒径がすべて等しくなれば成長はとまる．

2粒子間の焼結過程におこる構成成分の移動機構についてもいろいろな説があるが，じっさいの酸化物系の焼結反応では多成分系の場合が多く，さらに結晶性や粒径分布などの要因がはいると，いずれの理論でも満足な説明はできない．セメントの製造におけるクリンカーの生成のさいは，セメント化合物の生成，微量成分の固溶，結晶成長，液相の生成，焼結が平行して進行し，きわめて複雑な機構をとる．不純成分の存在は，セメント化合物の生成をはやめるだけでなく融液の生成により焼結速度をいっそうはやめる効果がある．

2·10 状態図

すでにのべたように固相反応や焼結反応の機構は複雑で，統一した理論をみちびくことはできない．そこでこれらの組成と最終生成物の状態がどうなるかを知るには，いろいろな成分を組みあわせ反応過程を実験的に観察する以外に方法はない．固相の分解，転移，反応，融解などの変化過程を的確に知るには，状態図が重要な役割をはたす．

2·10·1 状態図のモデル

あるいくつかの成分を混合し，ある温度，圧力にたもち，もうこれ以上は変化しない状態，すなわち完全に平衡に達した場合の結果を知ることができるのが，状態図 (phase diagram) である．状態図は，液相や結晶相のエンタルピーや熱容量の変化から，温度（または圧力）-自由エネルギー変化曲線を求

め，これらの交点から作成することも可能であるが（たとえば図 2·27），一般的には実験によって求める．しかし，理論とじっさいとのちがいを検討することも重要である．

図 2·49 は，もっとも一般的な A–B 2 成分系の組成—温度曲線のモデルを示したものである．圧力はすべて大気圧下とする．まず，(a) は A–B 2 成分間に中間化合物が生成しない場合の状態図である．一般に純成分 A の融点 (melting point) は一定であるが，これに他成分 B がはいってくると融点は降下する．B 成分に A 成分がはいってきても同じで，融点が最低となる E 点が共融点 (eutectic point) である．共融点 E では，A，B 微結晶の均一な混合物である共晶 (eutectic crystal) が晶出する．

(b)，(c) は，A–B 2 成分間に中間化合物 AB が生成する場合の状態図である．まず，(b) は中間化合物 AB が共融点 E よりも高温の D 点で，AB + A と AB + 液相 とに分解する．この D 点を分解融点 (incongruent melting point) という．つぎの (c) において中間化合物 AB は一定の融点 M をもつ化合物で，

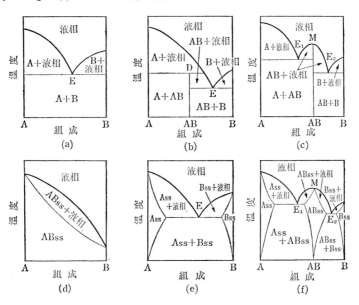

図 2·49 A–B 2 成分系状態図のモデル
荒井康夫，"改訂 3 版 セラミックスの材料化学"，大日本図書 (1985) p.73.

この系をA-AB系，B-AB系とに分けると，そのおのおのは(a)と同じ機構であらわされる．

一般にA-B2成分系において，高温でA，B，ABの3固相は純粋な形では存在せず，多少なりとも互いに溶解し固溶体として存在する場合が多い．(d)，(e)，(f)は，このような固溶体を生成する場合の状態図を示している．まず，(d)はA，B成分ともに固相どうしで任意の割合で溶けあう完全固溶の場合である．中間化合物としての固溶体ABssは，A，B成分が任意の組成比で固溶し，その組成比に応じて融点も連続的に変化する．さきに示した図2・19 Mg_2SiO_4-Fe_2SiO_4系状態図は，この例である．つぎに(e)は(a)の変形でA成分はB成分をいくらか溶かしこんで固溶体Assをつくり，B成分もA成分をいくらか溶かしこんで固溶体Bssをつくる．それぞれ溶解度に相当する固溶限界をもっているので，いわゆる部分固溶である．E点はAssとBssとの共融点である．さきに示した図2・15 CaO-MgO系状態図は，この例である．最後の(f)は(c)の変形であって，A，B成分，中間化合物ABがいずれも一定固溶限界をもつ固溶体Ass，Bss，ABssをつくる場合である．中間化合物ABが部分固溶を示す例として，つぎのAl_2O_3-SiO_2系状態図があげられる．

2・10・2 Al_2O_3-SiO_2系状態図

粘土の主成分カオリナイトの熱分解に関係の深い状態図である．図2・50に示すように，この系におけるただ一つの安定な結晶相は，ムライト($3Al_2O_3\cdot2SiO_2$)である．

さきの2・8・3項でのべたように，カオリナイトの加熱物(Al_2O_3 33 mol%)はa→bの点線に沿って変化し，最終的にはムライトとSiO_2(クリストバライト)に分解する．状態図によると，このSiO_2は1595℃で融解，ムライト粒子間にガラス相を生成して，磁器化する．陶磁器はこのような過程で製造される．高アルミナ質耐火物(high-alumina refractory)は，粘土のAl_2O_3分では耐火度が不足するので，さらにAl_2O_3分を加え，ムライトやα-Al_2O_3の生成量を多くして，融点を高めた耐火物である．

ムライト(Mul, mullite)は斜方晶にぞくする代表的な複合酸化物である．その組成は$3Al_2O_3\cdot2SiO_2$でAl_2O_3 60 mol%とされていたが，最近の研究によ

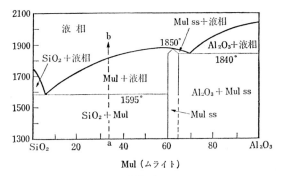

図 2·50　Al_2O_3 - SiO_2 系状態図 (S. Aramaki et al., 1962)

ると，融点 1850°C で，Al_2O_3 60～63 % の範囲でムライト固溶体 (Mulss) を生成することがわかった．ムライトの構造中の一部の SiO_4 四面体の中心の Si が Al に置換することによって固溶体ができるのである．ムライトは高融点の安定結晶で，機械的強度，熱衝撃抵抗がすぐれているので，電気鋳造耐火れんがなどをつくる．

2·10·3　CaO - SiO_2 系状態図

セメントクリンカーの生成にもっとも関係が深いのが，この系の状態図で図 2·51 に示す．まず，この系には SiO_2 側から CS, C_3S_2, C_2S, C_3S の 4 種の異なる化合物が存在している．このなかで，とくに CaO 側の C_2S と C_3S は不安定な化合物で，水とすみやかに反応して水和物として安定しようとする性質をもつため，セメント化合物として知られている．

CaO は融点 2570°C をもつ塩基性酸化物であるが，酸性酸化物 SiO_2 と反応するにつれてすみやかに融点を下げ，その過程で上記 4 種の CaO - SiO_2 系化合物を順次生成する．しかし，一定の融点をもっているのは C_2S と CS だけで，C_3S と C_3S_2 は分解融解する．

いま，ポルトランドセメントのクリンカー生成領域を，組成は C_3S と C_2S のあいだ，温度は 1200～1600°C のあいだと考えると，ポルトランドセメントの製造条件はかなりせまい範囲に限定されていることが，よくわかる．しかし，じっさいには不純成分の固溶やガラス相などの影響により，この生成領域はかなり異なってくるものと思われる．この領域から CaO 側にずれると CaO が，SiO_2 側に少しずれても C_3S_2 や CS が，それぞれ晶出してしまう．

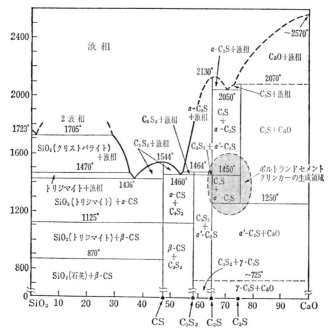

図 2·51 CaO – SiO₂ 系状態図 (B. Phillips et al., 1959)

また，低温度側にずれれば C_3S は生成しない．原料の成分調整や温度制御が，きわめて重要な技術的問題であることがじゅうぶんに予測できるであろう．

この状態図から見るかぎりでは，1250℃ 以下となると C_3S は C_2S と CaO に分解してしまうように理解できるが，じっさいにはこの分解速度はきわめておそく，しかも不純成分の固溶により安定化されているので，C_3S を常温まで冷却することは問題ない．ただし，C_2S のほうは冷却により 725℃ 以下で α'-$C_2S \longrightarrow \gamma$-$C_2S$ の転移がおこり，いわゆるダスティング現象によりクリンカーを粉末化してしまう．これを防止するために，キルンからでてきたクリンカーを急冷し，準安定相の β-C_2S とすることについては，すでに 2·6·2 項でのべた．

2·10·4　CaO – Al₂O₃ 系状態図

セメントクリンカーの生成に関係の深い状態図として，さらに CaO – Al₂O₃ 系状態図を図 2·52 にかかげる．この系においては，Al₂O₃ 側から CA_6, CA_2,

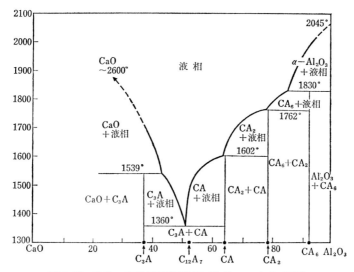

図 2·52 CaO−Al_2O_3 系状態図 (R. W. Nurse et al., 1965)

$C_{12}A_7$，C_3A の 4 種の異なる化合物が存在することが知られているが，なかでも C_3A はセメント化合物として有名である．この C_3A はセメント化合物のなかでもっとも水和速度がはやく，セメントを急結させてしまう性質があり，むしろ無用の存在であるという説もある．しかし，セメントの主原料である粘土から Al_2O_3 分は多量にはいってくるので，CaO との反応による C_3A の生成は避けられない．むしろ CaO−Al_2O_3−H_2O 系ゲルを生成しセメントの硬化へ寄与する利点のほうも評価すべきであろう．このような理由から，セメントの水和初期における C_3A の水和の抑制が，セメント化学での大きな問題となっているのである．

CaO は高融点酸化物であるが，Al_2O_3 がはいってくるにつれて液相を生成しながら融点をすみやかに下げ，1539℃ 以下では C_3A と液相を生成する．さらに組成が Al_2O_3 側にうつると，1360℃ で C_3A と CA との混合物になる．セメントクリンカーの生成にさいしては，このような比較的低い温度での液相の生成が，固相間にあって構成イオンの移動を促進し，C_2S の溶解，C_3S の晶出，その結晶成長に寄与するのである．

この状態図には $C_{12}A_7$ の安定領域が示されていないが，$C_{12}A_7$ は C_3A から

CAの組成のあいだで，いったんかならず晶出する準安定相であるが，じゅうぶんに時間をかけるとC_3AとCAとに分解する．

2・10・5　CaO – Al_2O_3 – SiO_2 系状態図

2成分系では温度－組成との関係はかなりわかりやすく図示できるが，3成分系状態図となると，組成は3成分三角図表で示され，これに温度軸をいれるためには立体化しなければならない．この場合，地図のうえで山の高さを等高線であらわすのと同じように，三角形組成図を温度軸方向から投影し，温度の高低を等温線であらわすのである．このようにして作成されたCaO – Al_2O_3 – SiO_2 系状態図を図2・53に示す．3成分系にすることによりクリンカーの生成領域は，さらにじっさいのセメントの製造条件に近づいている．三角座標の頂点に位置しているCaO, Al_2O_3, SiO_2 の純粋成分は，いずれも高融点でもっとも山の高さが高くなっているが，矢印の示す方向に組成が変化

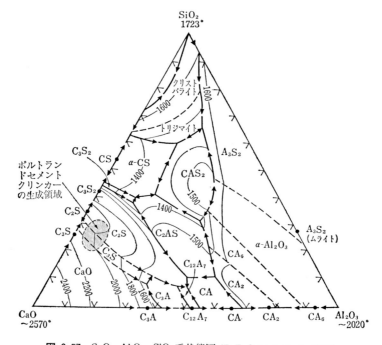

図 2・53　CaO – Al_2O_3 – SiO_2 系状態図 (E. F. Osborn et al., 1960)

するにつれて低融点化し，中央は谷間のようになっている．中間化合物はその谷間のなかでそれぞれ小山を形成している．3成分状態図を形成する三つの側面は，図2・50 Al_2O_3-SiO_2系，図2・51 CaO-SiO_2系，図2・52 CaO-Al_2O_3系から構成されており，これら三つの系にそれぞれぞくする2成分化合物 C_3S, C_2S, C_3S_2, CS, C_3A, CA, CA_2, CA_6, A_3S_2 の生成領域，三つの系すべてにまたがる3成分系化合物 CAS_2(アノーサイト，anorthite), C_2AS(ゲーレナイト，gehlenite) の生成領域がそれぞれ示されている．

この状態図に示されている化合物の生成領域は，液相を冷却すると結晶が析出しはじめる初晶域を示している．セメントクリンカーの生成領域は図中に示されるようなせまい範囲にあるが，じっさいのクリンカーの生成領域はこの初晶面よりももう少し下の方にあり，ここでは 1500～1800°C における C_3S, C_2S, C_3A の共存領域を示しているにすぎない．したがって，この付近における CaO, Al_2O_3, SiO_2 の3成分の量比やその他の成分の多少が，クリンカー中のセメント化合物の量比に大きな影響をおよぼすことが理解できよう．

2・11 ガラス化

高温で融解状態の液相を冷却すると，結晶化またはガラス化がおこる．ガラス (glass) は，結晶配列の規則性をもたず，そのX線回折図形からは回折ピークは見られない．その構造は1Å前後のX線の波長のスケールで見れば不均一であるが，3800～7500Å の可視光線の波長のスケールから見れば均一で，光はガラス中を直進するだけで透明に見えるのである．

ガラスはみかけ上は固体であるが，融解状態の液相がそのまま固化したものであり，固化した液体ともいえる．これに対して融解状態の経歴なしでX線的に結晶配列のみとめられない固体として，シリカゲルやアルミナゲルがある．また，粘土鉱物の加熱にあたって結晶水の離脱とともに生成する無定形相も，そのよい例である．これらはいずれも重合した大形陰イオンをもっており，そのために結晶化しにくい状態になっているものと思われ，非晶質としてガラスとは区別される．ポルトランドセメントの水和によって生成するセメントゲルは，この非晶質に近い水和物である．

図2・54は融解物の冷却によるガラスの生成過程を，モデル化してえがい

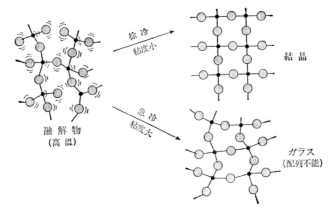

図 2·54　ガラスの生成過程

たものである．まず，ガラス化を支配する因子として，融解物の粘度および冷却速度がある．液相と固相との大きなちがいは，イオンの運動の自由度である．粘度の大きい融解物はイオンの運動の自由度が制限されるため，冷却にともないイオンは結晶に配列するいとまがなく，液体構造をたもったままガラスとなる．これに対し粘度の小さな融解物ではイオンの運動の自由度が大きいため，冷却すればイオンは容易に結晶配列して，結晶化する．しかし，粘度がかなり大きい場合でも，ゆっくりと冷却すれば，イオンは少しずつ移動して結晶化できることもある．イオンが最終的におちつく格子点の位置は，ポテンシャルエネルギーのもっとも低い場所である．

　粘度の大きい融解物をえるには，重合した鎖状か網状の大きな錯陰イオンをもつことが必要である．SiO_2 は3次元網状構造を有し，1728°C で融解するが，みだれた3次元網状構造をそのままたもっている．しかも融解しても，その $Si-O-Si$ 結合は切れにくいので，融液は高い粘性を有し，ゆっくり冷却してもみだれた構造のまま固化して，ガラスとなる．これがシリカガラス（石英ガラスともいう）である．

　SiO_2 か，その誘導体を骨格とするガラスをケイ酸塩ガラス(silicate glass)とよび，ガラス製品として広くもちいられている．このガラスは，SiO_2 に Na_2O や CaO のような金属酸化物を添加して融解すると，$Si-O-Si$ の結合は，

あっちこっちで切断され，融点，粘度ともに低下して，作業性が向上するのである．
CaO の添加による Si–O–Si 結合の切断機構を，つぎに示す．

$$\begin{array}{c} \mathrm{O}\mathrm{O} \\ || \\ -\mathrm{O-Si-O-Si-O-} + \mathrm{CaO} \longrightarrow \\ || \\ \mathrm{O}\mathrm{O} \end{array}$$

$$\begin{array}{c} \mathrm{O}\mathrm{O} \\ || \\ -\mathrm{O-Si-O^-\;Ca^{2+}\;O^--Si-O-} \\ || \\ \mathrm{O}\mathrm{O} \end{array} \quad (2\cdot 20)$$

–Si–O–Si– の結合を切って –Si–O　O–Si– とするためには，不足する O 原子は添加される CaO から供給される．Na_2O や CaO のような金属酸化物が多く加わるほど，O 原子により Si–O–Si 結合の切れめも多くなり，ガラス中の O/Si 比はしだいに大きくなる．O/Si 比が 2.5 付近の Si–O–Si の鎖の長さが，ガラスをつくるのにもっとも適しているといわれる．O/Si 比が 3～4 となると，鎖の長さは短かくなりすぎて結晶化しやすくなる．Ca_2SiO_4 となると O/Si 比は 4 となり，SiO_4^{4-} の小形錯イオンとなるため，融液を急冷してもガラス化はおこらず，結晶化する．

セメントクリンカーは，1450°C 前後の高温で焼成されたのち急冷されるので，一部に生成している液相は結晶化するいとまなくガラス相となる可能性が大きい．ふつう，ポルトランドセメントのなかには 6～8％ものガラス相が存在するという報告もある．クリンカーにふくまれているセメント化合物のなかで，とくにガラス化と関係深いと思われるのは C_4AF である．1300°C 付近で生成する $C_4AF–C_3A$ 系の融液を，どんなに急冷しても粘性はそれほど大きくないのでガラス化はしないが，SiO_2 がわずかでも加わると粘性が大きくなりガラス化しやすくなるといわれる．この融解物中にはふつう 4～6％の SiO_2 がふくまれているが，これから C_3A や C_4AF が晶出するにしたがい，SiO_2 濃度は急増し，CaO や MgO と共存して O/Si 比は 2 から 2.5 となり Si–O–Si 鎖は長くなって高粘性化し，急冷すればガラスとなる．しか

し，セメントクリンカーのなかに，ほんとうにガラスが存在するのであろうか．現在のところ，クリンカーからガラスを単独に分離することに成功していないこともあって，多くの議論の分かれるところである．

　高炉セメントにもちいられる高炉スラグは，炉前でただちに水と接触することにより急冷され，ガラスとなっているが，その O/Si 比は 3〜4 の範囲にあり，Si–O–Si の鎖はそれほど長くない弱い構造のガラスであることが予想される．水冷されたスラグの X 線回折図形からは回折ピークはほとんど見られず，2θ が 20° 付近に非晶質シリカ特有のハローがみとめられるだけであるが，徐冷されたスラグの図形からは，オーケルマナイト $Ca_2MgSi_2O_7$ とゲーレナイト $Ca_2Al(SiAlO_7)$ とのあいだの固溶体および $\beta\text{-}C_2S$ の回折ピークがみとめられている．

3

セメントクリンカーの組成と構造

図 3・1 エーライト
小野吉雄, 石膏と石灰,
No. 182, 26 (1983).

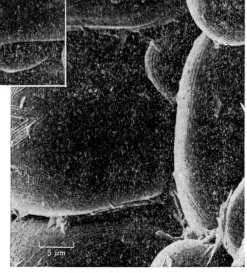

図 3・2 ビーライト
小川賢治, 石膏と石灰, No. 186, 29 (1983).

ポルトランドセメントのクリンカーは，石灰石，粘土，ケイ石，酸化鉄原料などを適当な割合に配合，微粉砕し，プレヒーターをへてロータリキルンに送り約 1450°C の高温で焼成したのち，クーラーで急冷するという方法で製造される．このクリンカーに 3～5％のセッコウを加えて微粉砕すれば，ポルトランドセメントとなる．

クリンカーをつくる焼成工程は，ポルトランドセメントの材料としての機能を決定づけるもっとも重要な過程である．しかしクリンカーは，あくまでも天然鉱物をそのまま原料として焼成されたものであり，一定品質のセメントを量産するには，むずかしい技術的問題がある．セメントを構成する成分を純粋な形で混合して同じように処理しても，同じような性質のセメントをつくることはできないのである．

この章では，すでに学んだ固体化学的知識をもとにして，じっさいにセメント工場で製造されているセメントクリンカーの組成や構造について考えてみたい．

3・1 クリンカーの生成反応

セメントクリンカーは，石灰石（C 成分），粘土（A，S 成分），ケイ石（S 成分），酸化鉄原料（F 成分）を適量ずつ配合し，1450°C 前後の高温で焼成して焼きかためた径 1 cm 程度の大きさの球状粒子の集合体である（図 2・1 参照）．その主成分は，C，A，S，F の 4 成分の組みあわせによる C_3S，C_2S，C_3A，C_4AF で，いわゆるセメント化合物である．

セメント原料の配合物について高温における熱的挙動をしらべてみると，まず，100°C 以下で付着水分が蒸発し，500°C ぐらいから粘土（カオリナイト）の結晶水の気散がはじまる．粘土の熱分解機構については，すでに 2・8・3 項でくわしく解説したが，粘土鉱物の種類によって結晶水の脱水温度も異なるし，Al_2O_3 の一部が Fe_2O_3 におきかわっても熱的性質は変わってくる．しかし，いずれの場合でも脱水のさい，結晶配列の秩序性は失なわれて X 線的に無定形となりその含有する Al_2O_3 分，SiO_2 分はかなり反応性の大きい形態となる．そしてこれらの活性成分は，Al–Si スピネルに再結晶するまえに $CaCO_3$ およびつづいて 890°C ぐらいからはじまる $CaCO_3$ の熱分解により生成する活

性 CaO と接触し，固相反応がはじまるのである．

　石灰石からの CaO と粘土からの SiO_2 との固相反応は 1100°C ぐらいから活発となり，まず，$\alpha'-C_2S$ が生成する．CaO の量がじゅうぶんであれば，1200°C になると SiO_2 のすべては C_2S になる．C_3S は 1300～1400°C で C_2S と CaO との固相反応により生成しはじめるが，不純成分の一部の融解により多少なりとも液相が生成しないかぎり，その反応速度はきわめておそい．$CaO-SiO_2$ 系に Al_2O_3 や Fe_2O_3 が加わると，液相生成温度は 1260°C ぐらいまで下がり，C_3S の生成を促進する．1100～1400°C で生成した $\alpha'-C_2S$ は，冷却するとすみやかに $\gamma-C_2S$ に転移して，ダスティング現象をおこす（図2・31参照）．しかし，1400°C 以上で液相共存下で焼成された $\alpha-C_2S$ は，冷却してもダスティングしない．これは高温で安定な $\alpha-C_2S$ が一部の不純成分を固溶して，低温で準安定相である $\beta-C_2S$ に変化するためである．

　$CaO-Al_2O_3$ 系固相反応による C_3A の生成は，1100°C ぐらいからはじまる．すなわち，石灰石からの CaO と粘土からの Al_2O_3 は，900～1100°C で湿分の影響もあっていったん $C_{12}A_7$ の準安定相を形成し，1100°C 以上でしだいに C_3A に変化する．

　$CaO-Al_2O_3$ 系に Fe_2O_3 が加わり $CaO-Al_2O_3-Fe_2O_3$ 3成分系となると，まず 800°C 付近で C_2F が生成し，1100～1250°C でこれに Al_2O_3 が結合して C_4AF となる．ただし C_4AF といっても，じっさいは C_2A-C_2F 系固溶体で，その組成はかならずしも一定ではない（図2・19参照）．$CaO-Al_2O_3-Fe_2O_3$ の混合系に，さらに SiO_2 が加わると，1000～1200°C で C_2AS（ゲーレナイト）がいったん生成するが，さらに Fe_2O_3 分と反応することにより 1250°C ぐらいで C_3A，C_4AF および液相に分解する．

　1250°C 付近で液相が生成しはじめると，C_2S は遊離の CaO との反応をはやめ C_3S 量を増大するが，1450°C で遊離の CaO がなくなったとき，反応はとまる．このときの生成物は，固相には C_3S と C_2S，液相には CaO，Al_2O_3，Fe_2O_3，SiO_2 などが溶けこんでいるが，冷却するにつれて液相から C_3A と C_4AF が晶出して C_3S と C_2S との間げきをうめるのである．なお，2・11節でふれたように，C_3A と C_4AF の晶出したあとの液相は，SiO_2 が濃縮されて高粘性となるので，急冷によってガラス化する可能性はじゅうぶんある．

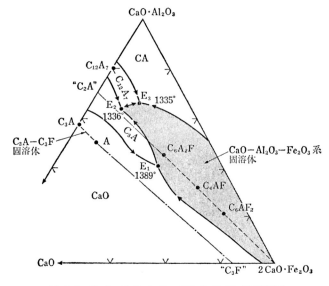

図 3·3　CaO – CaO·Al₂O₃ – 2CaO·Fe₂O₃ 系状態図
(T. F. Newkirk et al., 1958)

　図 3·3 は CaO – CaO·Al₂O₃ – 2CaO·Fe₂O₃ 系の状態図を示しているが，$C_{12}A_7$，C_3A，CaO – Al₂O₃ – Fe₂O₃ 系固溶体の 3 相が接する共融点 E_1，E_2，E_3 は，それぞれ 1389，1336，1335°C で，前記の液相生成（少量の SiO₂ をふくむ）と，これからの C_3A と C_4AF の晶出の機構がよく理解できるであろう．

　石灰石と粘土との混合物を加熱して，両者の反応過程を遊離 CaO の量的変化から追跡すると，図 3·4 のようになる．CaCO₃ 中の CO₂ 蒸気圧が 1 気圧に達するのは 890°C であるが，粘土の脱水による無定形化は 550°C 付近でおこる．したがって粘土からの活性の SiO₂，Al₂O₃ はただちに熱分解前の CaCO₃ と反応をはじめるので，セメント化合物の生成はかなり低い温度から開始している．温度が上昇するにつれて CaCO₃ の熱分解によって生成した遊離 CaO は，粘土の SiO₂，Al₂O₃，Fe₂O₃ などの成分との化合量を増大し，ロータリキルンの最高温度に相当する 1450～1500°C では遊離の CaO は完全に消滅し，すべてセメント化合物となる．クリンカー中のセメント化合物の量的関係は，原料の粉末度，混合状態の均一性，結晶性のよしあし，不純成

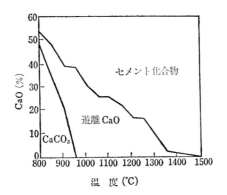

図 3・4　石灰石と粘土からセメント化合物の生成
(H. Kuhl et al., 1929)

分の含有量, 加熱条件などによりかなり異なってくる. 図3・4の結果も, その一つの例にすぎない.

セメント化合物の生成過程は, つぎのように要約される.

800°C 以下	CA, C_2F, C_2S の生成開始
800〜900°C	$C_{12}A_7$ の生成開始
900〜1000°C	C_2AS の生成と分解, C_3A, C_4AF の生成開始, $CaCO_3$ の熱分解終了 (遊離 CaO は最大量となる)
1100〜1200°C	C_3A, C_4AF の生成終了 (C_2S は最大量となる)
1250°C	液相の生成開始, C_3A, C_4AF の液相への溶解
1300〜1450°C	C_3S の生成, 遊離 CaO の消滅
冷却　1200°C	C_3S, C_2S の結晶間げきに C_3A, C_4AF の晶出, 液相のガラス化

つぎにセメント化合物の生成熱を, 表3・1に示す. これらの生成熱は合成にもちいる SiO_2 や Al_2O_3 の形態によっても, かなり異なる.

セメント製造における熱収支の計算には, 通常は結晶質の単一酸化物からのセメント化合物の生成熱をもちいる. しかし, 加熱, 脱水した粘土中の SiO_2, Al_2O_3 の形態には多くの議論があり, もし $\gamma\text{-}Al_2O_3 \longrightarrow \alpha\text{-}Al_2O_3$ の転移がおこるとすると, 7.8 kcal/mol の生成熱と, 無定形シリカからの石英の結晶化熱 3.4 kcal/mol も考慮する必要がある.

表 3・1 セメント化合物の生成熱

反　応	20℃ (kcal/mol)	(cal/g)	1300℃ (kcal/mol)	(cal/g)
$2CaO + SiO_2$ (ゲル) $= \gamma\text{-}C_2S$	34.27	199.0	—	—
$2CaO + SiO_2$ (ゲル) $= \beta\text{-}C_2S$	33.24	193.0	—	—
$3CaO + SiO_2$ (ゲル) $= C_3S$	33.77	143.5	—	—
$2CaO + SiO_2$ (石英) $= \beta\text{-}C_2S$	29.8	173	25.2	146
$3CaO + SiO_2$ (石英) $= C_3S$	29.4	129	25.2	111
$3CaO + \alpha\text{-}Al_2O_3 = C_3A$	4.3	16	5.8	21
$4CaO + \alpha\text{-}Al_2O_3 + Fe_2O_3 = C_4AF$	12	25	—	—

つぎに熱化学的計算に必要なセメント化合物などの比熱を，表3・2に示しておく．

表 3・2 セメント化合物などの平均比熱 (cal/g)

化合物	温度 (℃)						
	20～450	20～500	20～700	20～900	20～1100	20～1300	20～1500
$CaCO_3$	0.248	0.251	0.261	0.266	—	—	—
$Al_2O_3 \cdot 2SiO_2 \cdot 2H_2O$	0.280	—	—	—	—	—	—
$Al_2O_3 \cdot 2SiO_2$	0.238	0.241	0.250	0.258	0.265	—	—
CaO	0.208	—	0.209	0.213	0.215	0.217	0.219
SiO_2	0.249	0.246	0.258	0.263	0.266	—	0.272
Al_2O_3	—	—	0.259	0.265	0.271	0.276	0.281
C_3S	—	0.218	0.227	0.234	0.241	0.244	0.248
$\beta\text{-}C_2S$	—	0.291*	0.233	0.242	0.249	0.254	—
C_3A	—	0.211	0.226	0.229	0.232	0.235	—
セメントクリンカー	0.217	0.220	0.229	0.236	0.242	0.262	0.270

* $\gamma\text{-}C_2S$

一般にセメントクリンカー1kgを生成するために必要な石灰石と粘土の量は1.55kgで，生成過程における理論的熱量は表3・3のように例示される．しかし，じっさいのセメントの製造においては，排出ガス中への熱損失，炉体からの放熱もあり，この420kcalよりもかなり大きな値となる．

3 セメントクリンカーの組成と構造

表 3·3 セメントクリンカー生成反応の熱収支

吸 熱	原料の加熱　　20 → 450°C	170(kcal/kg クリンカー)	
	粘土の脱水　　450°C	40	
	原料の加熱　　450〜900°C	195	
	$CaCO_3$ の熱分解　　900°C	475	
	分解生成物の加熱　　900〜1400°C	125	
	融 解 熱	25	
	計	1030	
発 熱	脱水粘土の結晶化熱	10	
	セメント化合物の生成熱	100	
	クリンカーの冷却　　1400 → 20°C	360	
	CO_2 ガスの冷却　　900 → 20°C	120	
	水蒸気の冷却　　450 → 20°C	20	
	計	610	
差		420	

3·2 クリンカー鉱物の組成と構造

ポルトランドセメントのクリンカーを構成する化合物の合成‐組成‐性質の関係については，多くの研究者によって研究が行われてきたが，近年は測定機器の進歩とともに，その解明にもいちじるしい進歩が見られる．

3·2·1 クリンカー鉱物

ポルトランドセメントを化学分析すると，その集合体の平均化学組成を求めることができる．この値はあくまでも平均的化学組成であって，結合状態にはふれていないので，これだけではセメントの性質を知ることはできない．しかし，最高の品質管理のもとに製造されたセメントであるならば，その平均組成からその性質をおおむね判断することができる．

市販のポルトランドセメントの化学組成を，表3·4に示す．これらの組成から強熱減量*，不溶残分**，$CaSO_4$量をさし引くと，クリンカー組成に換

---
* 強熱減量 (ignition loss) は，おもにセメント中にふくまれる H_2O と CO_2 の合量である．新鮮なセメントでは 0.5〜0.8% で，これはクリンカーに加えられているセッコウの結晶水の量にほぼ相当する．セメントが風化すると，この値がふえるので風化の程度が判定できる．

** 不溶残分 (insoluble matter) は，セメントを HCl と Na_2CO_3 の溶液で処理したさいの溶けない部分で，一般には 0.6% 以下である．

表 3·4 ポルトランドセメントの化学組成例 (%)

	強熱減量	不溶残分	SiO_2	Al_2O_3	Fe_2O_3	CaO	MgO	SO_3	計
普通セメント	0.6	0.1	22.0	5.3	3.0	64.9	1.3	1.9	99.1
(クリンカー換算値)	—	—	23.0	5.6	3.2	66.8	1.4	—	100.1
早強セメント	0.8	0.2	21.0	5.0	2.7	65.5	1.1	2.7	99.6
(クリンカー換算値)	—	—	22.5	5.4	2.9	68.0	1.2	—	100.0
中よう熱セメント	0.8	0.3	23.5	4.0	3.7	64.7	0.9	1.9	99.8
(クリンカー換算値)	—	—	24.6	4.2	3.9	66.4	0.9	—	100.0

算することができる．

表 3·4 の普通ポルトランドセメントクリンカーの組成を見ると，CaO はぜんたいの約 2/3，SiO_2 は CaO の約 1/3，Al_2O_3 は SiO_2 の約 1/4，Fe_2O_3 は Al_2O_3 の約 1/2 となっている．早強セメントでは，CaO を 1％増し，その分だけ SiO_2 やその他の成分を減らし，さらに中よう熱セメントでは，Al_2O_3 を 1％減らし，その分だけ SiO_2 やその他の成分を増している．

表 3·5 は，表 3·4 のクリンカー組成からセメント化合物組成に換算したもので (計算方法は 3·3 節で解説)，セメントの特定成分の 1％前後の増減がセメント化合物の量を大きく変化させていることがわかる．すなわち，早強セメントのクリンカー中の CaO の約 1％増は，短期強度の大きい C_3S の増大をもたらし，中よう熱セメントのクリンカーの CaO と Al_2O_3 の約 2％減は，水和熱の大きい C_3S や C_3A の減小をもたらしている．

表 3·5 クリンカー中のセメント化合物組成例 (%)

	C_3S	C_2S	C_3A	C_4AF
普通セメント	50	26	9	9
早強セメント	67	9	8	8
中よう熱セメント	48	30	5	11

口絵に掲載したカラー写真は，ポルトランドセメントクリンカーの任意断面の反射顕微鏡写真を示している．20〜50 μm の大きさの角ばった大形結晶がエーライト (alite, 主成分は C_3S)，15〜20 μm の大きさのまるみをおびた中形結晶がビーライト (belite, 主成分は β-C_2S) とよばれている．これらのエーラ

イトとビーライトの結晶間をうめている微結晶を，間げき相 (interstitial phase) とよぶ．そのなかでも顕微鏡下で明るく見える部分は，C_4AF の組成で代表される C_2A-C_2F 系固溶体で，これをたんにフェライト相 (ferrite phase) とよび，いっぽう，暗く見える部分は，C_3A を主成分とする結晶で，これをたんにアルミネート相 (aluminate phase) とよぶことが多い．急冷されたクリンカーのフェライト相には，かなりのガラス相 (glass phase) がふくまれることがある．

エーライト，ビーライト，アルミネート相，フェライト相を，本書ではクリンカー鉱物とよび，セメント化合物 C_3S, C_2S, C_3A, C_4AF と区別することとする．クリンカー鉱物中に存在するセメント化合物は，純粋なものではなく，いくつかの不純成分を微量固溶し，その性質もきわめて複雑なものとなっている．クリンカー鉱物がどのような組成や構造をとるかは，セメントの水和や硬化の性質に重要な影響をおよぼす．

セメントクリンカーから，クリンカー鉱物をそれぞれ独立に分離して，その組成や構造をしらべることについては，多くの研究者によって着手されている．セメントクリンカー中のエーライトやビーライトの結晶粒径をしらべてみると，5～60 μm の範囲にはいっている．そこで沈降法によって 20 μm 以下の小さな粒子をとりのぞくと，残った 20～60 μm の粒子はエーライトとビーライトにとむ部分である．これらの粒子には，まだ多少の間げき相が付着しているので，磁性を有するフェライトは磁石により分離しておく．

エーライトの密度は 3.12～3.19 g/cm^3，ビーライトのそれは 3.22～3.28 g/cm^3 の範囲内にそれぞれあるので，重液分離により両者を分けることができる．まず，比重 3.20 の重液 (ヨウ化メチレン-ベンゼン混合液) にひたして，遠心分離を行うと，浮上部分はほとんどエーライトで，沈降部分はほとんどビーライトとなる．なおビーライトに付着しているエーライトは，沈降部分をさらに比重 3.22 の重液で分離すると，ふたたび沈降する部分のビーライトの純度を向上させることができる．このようにしてえられた 3.20 g/cm^3 以下と 3.22 g/cm^3 以上の密度の粒子は，それぞれエーライト，ビーライトとみなすことができる．

さらにセメントクリンカーをサリチル酸メタノールで処理すると，エーラ

イト，ビーライト，遊離CaOが溶解するので，間げき相を分離することができる．この不溶解残分を1N HClで処理すると，アルミネート相は溶けてフェライト相の大部分が残る．ただし，ガラス相が存在すると溶けにくい．

3・2・2 エーライト

セメントクリンカー中の約半分をしめる無色の角ばった大形結晶である．主成分はC_3Sであるが純粋ではなく，いくつかの他成分が微量固溶している．走査電子顕微鏡で観察される合成エーライトは，図3・1に示したような六角板状に近い結晶がステップ状に成長している．C_3Sにはいくつかの変態が知られているが，いずれも菱面体晶に近く，通常は六方格子（$a=7Å, c=25Å$）であらわされる（図2・21参照）．その結晶外形は，図3・5に示すような3回軸に垂直な底面（0001）面が大きく成長した六角板状結晶となっている．

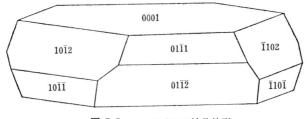

図3・5 エーライトの結晶外形

山口悟郎らは，ポルトランドセメントクリンカーからエーライトを分離し，その化学組成を表3・6のように示し，これから組成式をみちびいた．

表3・6 エーライトの化学組成（%）

		SiO_2	Al_2O_3	Fe_2O_3	CaO	MgO	SO_3	Na_2O	K_2O
普通セメントクリンカー	1	24.15	1.30	0.66	72.76	1.10	0.00	0.03	0.00
	2	25.13	1.17	0.61	71.46	1.40	0.00	0.05	0.18
	3	24.10	1.20	0.61	72.74	1.16	0.05	0.09	0.05
	4	23.95	1.49	0.47	72.54	1.16	0.25	0.03	0.11
早強セメントクリンカー		24.10	1.38	0.41	73.05	0.94	0.05	0.02	0.05
中よう熱セメントクリンカー	1	24.72	1.36	0.77	71.85	1.01	0.16	0.05	0.08
	2	25.66	0.59	0.45	71.98	1.23	0.00	0.03	0.06

G. Yamaguchi, S. Takagi, Proc. 5th Intnl. Symp., Chemistry of Cement, Tokyo, (1968).

C_3S はその基本組成式を $Ca_{108}Si_{36}O_{180}$ であらわすことができるが,分離したエーライトの実験式は,つぎのようになる.

$$Ca_{106}Mg_2(Na_{1/4}K_{1/4}Fe_{1/2})(Al_2Si_{34})O_{180}$$

この実験式では,陽イオンが過剰に格子点にはいることになるので,構造化学的量論関係をたもつとすれば,つぎのようにかける.

$$Ca_{104}Mg_2Al(Na_{1/4}K_{1/4}Fe_{1/2})(AlSi_{35})O_{180}$$

エーライトにふくまれる不純物のうち,MgO,Al_2O_3 以外の成分は少量なので,これらを無視して組成式をかきなおすと,つぎのようになる.

$$Ca_{105}Mg_2Al(AlSi_{35})O_{180}$$

J. W. Jeffery (1957) によって提示されたエーライトの組成は,$Ca_{108}Mg_2(Al_4Si_{32})O_{180}$ であり,Al_2O_3 が 1/2 となっている.クリンカーから分離したエーライトのX線回折図形を,図3・6に示す.

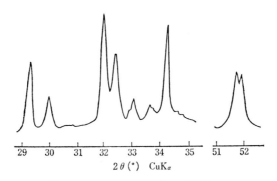

図 3・6 エーライトのX線回折図形

C_3S の安定領域は 1250〜2070°C で,1250°C 以下では C_2S と CaO とに分解することになっているが(図2・51参照),その分解速度はひじょうにおそいため,じっさいには C_3S は常温まで冷却される.また,分離したエーライトでは,CaO,SiO_2 の2成分以外の成分がかなり共存しているので,C_3S の安定領域は状態図で示されるよりも低くなっているはずである.

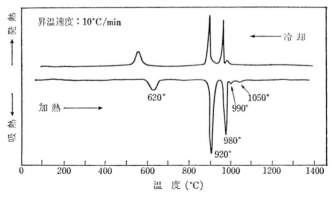

図 3·7 C_3S の DTA 曲線

C_3S の DTA 曲線は図 3·7 のようになり, 常温から 1300°C までのあいだに少なくとも5個の発熱ピークがみとめられ, 冷却のさいもほとんどが可逆的に発熱ピークとなり, 多くの変態が存在することがうかがえる. すなわち, C_3S には三斜晶の T I, T II, T III, 単斜晶の M I, M II, M III, 菱面体 R の合計7種の変態が知られている.

いま, 純粋な C_3S を加熱すると, つぎのような転移がおこる. 冷却すると逆向きの転移がおこり, もとの三斜晶系にもどる. それぞれの転移温度はさきの図 3·6 の DTA 曲線上の各ピーク位置に相当する.

$$\text{T I} \underset{620°C}{\rightleftarrows} \text{T II} \underset{920°C}{\rightleftarrows} \text{T III} \underset{980°C}{\rightleftarrows} \text{M I} \underset{990°C}{\rightleftarrows} \text{M II} \underset{1050°C}{\rightleftarrows} \text{M III} \underset{1070°C}{\rightleftarrows} \text{R}$$

しかし, DTA 曲線からは M III の存在は確認できない. 牧 厳らは, 測光器のついた高温偏光顕微鏡をもちいてエーライトの複屈折の温度依存性をしらべ, 図 3·8 に示すような温度-複屈折率との関係図から, 不連続点を転移温度とさだめた. これより 1060〜1070°C のせまい範囲に M III の存在を確認している.

これらの知見をまとめると, C_3S の状態図はモデル的に図 3·9 のようにあらわすことができる. ( ) 内の温度はさきの牧らによる測定値である. 三斜晶 (T), 単斜晶 (M) は, いずれも高温安定型の菱面体晶 (R) がきわめてわずかにゆがんだ構造で, T どうし間, M どうし間の結晶転移によるエ

3 セメントクリンカーの組成と構造

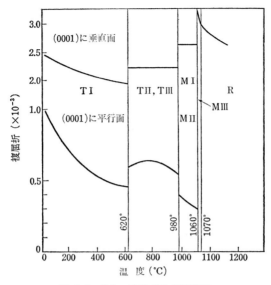

図 3·8 C_3S の複屈折と転移温度
I. Maki, S. Chromy, *Cement and Concrete Research*, 8, 407 (1978).

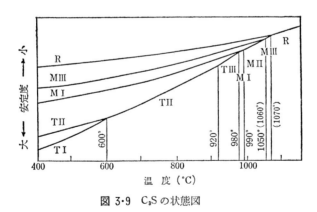

図 3·9 C_3S の状態図

ネルギーの出入りはきわめてわずかで，高精度の DTA によりようやく確認できる程度である．

表3・7に高温X線回折によるC₃Sの格子定数の変化を示す．格子定数は斜方六方格子に換算してあらわし比較してある．菱面体晶では，$\alpha=\beta=\gamma=90°$, $a/b=\sqrt{3}$ となるが，単斜晶，三斜晶ではこの値がわずかにずれている．MⅢはまだ発見されていなかったときの研究である．

表 3・7 C₃S 変態の格子定数

温度(°C)	相	a (Å)	b (Å)	c (Å)	α (°)	β (°)	γ (°)	a/b	c/b
1100	R	12.384	7.150	25.560	90	90	90	1.732	3.575
1000	MⅡ	12.342	7.143	25.434	90	90	90	1.728	3.561
985	MⅠ	12.332	7.142	25.420	90	89.85	90	1.727	3.559
940	TⅢ	24.633	14.290	25.412	90.06	89.86	89.91	1.724	3.557/2
680	TⅡ	24.528	14.270	25.298	89.98	89.75	89.82	1.718	3.546/2
20	TⅠ	24.398	14.212	25.103	89.91	89.69	89.69	1.717	3.553/2

M. Regourd, A. Guinier, 6 th Intnl. Cong., Chemistry of Cement, Moscow, (1979).

C₃Sに不純成分が微量固溶すると，転移が途中でとまり高温変態が常温でえられる．不純物としてMgO, Al₂O₃, Fe₂O₃の3成分がC₃Sに固溶した場合，高温変態がどのように安定されるかを示したのが表3・8である．MgOを飽和量(1550°C)まで固溶させると，MⅠを常温まで冷却することができるが，固溶量が少ないとTⅠ，TⅡとなる．Al₂O₃，Fe₂O₃は，それぞれ単独で

表 3・8 C₃S の安定化に必要な安定剤の添加量 (%)

安定剤	TⅠ	TⅡ	MⅠ
MgO	0～0.55	0.55～1.45	1.45～2.0
Al₂O₃	0～0.45	0.45～1.0	
Fe₂O₃	0～0.9	0.9～1.1	
Al₂O₃ (1%) + MgO		0 ～0.8	0.8 ～2.2
Fe₂O₃ (1%) + MgO		0 ～1.0	1.0 ～2.2
MgO (2%) + Al₂O₃			0 ～1.0
MgO (2%) + Fe₂O₃			0 ～1.1

Al₂O₃	Fe₂O₃	MgO	安定相	a (Å)	b (Å)	c (Å)	β (°)	a/b	c/b
0.9	0.5	0.2	MⅠa	12.241	7.086	25.066	89.91	1.727	3.537
0.9	0.5	0.6	MⅠb	12.254	7.054	24.982	90.03	1.737	3.542

E. Woermann, et al., *Zement Kalk Gips*, [9], 371 (1963); [9], 418 (1969).

はMIの安定化に効果はないが，MgOと組みあわせて添加するとMIを安定化することができる．

ポルトランドセメントクリンカー中のエーライトは，MI，MⅢが主体で，まれにR，TⅡがふくまれるといわれる．図3・6に示したX線回折図形はM型C_3Sである．ロータリキルン中で高温でじゅうぶん焼成すると，エーライトのなかに不純成分が飽和量はいり固溶するとともに，結晶性も向上する．したがって急冷しても低温型変態への転移がさまたげられ，ひずんだM相となるため，水和強度も大きくなるのである．

3・2・3 ビーライト

セメントクリンカー中にふくまれるビーライトは，その量はエーライトとくらべると，はるかに少ないため重液分離などにより濃縮してやる必要がある．合成ビーライトの走査電子顕微鏡写真は，図3・2を参照されたい．その外形は特定の結晶面をあらわさないが，結晶粒表面に微細な数組のしま模様がみとめられる．

表 3・9 ビーライトの化学組成（％）

		SiO_2	Al_2O_3	Fe_2O_3	CaO	MgO	SO_3	Na_2O	K_2O
普通セメントクリンカー	1	31.85	2.68	1.25	62.53	0.74	0.27	0.36	0.32
	2	33.17	1.61	1.05	62.38	0.79	0.05	0.46	0.49
	3	31.62	1.99	0.78	63.86	0.60	0.26	0.40	0.49
	4	31.52	2.38	1.43	63.51	0.89	0.00	0.16	0.11
早強セメントクリンカー		31.68	2.99	1.03	62.65	1.02	0.08	0.08	0.49
中よう熱セメントクリンカー	1	30.66	2.41	1.29	63.79	0.72	0.52	0.22	0.39
	2	31.36	2.81	1.63	62.35	0.60	0.50	0.25	0.50

(山口悟郎ら，1968)

ビーライトの基本成分はC_2Sであるが，エーライト中のC_3Sのように，いくつかの他成分が微量固溶している．山口悟郎らによってクリンカーから分離されたビーライトの化学組成を，表3・9に示す．これによると，CaO，SiO_2の2成分以外の他成分としては，Al_2O_3とFe_2O_3の量が多い．

C_2Sの基本組成式を$Ca_{90}Si_{45}O_{180}$であらわすと，分離したビーライトの実験式は，つぎのようになる．

$$Ca_{87}MgAlFe(Na_{1/2}K_{1/2})(Al_3Si_{42})O_{180}$$

エーライトと同じように，この式を構造化学的量論関係をたもつとして整理すると，つぎの式となる．

$$Ca_{85}MgAl_2Fe(Na_{1/2}K_{1/2})(Al_3Si_{42})O_{180}$$

C_2S の融点は 2140°C で，C_3S の分解融点 2070°C よりも高い (図 2·51)．しかし，C_2S 組成よりもわずかでも SiO_2 分が多くなると，1464°C 以上ではつねに液相をふくむことも事実であり，じっさいのクリンカーではその他の成分もかなりの量が共存するので，液相生成温度は状態図で示されているものより，かなり低くなるものと思われる．

C_2S の転移については，すでに 2·6·2 項でくわしくのべたが，六方晶の α, 斜方晶の α'，単斜晶の β，斜方晶の γ の 4 種の変態が知られている．α' はさらに高温型の α'_H と低温型の α'_L とに分けられるが，構造上の相違は小さいので，ここでは区別しないこととする．

この 4 種の変態のなかで，γ 相だけが Mg_2SiO_4 型で，その他はすべて β-K_2SO_4 型の構造にぞくするため，γ 相に変化するときに大きな体積膨張がおこる．これがダスティング現象でクリンカーはほう壊，粉末化する．

C_2S の相平衡をモデル的にあらわしたのが，図 3·10 である．これらの転

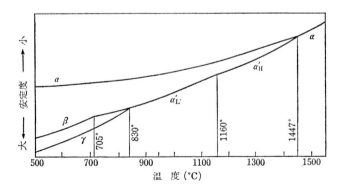

図 3·10 C_2S の状態図

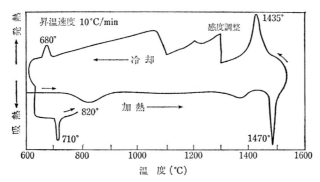

図 3·11 C$_2$S の DTA 曲線
山口悟郎ら, 窯業協会誌, 71, 105 (1963).

移点は, 図 3·11 に示した γ-C$_2$S の DTA 曲線の各ピークとほぼ対応している. すなわち, 加熱時の 820°C の吸熱は γ → α′ 転移, 1470°C の吸熱は α′ → α 転移, 冷却時の 1435°C の発熱は α → α′ 転移, 680°C の発熱は α′ → β 転移, 再加熱時の 710°C の吸熱は, β → α′ 転移に対応している.

C$_2$S の変態のなかで, α, α′, γ の 3 相は熱力学的に安定な相であるが, β 相は α′ 相が過冷却されることにより生成する. セメントクリンカーはロータリキルンからでると, ただちにクーラーにはいり急冷され, α → α′ → β の過程をへて, α → γ への転移をおこすことはない.

表 3·9 に見られたように, ビーライトにはかなりの量の Al$_2$O$_3$, Fe$_2$O$_3$ をふくんでいるが, これらの成分は C$_2$S に微量固溶し, 高温型変態の C$_2$S を安定化する能力がある. すなわち, 高温型の α 相を急冷すれば大部分は低温準安定型の β 相に変化するが, じっさいのクリンカー中のビーライトは 0～40% の α 相をふくむことが多い. α′ 相が常温まで残ることはない.

クリンカーから分離したビーライトの X 線回折図形を, 図 3·12 に示す. α 相を 30% ぐらい残したまま β 相に転移したビーライトでは, 2θ 33.0°, 46.5° に, それぞれ α-C$_2$S の (110) と (202) の回折ピークがみとめられる.

ビーライト中に微量固溶して β → γ 転移を防止する効果を上げる成分としては, Al$_2$O$_3$ + Fe$_2$O$_3$, Na$_2$O, B$_2$O$_3$, BaO, Cr$_2$O$_3$, MnO$_2$, P$_2$O$_5$ などが知られている. 純粋な γ-C$_2$S および安定した高温型 C$_2$S の単位格子を, 表 3·10 に示す.

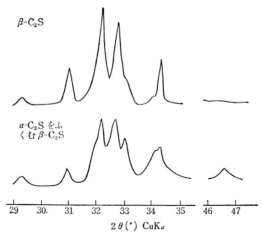

図 3・12 ビーライトのX線回折図形

表 3・10 安定化した C_2S 変態の格子定数

相	a (Å)	b (Å)	c (Å)	β (°)	安 定 剤
γ (斜方)	5.083	——	6.773		純　　粋[1]
β (単斜)	5.513	6.760	9.326	94.60	0.5 % B_2O_3[2]
	5.514	6.772	9.330	94.60	0.25 % Cr_2O_3[2]
α' (斜方)	5.496	9.261	6.748		10 % $CaMgSiO_4$, 4 % K_2O[1]
α (六方)	5.419	——	7.022		2.5 % Al_2O_3, 2.5 % Fe_2O_3, 6.0 % Na_2O[1]

1) 山口悟郎ら, (1963), 2) H.G.Midgley (1968)

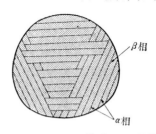

図 3・13 ビーライト粒子のしま模様

すでにのべたようにビーライト結晶粒の表面や断面を顕微鏡で観察すると，ある角度で交さくしあった平行線状のしま模様がみとめられる．これらのしま模様は，ビーライトの冷却過程における $\alpha \longrightarrow \alpha'$ 転移に関係があるとい

われる．すなわち，α 相にくらべ α' 相は Al_2O_3，Fe_2O_3 などの不純成分の固溶量が少ないため，濃縮，飽和に達した不純物が α 相と α' 相の境界面に析出する．さらに冷却していくと $\alpha' \longrightarrow \beta$ 転移がおこり α 相と β 相との境界に不純物の層はそのまま残り，しま模様となるのである．この場合，β 相の b 軸と α 相の c 軸とが一致する．クリンカーの焼成温度が低かったり焼成時間が短かったりすると，α 相の不純成分固溶量は少なくなり，じゅうぶんに焼成すれば固溶量を増し，結晶粒の大きさも大きくなる．つぎに $\alpha \longrightarrow \alpha'$ 転移付近で徐冷すると，固溶していた不純成分は析出しビーライトはうすい黄色からかっ色となるが，急冷すると不純成分は固溶したまま α' をへて β 相となるので，無色透明のビーライトがえられる．この場合の β 相は，$\alpha' \longrightarrow \beta$ 転移により構造はみだれ内部にひずみをもつため，水和性が大きい．

このようにビーライトの結晶粒の粒径や色調は，セメントの品質を決定づける重要な因子となっている．すなわち，高強度のセメントを製造するためには，クリンカーを高温でじゅうぶんに焼成し，いったん結晶性の高い高温型をつくって急冷し，ひずみの大きい不安定な低温型とすることである．

3・2・4 間げき相

クリンカー中の液相生成量は 1300°C 付近で急増する．このときの固相はおもにエーライトとビーライトで，液相成分は CaO，Al_2O_3，Fe_2O_3 などである．液相を冷却していくと，まず C_3A を主成分とするアルミネート相が，つぎに C_4AF を主成分とするフェライト相が，それぞれエーライトとビーライトの大形結晶の間げきに微小結晶として析出し，間げき相を形成する．SiO_2 分もふくまれているので，最終析出相はガラス相となる可能性もある．

間げき相の結晶は大きさも微小で透明度も低いので，顕微鏡観察はむずかしい．そこで，間げき相と同じ組成の融液をつくり，これを適当な条件で冷却し，その結晶析出過程や生成物の性質をしらべるという研究が多く行われている．

クリンカーから分離した間げき相と，これをサリチル酸メタノール処理をして分離したフェライト相の，それぞれのX線回折図形を図 3・14 に示す．

a) アルミネート相　クリンカー中のアルミネート相は，いずれも C_3A を主成分とし，これにアルカリが微量固溶している．すなわち，クリンカー中

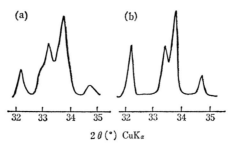

図 3·14 間げき相(a)とフェライト相(b)のX線回折図形

には通常 Na_2O, K_2O がそれぞれ 0.1～1.0% 程度ふくまれていて，その一部は硫酸アルカリとして存在し，その他はクリンカー鉱物中に固溶している．そして固溶アルカリは，間げき相のなかでもアルミネート相に多くふくまれており，これにより C_3A の結晶構造が変化することもよく知られている．

表 3·11 アルミネート相の化学組成（%）

		SiO_2	Al_2O_3	Fe_2O_3	CaO	MgO	SO_3	Na_2O	K_2O
普通セメントクリンカー	1	4.6	27.2	11.4	53.0	2.2	0.0	1.5	0.1
	2	7.1	27.5	6.0	53.4	2.2	0.0	2.0	1.8
	3	5.8	28.7	5.3	54.8	2.2	0.0	1.7	0.8
中よう熱セメントクリンカー	1	5.0	21.4	16.0	54.2	2.2	0.0	0.3	0.9

(山口悟郎ら，1968)

クリンカーから分離されたアルミネート相の化学組成例は，表 3·11 のとおりで，CaO，Al_2O_3 の2成分以外には，不純成分として，SiO_2，Fe_2O_3，MgO，アルカリの存在がめだつ．これらの不純成分は，すべて C_3A に固溶して，その安定化に重要な役割をはたすものと思われている．

アルミネート相の基本組成は $Ca_{90}Al_{60}O_{180}$ であらわされるが，化学組成から実験式を求めてみると，つぎのようになる．

$Na_6K_2Ca_{78}Mg_4(Al_{44}Fe_8Si_8)O_{180}$

さきに立方晶 C_3A の構造を示したが（図2·13参照），微量の Na_2O や K_2O は $Ca^{2+} \rightleftarrows 2Na^{2+}$ （または $2K^+$）のような置換固溶を，いっぽう Fe_2O_3 は AlO_4

四面体中心の Al^{3+} が Fe^{3+} と置換固溶を, それぞれおこすことにより斜方晶 C_3A に転移する. とくに C_3A には, その単位格子内に8個所の陽イオン位置が空孔となっているので, $Ca^{2+} \rightleftarrows 2Na^+$ の置換のさい, あまった Na^{2+} はこの空孔にはいることにより構造の充てん性は向上することになる. さらに SiO_2 は Na_2O との共存で, C_3A の安定化に寄与している. すなわち, $Ca^{2+} \rightleftarrows 2Na^+$ では置換量にも限界があるが, SiO_2 成分が共存すると, $Ca^{2+} + Al^{3+} \rightleftarrows Na^+ + Si^{4+}$ の置換がおこり, アルカリの作用のほかに C_3A の AlO_4 四面体の一部が SiO_4 四面体に変化することにより安定効果を高める. C_3A に対する Fe_2O_3 の固溶範囲については $2CaO \cdot Al_2O_3$ と $2CaO \cdot Fe_2O_3$ とをむすぶ線上に組成が連続的に変化する完全固溶である (図 3・3 参照).

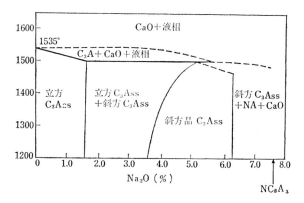

図 3・15 $C_3A - Na_2O \cdot 8CaO \cdot 3Al_2O_3$ 系状態図
I. Maki, *Cement and Concrete Research*, 3, 295 (1973).

$C_3A-Na_2O \cdot 8CaO \cdot 3Al_2O_3$ 系状態図は, 図3・15のようになる. これによると, 立方晶 C_3A は Na_2O の固溶量を増すにしたがって立方晶系固溶体となるが, 1.6% ぐらいが固溶限界で, それ以上の Na_2O 量となると斜方晶 C_3A に変化する. 1.6~3.7% は立方晶と斜方晶の固溶体が共存し, 3.7% 以上から斜方晶固溶体だけとなる. Na_2O を5% 以上固溶する斜方晶 C_3A を冷却すると, 約500°C で単斜晶 C_3A に変化するといわれる.

この斜方晶 C_3A はたんなる $CaO \rightleftarrows Na_2O$ 置換型連続固溶体ではなく, 低アルカリ側と高アルカリ側とで二つの異なる構造形が存在し, その移行は

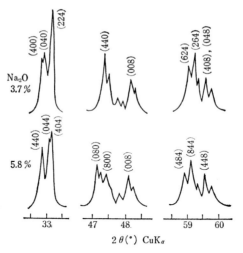

図 3·16 斜方晶 C_3A の X 線回折図形
牧 巖ら，窯業協会誌，**79**, 241 (1971).

Na_2O 4.8% 付近でおこるという報告もある．これらのX線回折図形を，図 3·16 に比較する．

　C_3A 変態の単位格子の大きさを表 3·12 に示す．Na_2O, SiO_2, Fe_2O_3 の 3 成分により安定化した斜方晶 C_3A は，$Ca_{33.12}Na_{4.02}(Al_{20.53}Fe_{2.21}Si_{1.37})O_{72}$ の化学組成を有し，その格子は低アルカリ型である．また，以上の Na_2O の作用は，そのまま K_2O の作用としても適用できる．

　クリンカー中の Na_2O や K_2O は原料や燃料からはいってくる SO_3 と結合し硫酸塩をつくるが，残りのほとんどは C_3A に固溶し，余分のアルカリ分が少ないと立方晶固溶体，多いときは斜方晶固溶体をつくるものと思われる．

表 3·12　C_3A 変態の格子定数

	a (Å)	b (Å)	c (Å)	安　定　剤
立方	15.291			純　粋
斜方	10.872	10.845	15.112	3.7% Na_2O*
	15.314	15.394	15.137	5.8% Na_2O*
	10.88	10.84	15.16	3.8% Na_2O, 2.5% SiO_2, 5.4% Fe_2O_3*

* 牧　巖 (1971)

また，じっさいにはアルカリ分以外の SiO_2 や Al_2O_3 も固溶されており，高温変態の斜方晶固溶体を常温まで冷却することを容易にしている．

b) **フェライト相** 高温でクリンカー中に生成した液相から，冷却により最終的に析出するのはフェライト相である．この相の主成分は，ふつう C_4AF であらわされる C_2A-C_2F 系の固溶体である．クリンカー中のフェライト相の組成も生成条件によってかなり異なるが，多くは $C_6AF_2 \sim C_6A_2F$ のあいだに分布する．

サリチル酸メタノール処理によってクリンカーから分離した間げき相を，さらに HCl 処理を行うことによりアルミネート相を溶かして，フェライト相を分離する．その化学組成を表 3・13 に示す．C_4AF を構成する CaO，Al_2O_3，Fe_2O_3 以外に，SiO_2 と MgO がかなりの量ふくまれていることがわかる．

表 3・13 フェライト相の化学組成（％）

		SiO_2	Al_2O_3	Fe_2O_3	CaO	MgO	SO_3	Na_2O	K_2O
普通セメントクリンカー	1	4.3	25.1	20.0	45.5	4.2	0.0	0.6	0.3
	2	3.0	24.6	22.2	44.9	4.3	0.0	0.6	0.5
	3	4.3	24.3	22.1	44.5	4.2	0.0	0.3	0.3
中よう熱セメントクリンカー	1	4.2	22.7	21.9	46.4	4.5	0.0	0.2	0.1

(山口悟郎ら，1968)

フェライトの主成分を C_4AF とし，基本式をあらわすと $Ca_{72}Al_{36}Fe_{36}O_{180}$ となる．表 3・13 の化学組成から実験式を求めると，つぎのようになる．

$$Ca_{66}Mg_4(Na_{1/2}K_{1/2}Fe)(Al_{40}Fe_{22}Si_5Mg_5)O_{180}$$

アルミネート相を分離したあとのフェライト相の X 線回折図形については図 3・14 (b) を，Al_2O_3 固溶量を変化させたフェライト相の X 線回折図形については図 2・19 を，それぞれ参照されたい．また，SiO_2，MgO なども，この系の固溶体に微量固溶するといわれている．

フェライト固溶体は $Ca_2(Fe_{1-p}Al_p)_2O_5$ であらわされ，斜方晶にぞくし，その単位格子は表 3・14 に示すように，大形の Fe^{3+} が小形の Al^{3+} におきかわるにつれて収縮する．

表 3·14 フェライト固溶体の格子定数

組　成	a (Å)	b (Å)	c (Å)
$2\,CaO \cdot Fe_2O_3$	5.32	14.63	5.58
$4\,CaO \cdot Al_2O_3 \cdot Fe_2O_3$	5.26	14.42	5.51
$6\,CaO \cdot 2\,Al_2O_3 \cdot Fe_2O_3$	5.22	14.35	5.48

(G. Malquori et al., 1952)

フェライト固溶体の高温における挙動についても多くの研究があるが，少なくとも三つの変態があるといわれている．図3·17(1)はC_2FのDTA曲線であるが，430°Cと690°Cにそれぞれ転移点と思われる吸熱ピークがみとめられる．いま，$Ca_2(Fe_{1-p}Al_p)_2O_5$において，pを変化させたときの二つの吸熱ピークの移動をしらべてみたのが(2)である．すなわちpが増大するにつ

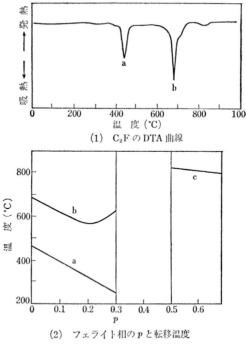

(1) C_2FのDTA曲線

(2) フェライト相のpと転移温度

図 3·17　フェライト相の転移
(E. Woermann et al., 1968)

れて転移温度 a, b は低下し, p が 0.3 ぐらいとなるといずれも消滅し, 0.5 ぐらいから 800°C 付近に新しい転移点 c があらわれる.

図 3·18 に C_2F の構造を示す. 構造中の Fe^{3+} の 1/2 は 4 配位位置にあって FeO_4 四面体をつくり, 残りの 1/2 は 6 配位位置にあって FeO_6 八面体をつくり, FeO_4 層と FeO_6 層とは b 軸方向に垂直に平行にかさなっている. Ca^{2+} は層間にあって不規則な 9 配位位置にあり, 両層をつなぐ役割をはたしている. また, FeO_4 四面体は, O 原子を共有して a 軸上に沿って無限大の鎖を形成している.

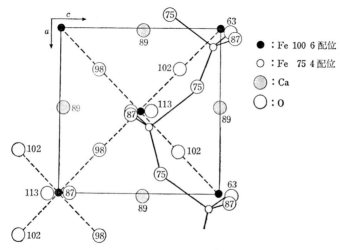

図 3·18 C_2F の構造
E. F. Bertaut et al., *Acta cryst.*, 12, 149 (1959).

この C_2F の Fe^{3+} を Al^{3+} におきかえていくと, まず優先的に FeO_4 が AlO_4 によっておきかわり, $p = 0.33$ で 4 配位位置の半分の Fe^{3+} が Al^{3+} によってしめられる. その組成は C_6AF_2 に相当する. さらに Al^{3+} を加えていくと, こんどは 4 配位位置と 6 配位位置の Fe^{3+} が均等に置換していく. 図 3·19 は C_2F が C_6AF_2 に変化していく過程の FeO_4 鎖の位置の変化を示したもので, (Al, Fe)–O 結合は Fe–O 結合とくらべ 10% も短かくなり, 対称性のよい配列となる.

クリンカー中の液相生成については多くの研究があるが, 液相生成量に関

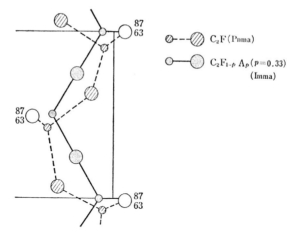

図 3·19 $C_2F \longrightarrow C_6AF_2$ 構造変化
D. K. Smith, *Acta cryst.*, 15, 1146 (1962).

係が深いのは CaO/SiO_2 比よりも Al_2O_3/Fe_2O_3 比にあるといわれる．クリンカーの Al_2O_3/Fe_2O_3 比と液相生成量とのあいだには，表 3·15 のような関係が知られている．

この表によると，クリンカーの焼成温度が高いほど，Al_2O_3/Fe_2O_3 比が大きいほど，液相生成量が多くなることが注目される．参考までに Al_2O_3/Fe_2O_3 比（重量比）は C_4AF で 0.64，C_6A_2F で 1.28，C_3A-C_4AF で 1.28，$C_3A-C_6A_2F$ で 1.92 である．

クリンカー中の液相は 1300°C ぐらいから急増するが，この液相は CaO，Al_2O_3，Fe_2O_3 のほかに微量の SiO_2，MgO などをふくみ，さらに C_2S，C_3S の

表 3·15　クリンカーの Al_2O_3/Fe_2O_3 比と液相生成量（％）

温　度（°C）	Al_2O_3/Fe_2O_3 比		
	2.0	1.25	0.64
1338	18.3	21.1	0
C_3S-C_3A または C_3S-C_4AF の境界面	23.5 (1365°C)	22.2 (1339°C)	20.2 (1348°C)
1440	24.3	23.6	22.4
1450	24.8	24.0	22.9

3 セメントクリンカーの組成と構造

固相と接することにより，$C_2S \longrightarrow C_3S$ への変化と，その安定化に寄与するのである．

クリンカーは最高 1450°C まで加熱され，じゅうぶんに C_3S と C_2S の結晶成長が達せられてから冷却される．このさい，液相の生成は図 3·20 (1) の $CaO-C_{12}A_7-C_2F$ 系状態図の $C_2F \sim C_{12}A_7$ の線上に沿って変化する．そこで，C_3A, $C_{12}A_7$, C_6A_2F の3相が接する境界線 K-I の断面図を (2) に示すと，まず 1383～1365°C で，液相から C_3A とフェライト固溶体が析出し，さらに冷却するにつれて C_6A_2F と C_3A の結晶相が析出しながら共融点 1335°C にいた

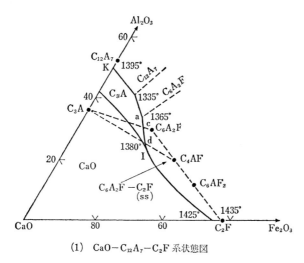

(1) $CaO-C_{12}A_7-C_2F$ 系状態図

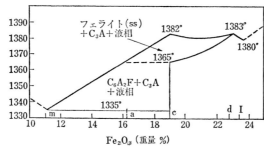

(2) C_3A-フェライト相(K-I 断面)の状態図

図 3·20 液相からフェライト相の析出
(M. A. Swayze, 1956)

る．したがって，液相から析出するフェライト固溶体の組成は，比較的 Al_2O_3 成分の高い C_6A_2F～C_4AF の範囲にあると考えられよう．しかし，じっさいのフェライト相にはさらに微量の SiO_2 や MgO が固溶し，図 3・20 の状態図に示される結晶析出温度はさらに低下するであろう．析出したフェライト相にはかなりの量の MgO がみとめられるが，CaO が C_4AF を生成するに必要な量以上ふくまれているときは，Mg_2SiO_4, $CaMgSiO_4$, $MgFe_2O_4$ のようなマグネシウム化合物はいっさい生成せず，一部はフェライト相などのクリンカー鉱物に固溶し，残りは遊離 MgO として析出する．

ふつうのポルトランドセメントクリンカーにおいては，フェライト相は，C_3S, C_2S, C_3A の共存下で 1338°C で晶出を完了し，そのさいの組成は $C_2A_{0.57}F_{0.43}$ であるといわれている．さらに MgO 5％ が共存すると，晶出温度は 1300°C まで低下し，その組成はほぼ C_6A_2F となるという．しかし，急冷されるクリンカー中のフェライト相の組成や構造は，いまだはっきりしない点が多い．

c）ガラス相 クリンカー中にガラス相が存在するのか，しないのかについては，いまだ多くの論議があるが，1300°C 以上でクリンカー中に液相が生成することだけはあきらかにされており，これが急冷するさいにガラス化するか，しないかが論点となっている．

L. A. Dahl (1964) の実験によると，クリンカーの冷却条件しだいでガラス相が生成することをあきらかにしている．結果の一部を表 3・16 に示す．使用したクリンカーの組成は，CaO 68％，SiO_2 23％，Al_2O_3 6％，Fe_2O_3 3％である．この表によると，1450°C からゆっくり冷却すると，液相は結晶化し，急冷するとガラス相が約 25％ もできることを示している．すなわち，急冷により間げき相に相当する C_3A, C_4AF はまったく生成していないが，これらは液相中に溶解したままガラス化したとみられる．ポルトランドセメ

表 3・16　クリンカーの冷却条件とセメント化合物組成（％）

条　件	C_3S	C_2S	C_3A	C_4AF	$C_{12}A_7$	ガラス相
1450°C から冷却	59.5	21.0	9.8	9.1	0.5	0
1450°C から急冷	59.6	15.6	0	0	0	24.8

3 セメントクリンカーの組成と構造

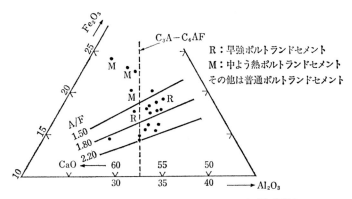

図 3・21 クリンカーのサリチル酸メタノール処理不溶解残分の
$CaO - Al_2O_3 - Fe_2O_3$ 系組成

ントまたはそのクリンカーをサリチル酸メタノールで処理し，C_3S, C_2S, CaO を溶解させたあとの残分は，ほぼ間げき相に近いものであるが，その組成を $CaO - Al_2O_3 - Fe_2O_3$ 系組成図にプロットすると，図 3・21 のようになる．すなわち，間げき相の組成が，ほぼ $C_3A - C_4AF$ の線に近いことが理解できる．

不溶解残分には CaO, Al_2O_3, Fe_2O_3 以外の成分として，SiO_2 が平均 5.4 %，MgO が平均 4.3 % ふくまれている．図 3・22 は $C_3A - C_4AF - SiO_2 - MgO$ 系組成図における融解領域を示している．SiO_2 がまったくはいっていない場合には，融解物を急冷してもガラス化はおこらないが，SiO_2 がはいるにつれて

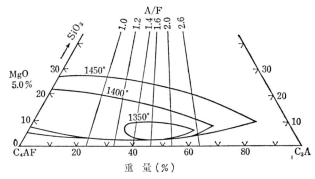

図 3・22 $C_3A - C_4AF - SiO_2 - MgO$ (5 %) 系融解温度
I. Maki, *Cement and Concrete Research*, 9, 757 (1979).

ガラス化しやすくなる。$C_3A-C_4AF=1:1$ の組成付近では，SiO_2 がわずか 2％でもガラス化する．この系の最低融解温度は1325°Cで，ロータリキルンの出口温度（ここから急冷される）が 1300〜1350°C となることを考えあわせると，クリンカー中にガラス相が残存する可能性はかなり大きい．

　クリンカー中のガラス量については，つぎのように求められている．すなわち，サリチル酸メタノール処理では C_3S，C_2S，遊離 CaO が溶解するが，ピクリン酸メタノール処理ではこれらの成分に加えてガラス相も溶解する．したがって，両者の差からガラス量とその組成を求めることができる．このようにして求めたガラス量は，ポルトランドセメントで5〜8％，その組成例は SiO_2 10％，Al_2O_3 23％，Fe_2O_3 11％，CaO 51％，MgO 5％となる．この組成は，さきに表3・13に示したフェライト相の組成によくにていることに気づくであろう．クリンカー中に生成した液相は C_3A-C_4AF 線付近にあるが，アルミネート相の析出にともない，液相中の SiO_2 成分は濃縮され，Si-O-Si 結合の生成により粘性を増大し，フェライト相の析出をおさえている．したがって，これを急冷すればガラス化するものと考えられる．

3・3 セメント化合物の組成計算

　ポルトランドセメントの化学分析値は平均的化学組成を示すもので，製造における品質管理のうえから大きな目安となっているが，セメントの性質と密接な関係にあるセメント化合物の量的関係については，いっさいふれていない．セメント化合物の組成については，クリンカーの顕微鏡写真や粉末法X線回折によってもある程度あきらかにすることはできるが，定量するとなると多くの問題がある．

　R. H. Bogue (1929) は，セメントの化学分析値からおおよそのセメント化合物組成を計算する方法を確立，現在ではもっとも一般的なセメント評価方法として広くもちいられている．セメントの原料である石灰石，粘土，ケイ石などは天然鉱物をそのままもちいるのであるから，産出状況により化学組成もさまざまである．また，これらの原料が配合され焼成され冷却される条件も，同一ではない．したがって製造されたセメントの化学分析値がひじょうに近い値であったとしても，セメント化合物の量的関係は，かならずしも

同じではない．

　Bogue は計算を簡便とするため，セメントは C_3S, C_2S, C_3A, C_4AF, CaO, MgO, SO_3 の7成分からなりたつとし，TiO_2, Mn_2O_3, Na_2O, K_2O などの微量成分は計算から除外した．そして，つぎのような仮定を前提として計算を行った．

(1) Fe_2O_3 は Al_2O_3, CaO と化合して，C_4AF をつくる．
(2) C_4AF と化合したあとの残りの Al_2O_3 は CaO と反応して C_3A をつくる．
(3) C_4AF, C_3A と化合したあとの残りの CaO は SiO_2 と反応する．
(4) CaO と SiO_2 との反応は，まず C_2S ができて，さらに CaO が残るときは C_3S となり，なお CaO が残るときは遊離 CaO となる．
(5) MgO は反応しないで遊離 MgO として存在する．
(6) SO_3 は $CaSO_4$ として存在する．

　計算を行うまえに，まず遊離の CaO はあらかじめ定量しておく(グリセロールのエチルアルコール溶液で抽出)．また，不溶残分が 0.2% 以上ある場合は，そのなかの SiO_2 を定量し，全 SiO_2 からさし引く必要がある．

　計算にもちいる係数は，つぎの式から求められる．

$$CaSO_4 = CaO + SO_3$$
$$1365680$$

$$4CaO \cdot Al_2O_3 \cdot Fe_2O = 4CaO + Al_2O_3 + Fe_2O_3$$
$$485224102159$$

$$3CaO \cdot Al_2O_3 = 3CaO + Al_2O_3$$
$$270168102$$

$$2CaO \cdot SiO_2 = 2CaO + SiO_2$$
$$17211260$$

$$3CaO \cdot SiO_2 = 3CaO + SiO_2$$
$$22816860$$

$$2CaO \cdot SiO_2 + CaO = 3CaO \cdot SiO_2$$
$$17256228$$

　したがって，係数は，つぎのようになる．

$$\frac{CaO}{SO_3} = 0.70 \qquad \frac{CaSO_4}{SO_3} = 1.70 \qquad \frac{3CaO}{Al_2O_3} = 1.65$$

$$\frac{Al_2O_3}{Fe_2O_3} = 0.64 \qquad \frac{4\,CaO}{Fe_2O_3} = 1.40 \qquad \frac{3\,CaO \cdot Al_2O_3}{Al_2O_3} = 2.65$$

$$\frac{3\,CaO \cdot Al_2O_3}{Fe_2O_3} = 1.69 \qquad \frac{4\,CaO \cdot Al_2O_3 \cdot Fe_2O_3}{Fe_2O_3} = 3.04$$

$$\frac{2\,CaO}{SiO_2} = 1.87 \qquad \frac{2\,CaO \cdot SiO_2}{SiO_2} = 2.87 \qquad \frac{3\,CaO \cdot SiO_2}{SiO_2} = 3.80$$

$$\frac{3\,CaO \cdot SiO_2}{CaO} = 4.07 \qquad \frac{3\,CaO \cdot SiO_2}{Fe_2O_3} = 1.43 \qquad \frac{3\,CaO \cdot SiO_2}{SO_3} = 2.85$$

$$\frac{2\,CaO \cdot SiO_2}{3\,CaO \cdot SiO_2} = 0.754$$

計算にもちいるポルトランドセメントの化学分析値は，SiO_2 22.90%，Al_2O_3 4.50%，Fe_2O_3 3.11%，CaO 64.10%，MgO 0.79%，SO_3 2.37%，遊離 CaO 0.9% とする．

計算は，つぎの順序で行われる．

$2.37\% \ SO_3 = 2.37 \times 0.70\% \ CaO = 1.66\% \ CaO$

0.9% 遊離 $CaO + 1.66\% \ CaO = 2.56\% \ CaO$
(遊離 CaO とセッコウ中の CaO)

残り $CaO = 64.1 - 2.56 = 61.54\%$ (セメント化合物中の CaO)

$3.11\% \ Fe_2O_3 = 3.11 \times 0.64\% \ Al_2O_3 = 1.99\% \ Al_2O_3$
(C_4AF 中の Al_2O_3)

$\qquad\qquad\qquad = 3.11 \times 1.40\% \ CaO = 4.35\%$ (C_4AF 中の CaO)

$\qquad\qquad\qquad = 3.11 \times 3.04\% \ C_4AF = 9.54\% \ C_4AF$

残り $Al_2O_3 = 4.50 - 1.99 = 2.51\% \ Al_2O_3$ (C_3A 中の Al_2O_3)

$2.51\% \ Al_2O_3 = 2.51 \times 1.65\% \ CaO = 4.14\% \ CaO$ (C_3A 中の CaO)

$\qquad\qquad\qquad = 2.51 \times 2.65\% \ C_3A = 6.7\% \ C_3A$

残り $CaO = 61.54 - 4.35 - 4.14 = 53.05\% \ CaO$
(C_4AF, C_3A 以外の化合 CaO)

53.05% の CaO と 22.90% の SiO_2 が C_3S と C_2S をつくるので，

$22.90 \times 2.87\% \ SiO_2 = 65.72\% \ C_2S$ (全 SiO_2 を C_2S と仮定)

$(22.90 + 53.05) - 65.72 = 10.23\%$ (C_3S 中の CaO)

$10.23 \times 4.07\% \ CaO = 41.64\% \ C_3S$

$(22.90 + 53.05) - 41.64 = 34.31\% \ C_2S$

以上により，C_4AF 10％，C_3A 7％，C_3S 42％，C_2S 34％，$CaSO_4$ 4％，遊離 CaO 0.9％の結果がえられた．

すでにのべたように，この計算にさいしてはいろいろな仮定を前提としており，えられた結果はそれほど正確なものではないので，小数点以下は消略してよい．Bogue の計算方法の結果を，じっさいのセメント化合物組成にさらに適合するよう改良した計算方法もあるが，いまだ多くの問題点があるようである．Bogue の値でとくに影響が大きいと考えられるのは，ガラス相の存在であるが，その正確な量を確認することじたいがむずかしい．また，X 線回折によりフェライト相中の Al_2O_3/Fe_2O_3 比を求め，C_4AF 量を補正することも必要であり，さらに C_3S や C_2S のなかに固溶している Al_2O_3，Fe_2O_3，MgO の量も考慮しなければならない．これらの改良した計算方法はきわめて複雑なものになり，かえって真の値からずれてくる欠点もでてくる．

もっとも一般的に使用されているのは，さきの Bogue の計算方法を整理してまとめた，つぎのような式であるが，計算の基礎はまったく同じである．

$$C_3S(\%) = (4.07 \times CaO\%) - (7.60 \times SiO_2\%) - (6.72 \times Al_2O_3\%)$$
$$- (1.43 \times Fe_2O_3\%) - (2.85 \times SO_3\%)$$
$$C_2S(\%) = (2.87 \times SiO_2\%) - (0.754 \times C_3S\%)$$
$$C_3A(\%) = (2.65 \times Al_2O_3\%) - (1.69 \times Fe_2O_3\%)$$
$$C_4AF(\%) = 3.04 \times Fe_2O_3\%$$

セメント協会調査による最近の国内セメント工場で製造されている普通ポルトランドセメントのセメント化合物組成は，C_3S 50％，C_2S 26％，C_3A 9％，C_4AF 9％である．

3・4 セメント成分の比率と係数

セメントの化学分析値から，セメントの性質を推察できる数値として，Bogue の計算式によってえられるセメント化合物組成はもっとも広くもちいられているが，そのほかに従来からセメント工場においてセメント原料の調合管理やセメントクリンカーの成分管理に利用されていた数値に，水硬率，ケイ酸率，鉄率，活動係数，石灰飽和度とよばれる比率や係数がある．

これらの比率や係数はポルトランドセメントの主要成分 SiO_2, Al_2O_3, Fe_2O_3, CaO の化学分析値から簡単に計算でき，セメントの物理的，化学的性質をある程度評価することができる．すなわち，これらの4成分の合量はポルトランドセメントの化学成分の90％以上をしめ，これらの量比のごくわずかの変化によって，クリンカーの製造条件やセメントの強度発現性，水和熱，化学抵抗性などのおおかたの性質がきまってしまうので，品質の判定に重要な意味をもつのである．

比率，係数は，つぎの式によりあらわされる．

$$\text{水硬率 (H.M.)} = \frac{CaO - 0.7 \times SO_3}{SiO_2 + Al_2O_3 + Fe_2O_3} \tag{3·1}$$

$$\text{ケイ酸率 (S.M.)} = \frac{SiO_2}{Al_2O_3 + Fe_2O_3} \tag{3·2}$$

$$\text{鉄率 (I.M.)} = \frac{Al_2O_3}{Fe_2O_3} \tag{3·3}$$

$$\text{活動係数 (A.I.)} = \frac{SiO_2}{Al_2O_3} \tag{3·4}$$

$$\text{石灰飽和度 (L.S.D)} = \frac{CaO - 0.7 \times SO_3}{2.8 \times SiO_2 + 1.2 \times Al_2O_3 + 0.65 \times Fe_2O_3} \tag{3·5}$$

ここに H.M. は hydraulic modulus, S.M. は silica modulus, I.M. は iron modulus, A.I. は activity index, L.S.D. は lime saturation degree の，それぞれ略である．

H.M., S.M., I.M. の関係を $CaO-Al_2O_3-Fe_2O_3-SiO_2$ 系4成分組成図であらわすと，図3·23のようになる．

これらの比率や係数からえられる情報は，終局的にはクリンカーやセメント中の C_3S, C_2S, C_3A, C_4AF の量的関係をおおまかに求め，セメントの性質を簡便にはあくすることにある．そこで，それぞれのセメント化合物が，セメントの性質にどのような影響をあたえるかをまとめてみると，表3·17となる．

つぎにさきに表3·4に示したポルトランドセメントの化学分析値をもちいて比率，係数を算出し，Bogue の計算式から求めたセメント化合物組成とくらべてみると，表3·18となる．

3 セメントクリンカーの組成と構造

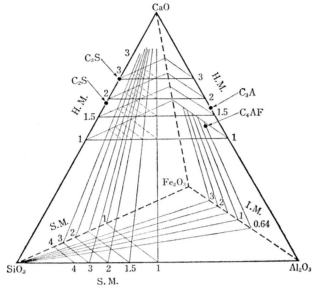

図 3·23 CaO – Al$_2$O$_3$ – Fe$_2$O$_3$ – SiO$_2$ 系組成と比率の関係

表 3·17 セメント化合物の性質

性　質		C$_3$S	C$_2$S	C$_3$A	C$_4$AF
強度発現	短期	大	小	大	小
	長期	大	大	小	小
水和熱		中	小	大	小
化学的抵抗性		中	やや大	小	大
乾燥収縮		中	小	大	小

　まず，水硬率(H.M.)は，塩基性成分 CaO の酸性成分 (SiO$_2$ + Al$_2$O$_3$ + Fe$_2$O$_3$) に対する比率をあらわすもので，セメントの比率・係数のなかでもっとも重要な数値である．

　すなわち，クリンカーの生成反応を考えると，これらの塩基性成分と酸性成分が，一定比率で反応する塩の生成反応といえる．

　国内のセメント工場でポルトランドセメントクリンカーの成分管理の目安となっている H.M. は，普通セメントクリンカーで 2.05～2.13 (平均 2.10)，

表 3·18 ポルトランドセメントの比率・係数と Bogue 組成 (%)

	H.M.	S.M.	I.M.	A.I.	L.S.D.	C_3S	C_2S	C_3A	C_4AF	$CaSO_4$
普通セメント	2.10	2.7	1.7	4.2	0.91	52	24	9	9	3
早強セメント	2.22	2.7	1.9	4.2	0.96	62	14	9	8	4
中よう熱セメント	2.03	3.0	1.1	5.9	0.87	47	32	4	11	3

早強セメントクリンカーで平均 2.26, 中よう熱セメントクリンカーで平均 2.00 である. H.M. が大きいクリンカーほど CaO 含有量が大きく C_3S が多く生成するので, 短期強度が高く水和熱の大きいセメントができる. また, C_3S の生成を促進するため高い温度で時間をじゅうぶんかけて焼成する必要があるが, 酸性成分に対して CaO があまり多く存在すると, クリンカー中に遊離 CaO が残りセメントにとって好ましくない. 遊離 CaO を残さない H.M. の上限は, 2.2〜2.4 の範囲にある.

ケイ酸率 (S.M.) は SiO_2 成分の ($Al_2O_3+Fe_2O_3$) 成分に対する比率をあらわし, キルン中での原料配合物の挙動とできあがったクリンカーの品質に大きな影響をおよぼす数値である. 普通セメントクリンカーで 2.41〜2.8 (平均 2.62), 早強セメントクリンカーで平均 2.65, 中よう熱セメントクリンカーで平均 2.80 である. S.M. が大きくなるほど ($Al_2O_3+Fe_2O_3$) に対して SiO_2 量が多くなり, 原料配合物の焼成に高い温度を必要とし, キルンの内張り耐火物 (塩基性) を侵食し, その運転に支障をきたすことがある. したがって燃料消費量も大きくなる. また, できあがったクリンカーは C_2S を多くふくむようになるから, 強度発現のおそい長期強度型のセメントとなる. S.M. が小さい原料配合物の焼成は容易であるが, C_3A が多く生成するため短期強度型のセメントとなる.

鉄率 (I.M.) は Al_2O_3 成分の Fe_2O_3 成分に対する比率をあらわし, 普通セメントクリンカーで 1.48〜1.73 (平均 1.66), 早強セメントクリンカーで平均 1.69, 中よう熱セメントクリンカーでは平均 1.00 である. I.M. が大きいと Al_2O_3 分が多くなるので, クリンカー中の C_3A の生成量が多くなり, 短期強度は高いが水和熱は大きく, 化学的抵抗性の小さいセメントができる. 逆に I.M. が小さいと Fe_2O_3 分が多くなるので, C_3A が少なく C_4AF が多くなり

短期強度は低いが水和熱は小さく化学的抵抗性の大きいセメントがえられる．また，このような原料配合物は比較的低い焼成温度でセメント化合物の生成を可能とし，燃料消費を低下させるが，いっぽう，高密度の硬いクリンカーとなり，粉砕に余分なエネルギーを必要とする欠点もでてくる．原料配合物のI.M.と焼成温度との関係については多くの研究があるが，CaOとSiO$_2$の2成分比率が同じであれば，I.M.が1.38のとき，もっとも液相が生成しやすく焼成が容易となるという報告もある．

　H.M., S.M., I.M. がきまると，ポルトランドセメントの主要セメント化合物である C_3S, C_2S, C_3A, C_4AF の量的比率はほぼさだまり，セメントの種類ごとに品質の安定したセメントクリンカーを生産することができる．すなわち，普通セメントクリンカーの場合は，ふつう H.M. 2.00～2.19, S.M. 2.2～2.9, I.M. 1.2～2.2 の範囲内で管理されているが，工場の立地条件によっては，これらの範囲はもっとせまくなることもある．原料の種類や産出状況が異なる場合，当然の結果としてクリンカーの焼きぐあいに多少の難易は生ずるが，原料配合物の比率だけを所定の範囲内に調整していれば，それほど大きな問題はおこらない．

　活動係数 (A.I.) は SiO$_2$ 成分の Al$_2$O$_3$ 成分に対する比率をあらわすが，これは SiO$_2$ 成分の多少をあらわす係数であるので，しばしば S.M. の代わりにもちいられる．

　最後に石灰飽和度 (L.S.D.) であるが，これは酸性成分 SiO$_2$, Al$_2$O$_3$, Fe$_2$O$_3$ と結合できる最大 CaO 量を，飽和 CaO 量 1.0 としてあらわしたものである．この式の分母の係数は，F. M. Lea ら (1935) の研究をもととしてきめられたものである．L.S.D. が 1.0 に近い原料配合物をよく焼成すると，SiO$_2$ はすべて C_3S となり，早強型のセメントがえられ，0.9 から 0.8 になるにつれて C_2S が多くなり，長期強度型のセメントがえられる．不純物の多い石灰石をセメント用原料として使用しているイギリスやドイツでは，H.M. よりも L.S.D. をもちいて成分管理を行っている工場が多い．

　表3・18の結果から，ポルトランドセメントの比率，係数と性質とのあいだの関係についてながめてみよう．普通セメントを基準とすると，早強セメントは H.M., I.M., L.S.D. がいずれも高く，C_3S はさらに多くなっているの

で短期強度の高いセメントである．ただし，焼成温度は普通セメントのそれよりもやや高くしないと，遊離 CaO が残る．中よう熱セメントは，H.M., L.S.D. が低く，S.M. は普通セメントよりやや高めとなっているので，C_3S は少なく C_2S が多い長期強度型のセメントとなっている．さらに I.M. が小さく A.I. が大きいので，C_4AF と C_2S が多くなり，その結果として水和熱が小さく硫酸塩などに対する抵抗性のすぐれたセメントとなっている．

　最近の日本工業規格の改正により，ポルトランドセメントに高炉スラグ，ケイ酸質混合材，石灰石を5％まで混合してもよいことになったが，このような場合はセメントの化学分析値から算出される比率や係数は，そのセメントの性質をそのままあらわさないものとなるので，注意を要する．

ポルトランドセメントの水和

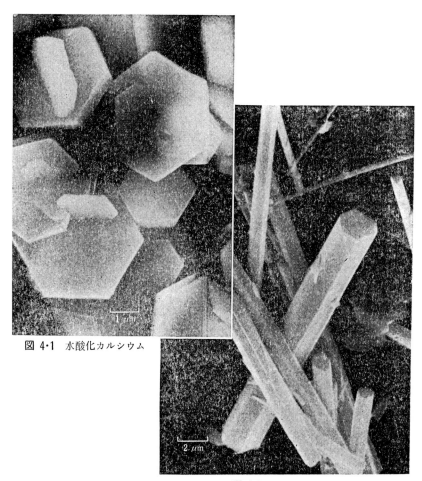

図 4·1 水酸化カルシウム

図 4·2 エトリンガイト

セメントは水と反応し水和物を生成し，凝結，硬化する．したがって，水和と硬化とは密接な関係にある．セメントの水和はセメント中に存在する，いわゆるセメント化合物の水和が主体をしめているが，それらの水和を一つとりあげても，その機構や速度については，いまだ不明の点が多い．

セメントの水和機構については，二つの考え方がある．一つはセメント化合物がいったん溶解して，その過飽和溶液から水和ケイ酸塩が沈殿するという説，もう一つはセメントを水と混合しても液相中の SiO_2 成分や Al_2O_3 成分の濃度はかなり低いため，セメント化合物が直接水とトポ化学的*に反応してセメント粒子表面に水和物層を形成するという説である．現在では，いずれの説も支持され，前者はセメントの初期水和過程を，後者は長期水和過程をそれぞれ支配するといわれている．

この章では，ポルトランドセメントの水和による凝結と硬化を論ずるまえに，セメント化合物の水和挙動，水和物の組成や構造，さらにじっさいのセメントの水和過程における水和物の微構造変化と強度発現の原因について考えてみたい．

4・1 水和反応の熱力学

ポルトランドセメントは，主としてエーライト，ビーライト，アルミネート相，フェライト相の4種のクリンカー鉱物とセッコウからなる．これらのクリンカー鉱物の主成分であるセメント化合物のうち，C_3S, C_2S, C_3A と，CaO, $CaSO_4$ の水和反応における生成熱と自由エネルギーの変化を，表4・1に示す．

これらの水和反応はいずれも発熱であり，生成熱 ΔH は負の値で示され，その化学反応性は反応前後の Gibbs の自由エネルギーの差 ΔG であらわされる．表からもあきらかなように CaO 含有量の高い化合物は，エンタルピー，自由エネルギーの差が大きい．すなわち，CaO, C_3S, C_3A のような化合物の発熱は大きく水和はすみやかであるが，γ-C_2S, β-C_2S, $CaSO_4$ のような化合物の発熱は小さく，水和しにくいことを示している．

---

* トポ化学反応 (topochemical reaction) 固体の表面構造や格子の不完全性が大きく影響する化学反応．溶解度の低い固体が水和するとき，構造欠陥を利用して水が内部に侵入，表面からしだいに水和物に変化する．

表 4・1 水和反応の生成熱と自由エネルギー変化 (kcal/mol−CaO)

水 和 反 応	ΔH_{298}	ΔG_{298}
$CaO + H_2O \longrightarrow Ca(OH)_2$	−15.60	−13.21
$3CaO \cdot SiO_2 + 2.17H_2O \longrightarrow 2CaO \cdot SiO_2 \cdot 1.17H_2O + Ca(OH)_2$	−24.50	−18.70
$\beta\text{-}2CaO \cdot SiO_2 + 1.17H_2O \longrightarrow 2CaO \cdot SiO_2 \cdot 1.17H_2O$	−6.80	−1.72
$\gamma\text{-}2CaO \cdot SiO_2 + 1.17H_2O \longrightarrow 2CaO \cdot SiO_2 \cdot 1.17H_2O$	−5.80	−0.72
$3CaO \cdot Al_2O_3 + 6H_2O \longrightarrow 3CaO \cdot Al_2O_3 \cdot 6H_2O$	−69.08	−56.01
$CaSO_4 \cdot 1/2H_2O + 1.5H_2O \longrightarrow CaSO_4 \cdot 2H_2O$	−4.61	−1.32
$CaSO_4 + 2H_2O \longrightarrow CaSO_4 \cdot 2H_2O$	−4.00	−0.25

いっぽう,絶対的な水和反応性というものを考えると,水和前後の溶解度変化から評価する方法もある.すなわち,セメント化合物は水に対する溶解度が大きく,その水溶液から溶解度の低い水和物が析出してくるという考え方である.この場合,セメント粒子表面の濃度変化が反応の原動力となるのであるが,平衡溶解度の測定はほとんど不可能といってよく,熱力学的に推算のほかはない.たとえば,CaO が溶解してイオンに解離すると,298 K における ΔG は −6.28 kcal/mol となる.その溶解度積の対数 $\log k_{sp}$ は +4.56 となり,活動係数を 1 とおくと CaO の溶解度はほぼ 250 g/l のような大きな値となる.これは $Ca(OH)_2$ の飽和溶解度のほぼ 200 倍である.

同じように C_3S について考えると,

$$3CaO \cdot SiO_2 + H_2O \rightleftharpoons 3Ca^{2+} + SiO_4^{4-} + 2OH^- \tag{4・1}$$

のように解離するとすれば,$\log k_{sp}$ は +0.47 となる.さらに,

$$3CaO \cdot SiO_2 + 2H_2O \rightleftharpoons 3Ca^{2+} + SiO_3^{2-} + 4OH^- \tag{4・2}$$

のように解離すると仮定すると,$\log k_{sp}$ は −3.68 となり,かなり小さい値となる.それぞれの値を CaO 濃度に換算すると,135 g/l,19.3 g/l となる.

つぎに C_3A について

$$3CaO \cdot Al_2O_3 + 6H_2O \rightleftharpoons 3Ca^{2+} + 2Al(OH)_4^- + 4OH^- \tag{4・3}$$

のような平衡が成立すると,$\log k_{sp}$ は +10.6 の大きな値となり,CaO 濃度

は 870 g/l にもなる．

　これらに対し水和物の溶解度はきわめて小さく，Ca(OH)$_2$ でさえ log k_{sp} は -5.10 となり，活動係数を 0.68 とすると，実測値 1.1 g/l にほぼ一致する．ケイ酸カルシウム水和物について，H$_3$SiO$_4^-$ を生成すると仮定して計算してみると，つぎのようになる．

$$3\text{CaO}\cdot 2\text{SiO}_2\cdot 3\text{H}_2\text{O} + 2\text{H}_2\text{O} \rightleftarrows 3\text{Ca}^{2+} + 2\text{H}_3\text{SiO}_4^- + 4\text{OH}^- \quad (4\cdot 4)$$
$$(\log k_{sp} = -15.42)$$

$$5\text{CaO}\cdot 6\text{SiO}_2\cdot 5\text{H}_2\text{O} + 6\text{H}_2\text{O} \rightleftarrows 5\text{Ca}^{2+} + 6\text{H}_3\text{SiO}_4^- + 4\text{OH}^- \quad (4\cdot 5)$$
$$(\log k_{sp} = -49.0)$$

　また，アルミネート水和物についても，つぎのような値がえられる．

$$3\text{CaO}\cdot\text{Al}_2\text{O}_3\cdot 6\text{H}_2\text{O} \rightleftarrows 3\text{Ca}^{2+} + 2\text{Al(OH)}_4^- + 4\text{OH}^- \quad (4\cdot 6)$$
$$(\log k_{sp} = -22.2)$$

セメント化合物の溶解してできる溶液のイオン積が水和物の溶解度 k_{sp} をこえていると，沈殿を析出することになるのである．

　水和による溶解度の低下は，水和熱を発生する分だけ Ca–O 結合エネルギーが増大するためと説明できる．セメント化合物の主要な水和反応の前後における無水和物について，それぞれの Ca–O 間の平均結合エネルギーを求めると，表 4・2 のようになる．水和反応によるこのような Ca–O 結合エネルギーの大きな増加は，系ぜんたいの自由エネルギーを低下させる方向で再配列をおこすのである．

表 4・2 水和前後の Ca–O 結合エネルギーの変化 (kcal/mol)

無水和物	平均結合エネルギー	水和物	平均結合エネルギー	エネルギー増加
CaO	128.55	Ca(OH)$_2$	141.60	13.05
C$_3$S	133.05	2CaO·SiO$_2$·1.17H$_2$O	140.60	7.55
β–C$_2$S	137.76	2CaO·SiO$_2$·1.17H$_2$O	140.60	4.84
C$_3$A	127.75	3CaO·Al$_2$O$_3$·5H$_2$O	149.78	22.03
CaSO$_4$·1/2H$_2$O	155.80	CaSO$_4$·2H$_2$O	166.00	12.60
CaSO$_4$	153.40	CaSO$_4$·2H$_2$O	166.00	9.68

4・2 セメント化合物の水和

セメント化合物 C_3S, C_2S, C_3A, C_4AF は反応性の高い無水和物で、水と反応して溶解度の低い安定な水和物を生成する。

セメント化合物が水と反応して硬化する能力については多くの説があるが、構造中の Ca^{2+} の配位数と関係づけて論ぜられることが多い。Ca^{2+} はそのイオン半径 0.99 Å で比較的大きいが、電荷は小さいので結合力はあまり大きくない。いっぽう、高温になると O^{2-} が熱振動のため膨張するため、Ca^{2+} の配位数は6以下の不安定な状態におかれる場合が多い。したがって、そこへ水が接触すると、OH 基や H_2O 分子を受け入れ、低温で安定な6または8配位をとろうとする傾向がある。

さらに Ca^{2+} を中心とする O^{2-} 多面体の非対称性も大きく影響するといわれる。たとえば、C_3S の構造中の Ca^{2+} は CaO_6 八面体をとるが、非対称で大きなすき間を有し不安定である。β-C_2S の構造中でも Ca^{2+} は非対称的な CaO_8, CaO_{10} の多面体を構成し不安定であるが、水和性の低い γ-C_2S の構造中の Ca^{2+} は対称的な CaO_6 八面体からなっている。C_3S は C_2S とくらべると水和速度はいちじるしく大きいが、Ca-O の平均結合エネルギーを見るかぎりでは、それほど大きいちがいがあるようには思えない。C_3S は CaO/SiO_2 モル比が高く、Ca^{2+} は SiO_4^{4-} と O^{2-} の2種の陰イオンと結合しているので、

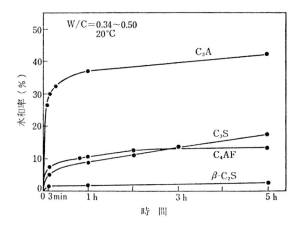

図 4・3 セメント化合物の水和速度 (1)
G. Yamaguchi et al., 4th Intnl. Symp., Chemistry of Cement, Washington (1960).

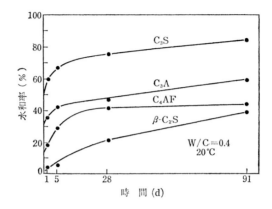

図 4·4 セメント化合物の水和速度 (2) (山口悟郎ら, 1960)

電荷のかたよりなどが不安定の大きな原因であろう.

C_3A の構造についても AlO_4 の四面体と CaO_6 の八面体がつながった網状構造であるが, そのすき間に配位する Ca^{2+} には正常な 6 配位と不規則な 7~9 配位の 2 種が存在し, この CaO_{7-9} 多面体中の Ca^{2+} によって反応性が大きくなるといわれる.

水和過程中の未水和物の X 線回折ピークの変化から求めたセメント化合物の水和速度を図 4·3, 図 4·4 に, それらの硬化体の強度の経時変化を図 4·5

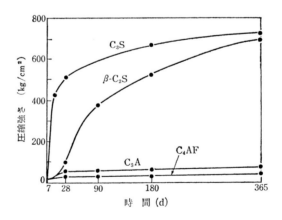

図 4·5 セメント化合物の水和による強度発現 (R.H.Bogue, 1934)

に示す．図中に示されている W/C 比は，水/セメント比 (water cement ratio) の略で，ここでは水/化合物比という意味になる．これらの結果からわかるように，セメントを構成する化合物の水和性と強度発現には，かなりの相違がみとめられる．水和速度と強度発現とのあいだには，かならずしも相関性はない．

以下，それぞれの化合物の水和機構について考察してみよう．

4·2·1 C_3S の水和

図 4·4 からもわかるように，91 日間の材令で見るかぎりでは C_3S はセメント化合物のなかで，もっとも水和がすみやかである．C_3S と水との反応を考えると，まず Ca－O 結合が切断されて Ca^{2+} が溶解し，過飽和濃度に達すると $Ca(OH)_2$ 結晶が析出する．残った SiO_4^{4-} は水と反応して，いったん $[Si(OH)_6]^{2-}$ のような形の水素ケイ酸イオンとして溶解するが，ひきつづき縮合して C_3S 未水和粒子のまわりに水和シリカ (hydrate silica) のゲル状膜を形成する．このゲルはひきつづき溶出する Ca^{2+} と結合してケイ酸カルシウム水和物 (C-S-H) の結晶核の生成と成長を誘発するのである．

シリカゲルの構造は Si-O-Si 結合と Si-O-H‥O-Si 結合の共存型と推定され，不安定な水素結合の脱水縮合が容易におこる．$Ca(OH)_2$ の飽和溶液 (25°C で 1.13 g/l) では pH は約 12 であり，初期水和生成物の C-S-H ゲルは，おそらく $Si_2O_7^{6-}$ に H^+ がついた水素ケイ酸イオンをふくむゲルで，$Ca(OH)_2$ が析出し液相中の CaO/SiO_2 比が低下するにつれて $(SiO_3)_n^{2n-}$ を骨格とする鎖状ケイ酸イオンに変化していく．電子顕微鏡下では，C_3S 粒子のまわりをとりまく C-S-H ゲルは，最初は薄片状であるが，しばらくすると，繊維状に成長していくことがわかる．このゲルは，X線回折図形からははっきりした回折ピークの見られない低結晶性であるが，水和物の最終的組成は，アフィライト $C_3S_2 \cdot 3H_2O$ 付近におちつく．

C_3S の水和が完全に終了したとき，反応式はつぎのようにあらわすことができる．

$$2C_3S + 6H_2O \longrightarrow C_3S_2 \cdot 3H_2O + 3Ca(OH)_2 \qquad (4 \cdot 7)$$

C-S-H 相は，水和過程においてその CaO/SiO_2 比は時間とともに変化し，

いくつかの中間相の存在もみとめられている．その水和機構についても多くの説があるが，とくに水和初期の誘導期をめぐる議論が中心となっている．

C_3S や C_2S の水和過程における熱量変化をしらべてみると，二つの発熱段階があることがみとめられている．最初の発熱は水と接触してから数分以内にはじまる急速な水和反応を示し，もう一つの発熱は誘導期をへて数時間後におこるゆるやかな水和反応である．

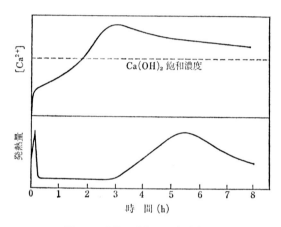

図 4·6 C_3S と C_2S の水和反応モデル

水和過程の発熱反応と Ca^{2+} 濃度変化は，図 4·6 に示すとおりで，第 1 発熱ピークと第 2 発熱ピークのあいだを誘導期とすると，その間，液相中の Ca^{2+} と OH^- の濃度はしだいに増加し，誘導期のおわるころには過飽和状態に達する．しかし，その間の SiO_2 成分の溶解量はきわめて低く（W/C比 10 で 0.01～0.006 g/l），このような事実の説明が必要となる．

まず，一つの考え方として，誘導期における Ca^{2+} の濃度増加によって，液相中の C-S-H 相の核生成をおくらせるという説がある．まず，C_3S は水と接触すると，Ca^{2+} と SiO_4^{4-} を放出しながら急速に溶解する．これが最初の発熱である．C_3S の溶解によって液相中の Ca^{2+} は過飽和現象となり，まもなく加水分解をおこし $H_2SiO_4^{2-}$ をふくんだ不安定な $Ca(OH)_2$ が析出しはじめる．Ca^{2+} 濃度の増加は CaO/SiO_2 比 3 以上となるため，C_3S の表面は Ca 不足，Si 過剰となり，CaO/SiO_2 比の低い半固相膜をつくり，最外部に Ca^{2+}

を化学吸着する。液相中に存在する SiO_4^{4-} は，$Ca(OH)_2$ の核生成を抑制する効果がある。C_3S 表面の低 CaO/SiO_2 膜は，しだいにその厚さを増しながら，内部の C_3S 側から Ca^{2+} が，外部の液相側から H_2O が，それぞれ速度はおそいが相互拡散して，液相中の Ca^{2+} 濃度を増加させていく。

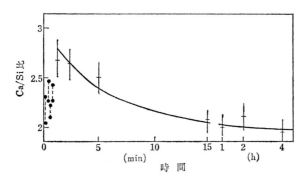

図 4・7　C_3S ペーストの CaO/SiO_2 比変化
(J. H. Thomassin, 1978)

水和初期における C_3S ペースト（水との混合物）の CaO/SiO_2 比の変化を図 4・7 に示すが，最初の 30 秒で Ca^{2+} の溶解により CaO/SiO_2 比は 2.3 に低下するが，1 分後には Ca^{2+} の化学吸着によりモル比は，2.8 に増加する。誘導期間中，モル比はしだいに低下していくが，これは Ca^{2+} の溶出により未水和 C_3S のもっとも外側にできた低 CaO/SiO_2 層の厚みが増大するためと考えられている。そして液相中の Ca^{2+} 濃度が最高値に達すると，誘導期はおわり，第 2 の発熱がようやくあらわれて，液相中から $C-S-H$ 相と $Ca(OH)_2$ の核生成反応がすみやかにおこるという解釈である。$C-S-H$ 相は低結晶性で X 線回折法では構造はわからない。現在ではケイ酸イオンをトリメチルシリ誘導体に変換して分離，定量する方法が行われている。

$$-\underset{|}{\overset{|}{Si}}-O^- \longrightarrow -\underset{|}{\overset{|}{Si}}-O-Si(CH_3)_3 \qquad (4.8)$$

この方法により $C-S-H$ 相の構造をしらべると，Ca^{2+} 濃度の低下とともに，水素ケイ酸イオンはしだいに重合し，$Si_2O_7^{6-}$ をへて鎖状の $(SiO_3)_n^{2n-}$ に

変化していくという．

　誘導期のあとのC-S-H相の生成は，C_3S粒子内部にはいりこむ内部生成層と液相から析出する外部生成層との二つに分かれる．すなわち，水の侵入とともに低CaO/SiO_2半固相膜は，さらにC_3S内部にはいるとともに内部生成層を形成する．内部のC_3Sから遊離したCa^{2+}の一部は途中の内部生成層にとどまり，反応してCaO/SiO_2比を高め，通過したイオンは外部生成層を成長させる．この反応はC_3S粒子が完全に消滅するまでつづき，最終的にはCaO/SiO_2比は約1.5となり，生成物はCSH(II)と$Ca(OH)_2$になる．以上のべたC_3Sの水和機構をモデル的にえがくと，図4・8のようになる．

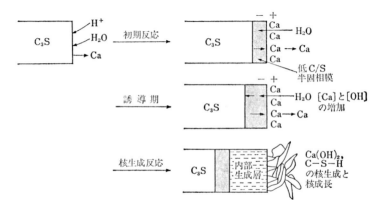

図4・8　C_3Sの水和機構モデル (H. F. W. Taylor, 1979)

　もう一つの考え方は，水和過程においてC-S-H相がC_3S粒子のまわりに保護膜を形成し，連続した3種のC-S-H相が生成するという説である．まず，水と接触した直後の発熱反応で，C_3S粒子表面に非晶質のC_3SH_n(第1水和物)の膜ができて，その後の水和を抑制する役割をはたし誘導期となる．誘導期中の液相のCa^{2+}濃度の上昇とともに第1水和物は，CaO/SiO_2比0.8〜1.5で薄膜状の第2水和物CSH(I)に変化していく．誘導期中，CSH(I)は半透膜となってC_3S粒子を包み，水は浸透によって内側に流れこみ，いっぽう，Ca^{2+}は外側へ拡散するが，Siは動きにくいので膜の内側はSiにとんだ溶液となり，外側はCaにとむ溶液となっている．誘導期のおわりに膜は

膨張によって破れ，二つの溶液は混合されて CSH(II) が生成するという．

誘導期の存在が核生成の抑制に原因しているとしても，保護膜の形成に原因しているとしても，本質的にはそれほど大きな相違があるわけではなく，じっさいの水和機構は二つの説の組みあわせであると考えることができる．すなわち，水和初期においては不安定な過飽和溶液から不安定な C-S-H 相と $Ca(OH)_2$ が析出し，水和後期においては未水和 C_3S 粒子を包んだ C-S-H 膜中で $H_2O \rightleftharpoons Ca^{2+}$ の相互拡散が行われ，C-S-H 層は内部へ層の厚みを増しながら内部の C_3S を侵食していく，という考え方がもっとも妥当であるように思われる．

C_3S の水和過程において，ただちに生成する C_3SH_n，$C_{0.8-1.5}SH_{1.0-1.5}$ であらわされる CSH(I)，$C_{1.5-2.0}SH_2$ であらわされる CSH(II) などの組成のはっきりしないいくつかの低結晶性の C-S-H 相が存在することがわかった．これに W/C 比を考慮すると，C_3S の水和反応はつぎのようにあらわすほうが適当であろう．

$$C_3S + (2.5+n) H_2O \longrightarrow C_{1.5+m}SH_{1+m+n} + (1.5-m)Ca(OH)_2 \quad (4\cdot9)$$

CSH(II) はトバモライトゲルともよばれる繊維状水和物で，水和 28 日後には径 $0.1 \mu m$，長さ $1 \mu m$ ぐらいの大きさまで成長し，これらがからみあい，さらには鎖状ケイ酸イオンどうしが結合することによって，強度が発現するといわれる．

いっぽう，C_3S を完全に水和させるのには，なんと 1 年以上の時間を必要とするといわれる．しかし，ボールミル内で過剰の水と混合しながら水和させると，C_3S 粒子表面に生成する C-S-H 相は連続的にとりのぞかれるため，1～2 日間で完全に水和はおわる．最初の水和物は CaO/SiO_2 比 1.5 以上の不安定な CSH(II) であるが，7 日以内にアフィライト $C_3S_2 \cdot 3H_2O$ に結晶化する．

C_3S の変態と水和速度の関係については，W/C 比に関係なく R, M, T 相とも大きな相違はみとめられない．

4・2・2　C_2S の水和

C_2S には $\gamma, \beta, \alpha', \alpha$ の 4 変態があるが，ポルトランドセメント中では C_2S

の大部分が β となっており，ときたま α, γ がはいってくることもある．β-C_2S はセメント化合物のなかで水和がもっともおそく，長期強度を支配している（図 4・3，図 4・4，図 4・5 参照）．水和が開始してから数時間たってから顕微鏡で見ると，低結晶性の C-S-H 層が C_2S 粒子をとりまき，その量を少しずつ増しているようすが見られる．4 年以上もたった硬化ペーストをしらべてみると，まだ 15％ もの未水和 C_2S が残っている．このように C_2S の水和速度はきわめておそく，遊離する $Ca(OH)_2$ の量も C_3S の場合とくらべ少ないが，その水和機構は C_3S のそれとよく類似している．すなわち，図 4・6 の反応モデルにしたがい，水と接触して数分後におこる急速な第 1 の発熱，つづいておこる誘導期，5～6 時間後におこるゆるやかな第 2 の発熱の段階は，発熱量こそ異なれ同じである．

第 1 の発熱は C_2S 表面に対する H_2O の吸着熱と粒子表面でおこる初期水和熱で，C_2S 粒子は CaO/SiO_2 比が 2 に近い C-S-H 膜におおわれて誘導期にはいる．第 2 の発熱は $Ca(OH)_2$ と C-S-H 相の核生成と成長に対応している．誘導期中，Ca^{2+} 濃度の増大とともに C-S-H 膜はその厚みを増して層となるとともに，しだいに低 CaO/SiO_2 に変化し，12 時間後にはいったん CSH(I) となるが，最終的には CaO/SiO_2 比 1.6～1.8 の CSH(II) に変化する．

C_2S を過剰の水とともにボールミル中で混合，水和させると，46 日後には完全に水和がおわる．C_3S を同じ条件で水和させたときと同じように，最終生成物は $C_3S_2 \cdot 3H_2O$ がえられる．したがって反応式は，つぎのようになる．

$$2C_2S + 4H_2O \longrightarrow C_3S_2 \cdot 3H_2O + Ca(OH)_2 \qquad (4 \cdot 10)$$

上の反応を生成 C-S-H 相の CaO/SiO_2 比が時間とともに変化する C_2S ペーストの水和に適用するためには，つぎのようにかきあらためる必要がある．ペーストの水和の後期段階においては，25℃ で W/C 比 0.7 とすると，CSH(II) の CaO/SiO_2 比は約 1.65 となる．したがって，

$$2C_2S + 4H_2O \longrightarrow C_{3.3}S_2 \cdot 3.3H_2O + 0.7Ca(OH)_2 \qquad (4 \cdot 11)$$

これを任意の時間と W/C 比に適用できる一般形になおせば，つぎのよう

にあらわされる.

$$C_2S + (1.5+n)H_2O$$
$$\longrightarrow C_{1.5+m}S\cdot(1+m+n)H_2O + (0.5-m)Ca(OH)_2 \quad (4\cdot12)$$

γ相以外のC_2Sは，ビーライトとしてB_2O_3, Al_2O_3, Fe_2O_3 などの微量成分の固溶により，高温変態が常温で安定化したもので，これらの水和速度と硬化体の強度は安定剤の種類や性質によっていちじるしい影響をうける．水和熱の大きさは，$\gamma<\beta<\alpha'<\alpha$ の順となることが知られている．

また，C_2S 中の CaO 分の一部は K_2O 分によっておきかえられ，$K_2O\cdot23 CaO\cdot12SiO_2$ を構成するが，この化合物の水和は C_2S のそれよりもすみやかで，過剰の水とかきまぜると 1～2 日後には C–S–H ゲルと $Ca(OH)_2$ に変化する．

4・2・3 C_3A の水和とセッコウの作用

セメント化合物の水和速度を対比すると，C_3S は 91 日間の長期材令から見ればもっとも水和がすみやかであるが (図4・4参照)，セメントの凝結と密接な関係のある数時間後の水和率で見るかぎりでは C_3A の水和がもっともすみやかである (図4・3参照)．すなわち，水和数分後の水和率をくらべてみると，C_3A は 30 % をこえているのに対し C_3S は 5 % 程度にすぎないのである．このように水和開始後数分～5 時間で比較すれば，もっとも水和のすみやかなセメント化合物は C_3A で，このままだとセメントは急結して使いものにならなくなる．したがって，この C_3A の水和をおくらせるために，ポルトランドセメントでは約 3～5 % のセッコウを添加するのである．

まず，セメント化合物の水和熱を対比すると，表4・3のようになるが，C_3A は他のセメント化合物とくらべて，かなり大きな水和熱を有しており，セメントのなかに多量にはいってくると問題がおこる．

すなわち，ダムのような大容量のコンクリートをつくる場合，コンクリートの低熱伝導性のため水和熱が蓄熱され，内部の温度差からくる熱応力の増大を避けることができないからである．したがって，中よう熱ポルトランドセメント中の C_3A が 5～6 % で，普通ポルトランドセメントの C_3A 9 % よりも少なくなっている理由がわかるであろう．

表 4·3 セメント化合物の水和熱 (cal/g)

化合物	水和期間 (W/C 比 =0.40, 21℃)							完全水和熱
	3日	7日	28日	90日	1年	6 1/2 年	13年	
C_3S	58	53	30	104	117	117	122	120
C_2S	12	10	25	42	54	53	59	62
C_3A	212	372	329	311	279	328	324	207
C_4AF	69	118	118	98	90	111	102	100

H. F. W. Taylor, "The Chemistry of Cements", Vol. I, Academic Press (1964) p.363.

微粉砕した C_3A を単独で W/C 比 1.0 で水と接触させると，ただちに急速な発熱とどうじに水和を開始し，数 μm の大きさの六角板状的な薄片からなるカルシウムアルミネート水和物 (C-A-H) を多量に析出し，これらは C_3A 粒子のまわりにあつまり層をつくる．薄片の多くは，わん曲したり曲がりくねったりして相互にからみあって C_3A のまわりを包み，その水和をおくらせる．水和開始 10 分後の生成物の X 線回折図形から，この水和物は C_4AH_{19} と C_2AH_8 の混合物であることがたしかめられる．

$$2C_3A + 27H_2O \longrightarrow C_4AH_{19} + C_2AH_8 \qquad (4 \cdot 13)$$

C_3A 粒子を包んでいた初期生成層 C-A-H は準安定相で，水和 15 分ぐらいから層の外側から 1～2 μm ぐらいの大きさの規則正しい 24 面体の規則正しい外形を有する結晶があらわれはじめる．これが C_3AH_6 である．

$$C_4AH_{19} + C_2AH_8 \longrightarrow 2C_3AH_6 + 21H_2O \qquad (4 \cdot 14)$$

その後，C_3A が完全になくなる数時間後までは，C_4AH_{19}，C_2AH_8，C_3AH_6 の 3 相が共存するが，最終的には C_3AH_6 だけとなる．C_3AH_6 は，立方晶にぞくし溶解度の低い安定相で，いったん晶出したあとは多少の結晶成長は見られるが，大きな変化はみとめられない．

C_3A は，水蒸気圧下，または 50℃ 以上の水中では，六角板状の C-A-H 相を見ることなく直接に C_3AH_6 を生成する．また，常温における水和でも W/C 比を 0.6 以下とすると，はげしい発熱とともに，ただちに C_3AH_6 ができる．

C_3A 中の CaO 分の一部を Na_2O 分と置換固溶させると，$Na_2O \cdot 8CaO \cdot$

$3Al_2O_3$ をつくることができるが,その水和速度は C_3A 単独のそれよりもすみやかであるが,生成する C-A-H 相には変わりはない.

C_3A の水和のさい,セッコウ ($CaSO_4 \cdot 2H_2O$) が存在すると,C_3A の水和はいちじるしく抑制される.とくに $Ca(OH)_2-CaSO_4$ 飽和溶液中でかきまぜると,C_3A の水和速度は図4・9に示すように,大きな抑制効果がみとめられる.これは pH は 11~12 で C_3A と $CaSO_4$ とのあいだで反応がおこり,$C_3A-CaSO_4-H_2O$ 系複塩がすみやかに生成し,その生成層が C_3A をおおうためと説明されている.

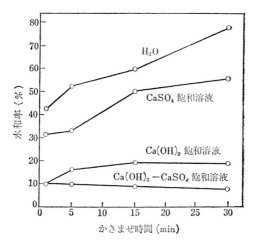

図 4・9 C_3A の水和速度 (L. Forsén, 1939)

$C_3A-CaSO_4-H_2O$ 系複塩は,塩基性で安定な不溶性化合物で,トリサルフェート型 (trisulfate type) の $C_3A \cdot 3CaSO_4 \cdot 32H_2O$ とモノサルフェート型 (monosulfate type) の $C_3A \cdot CaSO_4 \cdot 12H_2O$ の2種が存在する.いずれも六方晶にぞくし,外形は前者は針状,後者は六角板状の結晶である.トリサルフェートはエトリンガイトともよばれ天然にも産出する.その構造や性質の一部については,すでに図2・37,図2・39に示した.結晶外形については図4・2の走査電子顕微鏡写真を参照されたい.溶解度の大きな C_3A の過飽和状態から急速に晶出するため,比表面積の大きい形として針状結晶(六角柱状)が成長するのである.その生成反応は,つぎの式であらわされる.

$$C_3A + 3(CaSO_4 \cdot 2H_2O) + 26H_2O \longrightarrow C_3A \cdot 3CaSO_4 \cdot 32H_2O \quad (4 \cdot 15)$$

いっぽう，モノサルフェートのほうは，$C_3A \cdot Ca(OH)_2 \cdot 12H_2O$ の複塩において $2OH^- \rightleftarrows SO_4^{2-}$ の置換反応によっても合成できる．

セッコウが共存すると，C_3A は水和のさい C_4AH_{19} や C_3AH_6 を生成しないで，どうして $C_3A \cdot 3CaSO_4 \cdot 32H_2O$ を生成するかについては，近藤連一(1975)は，つぎのような熱力学的考察を行っている．

まず，セッコウが共存しない場合の C_3A の水和のさいの水和熱 ΔH と自由エネルギー変化 ΔG は，つぎのようになる．

$$C_3A + 13.5H_2O \longrightarrow 1/2\,(C_4AH_{19} + C_2AH_8) \quad (4 \cdot 16)$$
$$\Delta H = -76.8 \quad \Delta G = -44.7 \text{ (kcal/mol)}$$

これにセッコウが共存すると，つぎのように変化してモノサルフェートになるよりもエトリンガイトになりやすいことが理解できる．とくにエトリンガイトは多量の水を構造内にとりいれるため，ΔG にくらべ ΔH はエントロピーの分だけ大きな値となる．

$$1/2\,(C_4AH_{19} + C_2AH_8) + CaSO_4$$
$$\longrightarrow C_3A \cdot CaSO_4 \cdot 12H_2O + 1.5H_2O \quad (4 \cdot 17)$$
$$\Delta H = 7.3 \quad \Delta G = 4.0 \text{ (kcal/mol)}$$

$$C_3A \cdot CaSO_4 \cdot 12H_2O + 2CaSO_4 + 20H_2O$$
$$\longrightarrow C_3A \cdot 3CaSO_4 \cdot 32H_2O \quad (4 \cdot 18)$$
$$\Delta H = -45.3 \quad \Delta G = -4.55 \text{ (kcal/mol)}$$

さらにエトリンガイトは，容易に未水和の C_3A と反応してモノサルフェートに変わる．また，C_4AH_{19} もセッコウと反応してエトリンガイトを生成することができるが，C_2AH_6 は溶解度が小さいので反応はおそい．

$$2C_3A + C_3A \cdot 3CaSO_4 \cdot 32H_2O + 4H_2O$$
$$\longrightarrow 3\,[C_3A \cdot CaSO_4 \cdot 12H_2O] \quad (4 \cdot 19)$$
$$\Delta H = -96.0 \quad \Delta G = -77.0 \text{ (kcal/mol)}$$

4 ポルトランドセメントの水和

$$C_3AH_6 + 3\,CaSO_4 + 26\,H_2O \longrightarrow C_3A \cdot 3\,CaSO_4 \cdot 32\,H_2O \qquad (4\cdot20)$$
$$\Delta H = -58.67 \qquad \Delta G = -4.35\,(\text{kcal/mol})$$

$CaSO_4$ と $Ca(OH)_2$ とをふくむ C_3A ペーストの水和過程をしらべると，反応は3段階におこることがわかる．まず，第1段階は C_3A と $CaSO_4$ との反応によるエトリンガイトの生成，つぎに第2段階は液相中の SO_4^{2-} が消費されたとき，未水和の C_3A とエトリンガイトとの反応によるモノサルフェートへの変化，おわりの第3段階はモノサルフェートと $C_3A \cdot Ca(OH)_2 \cdot 12\,H_2O$ との固溶体の生成である．これらの反応は W/C 比 0.4 で，それぞれ 5～48 時間で終了する．固溶体の生成は，つぎのような系が考えられているが，系4の生成がもっとも有力である．

$$
\begin{array}{ccc}
C_3A \cdot 3\,Ca(OH)_2 \cdot 32\,H_2O & \overset{1}{\rightleftarrows} & C_3A \cdot 3\,CaSO_4 \cdot 32\,H_2O \\
\updownarrow\,5 & \overset{4}{\rightleftarrows} & \updownarrow\,2 \\
C_3A \cdot Ca(OH)_2 \cdot 12\,H_2O & & C_3A \cdot CaSO_4 \cdot 12\,H_2O \\
& & \updownarrow\,3 \\
& & C_3A \cdot 12\,H_2O
\end{array}
$$

セッコウの共存する C_3A の水和発熱曲線の例を，図 4・10 に示す．まず，水和直後の鋭い発熱はエトリンガイトの生成，ついで誘導期となり，その後ひきつづいてエトリンガイトと未水和 C_3A との反応によるモノサルフェートへの変化を示す第2発熱ピークとなる．

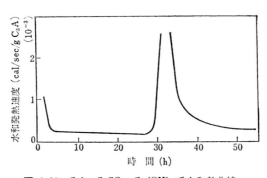

図 4・10　$C_3A - CaSO_4 - Ca(OH)_2$ 系水和熱曲線

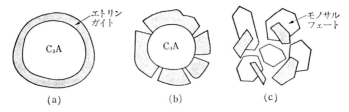

図 4・11　C_3A の水和抑制機構

このような C_3A の水和が抑制される機構を，モデル的にえがいたものが，図4・11である．

まず，(a)は水和直後の C_3A 粒子表面に生成したエトリンガイト層，(b)はエトリンガイト層中のエトリンガイト針状結晶による層の破裂と未水和 C_3A の反応再開，(c)は液相中の SO_4^{2-} が消費されたあと，未水和 C_3A はエトリンガイトと反応してモノサルフェートになり，さらにその一部が $C_3A \cdot Ca(OH)_2 \cdot 12H_2O$–$C_3A \cdot CaSO_4 \cdot 12H_2O$ 系固溶体に変化した状態である．

要するにセッコウの添加により C_3A 粒子のまわりにエトリンガイト層をつくることにより，その水和を30～50時間までおくらせることができるのである．正常な普通ポルトランドセメント (SO_3 3%以下) では，$CaSO_4$ は約24時間以内に消費される．これは C_3A の水和における第1段階の長さに相当し，セメントの初期反応もこのあいだに終了する．セッコウの量が多すぎると，第1段階の反応が長びきエトリンガイトの量が多くなりすぎて組織そのものを膨張させて，強度発現をさまたげてしまう．いっぽう，セッコウが少なすぎると，第1段階の反応はすみやかにおわり，エトリンガイトのモノサルフェート化が急速に進み，液相中の $Ca(OH)_2$ の濃度を低下させる．液相中の SO_4^{2-} の不足と $Ca(OH)_2$ 濃度の減小は，C_3S や C_3A の水和を活発にし，準安定な C–S–H 相や C–A–H 相をたくさんつくり，安定な C–S–H 相の核生成をおくらせる．

セッコウの存在が，C_3A 以外のセメント化合物にどのような影響をあたえるかについても，多くの議論がある．たとえば，セッコウは C–S–H 相の構造をこわさないで，$H_2SiO_4^{2-} \rightleftharpoons SO_4^{2-}$ の置換固溶が可能で，その固溶限界は3% SO_3 であるという説，あるいはセッコウは C_4AF とも反応しやすい

が，この場合は逆にその初期水和をはやめるという説もある．

C_3S や C_2S の水和によって生成した C-S-H 相は，その構造内に層間吸着水やゼオライト水のような形の水分子を有し，乾燥，蒸発することによってセメント硬化体は収縮する．さらに C_3A の水和によって生ずる C_4AH_{19} も相対湿度85%以下では，$13H_2O$ に低下し c 軸方向に収縮することが知られている．これらに対してエトリンガイトは膨張性をもち，このようなセメント硬化体の収縮をおぎなう能力があるといわれているが，C_3A，セッコウ，水の反応そのものは膨張する余地はなく，むしろエトリンガイト針状結晶の成長圧に原因がある．すなわち，ある特定方向に結晶が成長しようとする力が，水和物層間をおしひろげる効果をあらわすものと考えられている．この場合，1本の長い結晶よりも同じ径をもった10本の短い結晶のほうが，成長圧の和は10倍となる．したがって多数の微小な針状結晶がいがぐり状に発達するほうが，大きな膨張圧がえられる．膨張セメント用混和材は，エトリンガイトのこのような性質をうまく利用したものである．

4・2・4　C_4AF の水和

ポルトランドセメント中のフェライト相は C_4AF である必要はなく，C_6AF_2〜C_4AF〜C_6A_2F の範囲にはいる固溶体であるが，フェライト相の水和挙動については C_4AF 組成のフェライトで検討されることが多い．フェライト相は正確にはカルシウムアルミノフェライト (calcium alminoferrite) とよばれ，その水和速度は Al_2O_3 の含有量が高いほどすみやかとなる．したがって，C_4AF は C_3A のような急速な水和は行わない．

C_4AF ペーストを水和すると，まずゲル状水和物層が生成して C_4AF 粒子のまわりをおおうが，この層はしだいに微小な六角板状結晶の凝集体に変化する．Fe_2O_3 分よりも Al_2O_3 分の溶解のほうがはやいため，反応後の C_4AF には $Fe(OH)_3$ か無定形の α-Fe_2O_3 (hematite) と思われる暗黒色のゲルが残る．C_4AF ペースト中で最初にあらわれる六角板状結晶は，六方晶にぞくする $C_3AH_x(x=10〜12)$ であるが，18°C で約1日たつと立方晶にぞくする C_3AH_6 に変化する．W/C 比が0.6以下のペーストでは，C_3AH_x 相に Fe_2O_3 が一部置換固溶して C_3AH_6-C_3FH_6 系固溶体に変化する．その固溶量は，X線回折により求められる格子の膨張から知ることができる．

Ca(OH)$_2$ の共存下，C$_4$AF の水和はつぎのような式であらわされる．

$$C_4AF + 2Ca(OH)_2 + 10H_2O \longrightarrow C_3AH_6 - C_3FH_6 \text{ 系固溶体} \quad (4 \cdot 21)$$

セッコウが共存すると，C$_4$AF は C$_3$A と同じように反応してエトリンガイトを生成し，ひきつづきモノサルフェートに変わる性質があるが，C$_3$A のようなすみやかな反応性は示さない．

4・3 セメント水和物の組成と構造

ポルトランドセメントは，主としてエーライト（C$_3$S），ビーライト（C$_2$S），アルミネート相（C$_3$A），フェライト相（C$_4$AF）の4相からなり，これらはいずれも不安定なカルシウム塩で，水と反応することにより安定なカルシウム塩の水和物となる．とくに C$_3$S と C$_2$S は不安定な高カルシウム塩で，いずれも Ca(OH)$_2$ を遊離し，その飽和溶液中でそれぞれの水和反応は進行するのである．

じっさいのセメントの水和を考えると，セメント化合物をそれぞれ単独で水和させた場合とは大きく異なり，おのおのの反応が相互に影響しあい，反応生成物も反応機構もさらに複雑なものとなっていると推定される．また，セメントの初期水和物の大部分は，X線回折ピークがはっきりとあらわれない低結晶性水和物で，その結晶成長にはかなりの長い時間を必要とする．そこでセメント水和物を水蒸気圧下で加熱し，結晶成長を促進して短時間で適当な強度をもたせるセメント製品も実用化されている．たとえば，C$_3$S や C$_2$S の水和によってえられるトバモライト類似の C–S–H ゲルの結晶化には数年間も必要とするが，CaO と SiO$_2$ との混合ペーストを水熱養生すれば，数時間で結晶性のトバモライトやゾノトライトから形成される硬化体がえられ，これらはケイ酸カルシウム断熱材としてさかんにもちいられている．このような広い意味でのセメント水和物をふくめて，これらの組成と構造について考えてみたい．

4・3・1 水酸化カルシウム

この化合物は C$_3$S や C$_2$S の水和にともない液相に遊離されるもので，いったん溶解して過飽和状態となり，水和数時間後には C–S–H ゲルのなかに

4 ポルトランドセメントの水和

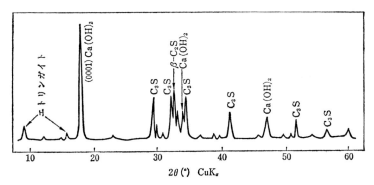

図 4・12　ポルトランドセメント初期水和物の X 線回折図形

数 μm の大きさの六角柱状結晶として析出してくる．W/C 比 0.4 のセメントペーストの水和 10 時間後の X 線回折図形を，図 4・12 に示す．この図形からもわかるように，セメント水和物のなかで回折ピークのはっきりとした結晶相としてみとめられるのは，$Ca(OH)_2$ とエトリンガイトだけで，あとは未水和のセメント化合物のピークが見られるだけである．

$Ca(OH)_2$ の構造は六方晶にぞくし，OH 層と Ca 層とは c 軸に垂直に配列し，層状構造を形成している（図 2・35 参照）．Ca 層と OH 層とのあいだはイオン結合であるが，OH 層と OH 層とのあいだはファンデルワールス結合であるため，(0001) 面に平行に強いへき開性を有する．図 4・1 の結晶外形からも，図 4・12 の図形からも (0001) 面の発達した六角板状結晶となっていることが

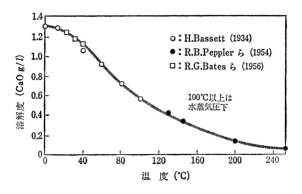

図 4・13　$Ca(OH)_2$ の溶解度

わかる．単位格子の大きさは $a=3.58$ Å, $c=5.03$ Å, 密度は $2.30\,\mathrm{g/cm}$, 380℃で OH 基の解離圧は1気圧に達して脱水を開始する（図 2・39 参照）．

$Ca(OH)_2$ の水に対する溶解度は図 4・13 に示すとおりで，温度の上昇とともに減小している．溶解度と pH との関係は，たとえば 25℃ の飽和溶液（CaO $1.13\,\mathrm{g}/l$）の pH は 12.45 である．

4・3・2　$CaO-SiO_2-H_2O$ 系

この系の水和物は数多く知られているが，その組成と分類は研究者によりまちまちである．この系の水和物のすべては水に対してほとんど不溶性であり，100℃以下で生成する水和物は不安定な低結晶相で，ポルトランドセメントの水和にさいして生成する CSH(I)，CSH(II) などはこの部類にぞくする．これに対して100℃以上で，オートクレーブにより水熱合成される水和物は，安定な結晶相で軽量ケイ酸カルシウム硬化体としての使途が開かれている．しかし，これらの水和物のなかでも，とくに低結晶性の C-S-H 相では，組成のはっきりしないものも多い．すなわち，吸着水と結晶水との区別，CaO と SiO_2 が結合状態にあるのか，遊離状態にあるのかの区別など，測定上の多くの問題点をかかえているからである．

いま，すでに知られている C-S-H 相の組成を，3成分系三角座標のなかにプロットすると，図 4・14 のようになる．これらのなかでもセメントの水和に関連して重要なのは，三角組成図の中心部に散在するトバモライトグループ（$C_5S_6H_x$）で，結晶性の 11 Å トバモライト（$C_5S_6H_5$），14 Å トバモライト（$C_5S_6H_9$），低結晶性の CSH(I)，CHS(II) などがふくまれる．ふつう，C_3S や C_2S の水和生成物は，CSH(I) $\longrightarrow$ CSH(II) $\longrightarrow$ $C_3S_2H_3$（アフィライト）の過程をたどり，$C_5S_6H_x$（トバモライト）に変化することはない．この系のおもな水和物の組成と構造を，表 4・4 に示す．

a) 低結晶性 C-S-H 相　セメントの水和によってもっとも多量に生成する相で，きわめて低結晶性であるため，セメントゲルとかトバモライトゲルとかよばれることが多い．しかし，ここで使うゲルという表現は，あくまでも水を分散媒とする水和物粒子がコロイド的性質を有するところから使われており，ほんとうの非結晶質ではない．すなわち，C-S-H ゲルは結晶性の差はあるが，微弱なX線回折ピークもあらわれ，短い周期での原子配列を

4 ポルトランドセメントの水和

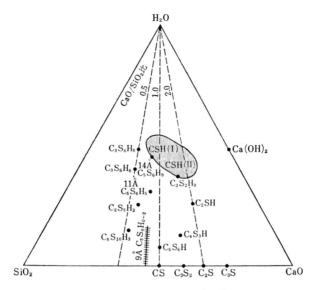

図 4·14 CaO - SiO₂ - H₂O 系化合物組成

表 4·4 CaO - SiO₂ - H₂O 系化合物の組成と構造

化 合 物	組 成	生成温度 (°C)	密 度 (g/cm³)	主要X線回折ピーク (Å)			
	$C_6S_2H_3$	150〜500	2.61	8.6	3.28	3.03	2.89
C_2SH (A)	C_2SH	100〜200	2.8	5.42	3.79	3.31	3.02
C_2SH (B) hillebrandite	C_2SH	140〜350	2.66	4.74	3.51	3.32	3.00
afwillite	$C_3S_2H_3$	100〜160	2.63	6.46	5.74	4.73	3.19
foshagite	C_4SH_3	300〜500	2.7	10	6.8	4.95	3.37
xonotlite	C_6S_6H	150〜400	2.7	3.65	3.23	3.07	2.04
CSH (Ⅱ)	$C_{1.5-2.0}SH_?$	<100		10.6 -9.8	3.07	2.85	2.80
CSH (Ⅰ)	$C_{0.8-1.5}SH_{1.0-1.5}$	<100		14-9	3.07	2.80	1.83
14 Å tobermorite	$C_5S_6H_9$	60 (?)	2.2	14	5.53	3.25	3.07
11 Å tobermorite	$C_5S_6H_5$	110〜140	2.44	11.3	3.07	2.97	2.80
9 Å tobermorite	C_5S_6H	250〜450	2.7	9.3	3.59	3.03	2.78
gyrolite	$C_2S_3H_2$	120〜220	2.39	22	11	4.20	3.12
truscottite	$C_6S_{10}H_3$	200〜300	2.36〜2.48	19	9.4	4.13	3.14
Z-phase	$CS_2H_?$	140〜240		15.0	8.35	5.07	3.03

F. M. Lea, "The Chemistry of Cement and Concrete", Edward Arnold Ltd., (1970) p. 188.

もつ結晶とみなすことができる．

同じトバモライトグループにぞくする水和物でも組成や構造はかなり異なるが，表4・4からもわかるようにこのグループのX線回折図形はきわめてよく類似していることがわかる．11 Å トバモライト $C_5S_6H_5$（斜方晶）は，CaO/SiO_2 比 0.8〜1.0 の配合でオートクレーブ中で110〜140℃の水熱反応で合成され，$(SiO_3)_n^{2n-}$ を基幹とする繊維状結晶である（図2・36参照）．$(SiO_3)_n^{2n-}$ 鎖がよじれてできた空どうに Ca^{2+} とともに H_2O が5分子のうち4分子はいることにより（001）層間距離は11.3 Å となっていることから 11 Å トバモライトとよばれているのである．$C_5S_6H_9$ となり H_2O 分子がふえると層間はひろがって 14 Å トバモライトとなり，C_5S_6H となって H_2O 分子が減れば層間はせばまって 9 Å トバモライトとなるのである．同じトバモライト系でも低結晶性の CSH(Ⅰ) の組成は，CaO/SiO_2 比が 0.8 から 1.5 の範囲にあり，その（001）面は 9〜14 Å の幅広い回折ピークがえられるが，いっぽう CSH(Ⅱ) の組成は CaO/SiO_2 比が 1.5 以上で，層間にはいる Ca^{2+} や H_2O の量が多くなるのに面間隔は 9.8〜10.6 Å と縮小の傾向を示す．その理由についてはあとで考察する．CSH(Ⅰ) も CSH(Ⅱ) も C_3S や C_2S の水和によってえられる準安定相にすぎず，最終的にはアフィライト $C_3S_2H_3$ となり，トバモライトには変化しない．

H. F. W. Taylor により提示されているトバモライト系 C-S-H 相の X線回折図形の類似性を，図 4・15 に示す．Taylor は CSH(Ⅰ)，CSH(Ⅱ) とはべつに，CaO/SiO_2 比 1.5 以上の組成で，さらに結晶性の低い C-S-H 相が存在するとし，これをトバモライトゲルと称している．C-S-H 相の組成と名称については混乱しており，トバモライト類似の CSH(Ⅰ)，CSH(Ⅱ) ともに，トバモライトゲルと称する文献もあるかと思うと，CSH(Ⅱ) だけをトバモライトゲルと称している文献もかなりあり，統一されていないことを明記しておく．R. H. Bogue による低結晶性 C-S-H 相の分類を，表 4・5 に示す．

CSH(Ⅰ) は，100℃ 以下の水または $Ca(OH)_2$ の水溶液中で生成する準安定性の低結晶相である．その組成は $C_{0.8-1.5}SH_{1.0-1.5}$ であらわされ，電子顕微鏡下で見られる外形は 500 Å ぐらいの小さな薄片状物質の集合体，その厚みは

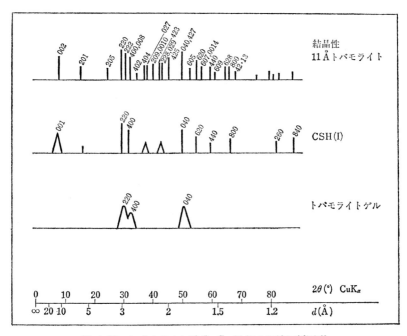

図 4・15 トバモライト系 C-S-H 相の X 線回折図形
H. F. W. Taylor, "The Chemistry of Cements",
Vol. I, Academic Press (1964) p.183.

25～70 Å（トバモライト類似層の 2～6 層分に相当）で，比表面積は 200～400 m²/g にも達する超微小結晶である．CaO/SiO_2 比が高くなるにつれて繊維状とな

表 4・5 低結晶性 C-S-H 相の組成と名称

組　成	Thorvaldson	Taylor	Bogue
$C_2SH_{0.9-1.25}$	C_2S hydrate I	$C_2S\ \alpha$ hydrate	C_2SH (A)
$C_2SH_{1.1-1.5}$	C_2S hydrate II	$C_2S\ \beta$ hydrate	C_2SH (B)
$C_2SH_{0.8-1.0}$	C_2S hydrate III	$C_2S\ \gamma$ hydrate	C_2SH (C)
$C_2SH_{0.67}$		$C_2S\ \delta$ hydrate	C_2SH (D)
$C_{1.5-2.0}SH_2$		$C_2SH(II), CSH(II)$	C_2SH_2
$CHS_{1.1}$		Flint's CSH	CSH (A)
$C_{0.8-1.5}SH_{1.0-1.5}$		CSH(I)	CSH (B)

R. H. Bogue, *Mag. Concr. Res.*, No. 14, 87 (1953).

る傾向がみられる．

CSH(Ⅰ)の構造をモデル的にえがくと図4·16のようになり，トバモライト層が無秩序にいりみだれた状態になっていると推定される．これを100°C以上で水熱反応させると，11Å トバモライトに結晶化する．

図 4·16　CSH(Ⅰ)の構造モデル

$Ca(OH)_2 - SiO_2$ 系の水溶液反応において，液相中の Ca^{2+} 濃度と固相の CaO/SiO_2 比をプロットすると，図4·17のようになり，いったん CaO/SiO_2

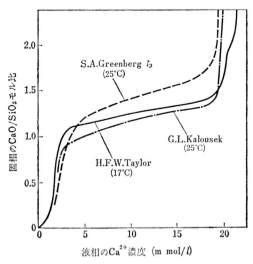

図 4·17　$CaO - SiO_2 - H_2O$ 系平衡

比が 1 よりも小さい C–S–H 相ができるが，Ca^{2+} 濃度が 1～2 m mol/l (0.06～0.11 g CaO/l) ぐらいから CSH(Ⅰ) が生成しはじめ，$Ca(OH)_2$ 濃度が飽和に近づくにつれて CSH(Ⅱ) が生成するようになる．

CSH(Ⅱ) は，組成 $C_{1.5-2.0}SH_2$ であらわされる繊維状結晶の集合体である．それでは，CSH(Ⅱ) は CaO/SiO_2 比が 2.0 近くになっているのに，どうしてトバモライト構造を維持しているのであろうか．それには 11 Å トバモライトの構造中に Ca^{2+} を余分にとりこむか，あるいはその構造中から Si^{4+} の一部をとりのぞく以外に方法はない．それには図 4·18 に示すようなモデルが考えられる．つまりトバモライトの基本構造である SiO_3–CaO_2–SiO_3 の三重層のうち，どちらかの SiO_3 層を OH 層によっておきかえてやる．このような操作によって Ca–Ca 間距離は，トバモライトの 11.3 Å から CSH(Ⅱ) の 10.6 Å へ収縮するという説である．そして，OH 層が表面にでることによって繊維化しやすくなるという．

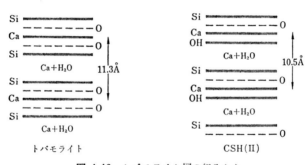

図 4·18　トバモライト層の組みかえ

b) 水熱反応により生成する C–S–H 相　C–S–H 系の水和物は多数知られているが，そのなかで低結晶性の CSH(Ⅰ) と CSH(Ⅱ) はセメント水和物として常温でえられるが，その他の水和物の大部分は CaO と SiO_2 との水熱反応によってえられる．なかには，アフィライト $C_3S_2H_3$ のように C_3S のボールミル中での水和によってえられるものもあるが，CaO と SiO_2 からは純粋相を合成するのが困難な水和物もある．

結晶性 C–S–H 系化合物の構造上の特徴は，一方向に 7.3 Å の周期をもつものが多く，その方向に対して柱状，板状，あるいは繊維状にのびた形態

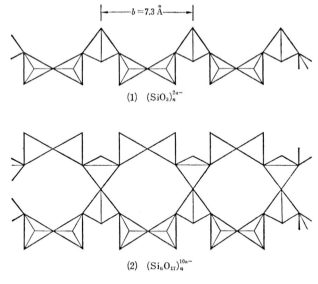

図 4·19　SiO₃鎖と Si₆O₁₇鎖

をもつ. すなわち, 図4·19(1)に示すような SiO_3 鎖を基幹とし, そのうち b 軸に沿って連結する3個の SiO_4 四面体の周期が, 7.3 Å に相当するのである. すなわち, 結晶性 C-S-H 系化合物を大別すると, まず3個の SiO_4 四面体を基本単位とする SiO_3 鎖からなる化合物としてウォルストナイトグループ (β-CaSiO₃ の水和物) とトバモライトグループ, 図4·19(2)のように2本の SiO_3 鎖が二つおきの SiO_4 どうしで O^{2-} を共有してかさなった二重鎖 Si_6O_{17} (6個の SiO_4 四面体が基本単位) からなる化合物としてゾノトライトグループ, Si_6O_{17} 鎖が無限にかさなってできた層状の $Si_{12}O_{30}$ (カオリナイトの Si_2O_5 層と配列がちがうことに注意) からなる化合物としてジャイロライトグループとになる.

まず, ヒレブランダイト (hillebrandite) $C_2SH(B)$ の示性式は, $Ca_2(SiO_3)(OH)_2$ であらわされ, ウォルストナイトグループにぞくするが, 同じグループでもゾノトライト C_6S_6H では, 示性式は $Ca_6(Si_6O_{17})(OH)_2$ であらわされ, その骨格は二重鎖 Si_6O_{17} からなることがわかる. いっぽう, トバモライトグループのなかの代表的な水和物, 11 Å トバモライト $C_5S_6H_5$ は, 示性式は $Ca_5(Si_6O_{18}H_2)\cdot 4H_2O$ であらわされるが, その骨格は二重鎖 Si_6O_{17} ではなく,

4 ポルトランドセメントの水和

2層の SiO_3 鎖群のあいだに CaO_2 層をはさみこみ $[Ca_4(Si_3O_9H)_2]^{2-}$ の三重層を構成している．ジャイロライトグループの代表的な水和物ジャイロライト (gyrolite) $C_2S_3H_2$ は，$Ca_8Si_{12}O_{30}(OH)_4 \cdot 7H_2O$ と式示され，$Si_{12}O_{30}$ 層を骨格とし層間の水分子はゼオライト水のように出入り自由の挙動をとる．

以上の三つのグループにぞくさない水和物としては，$HSiO_4^{3-}$，$Si_2O_7^{6-}$ のような小形ケイ酸イオンからなるものが多い．たとえば，$C_2SH(B)$ はウォルストナイトグループにぞくするのに対し，$C_2SH(A)$ は $Ca_2(HSiO_4)(OH)$ で式示され，C_3S や C_2S の最終水和物といわれるアフィライト $C_3S_2H_3$ は $Ca_3(HSiO_4)_2 \cdot 2H_2O$ で式示される．また，C_3S の初期水和物として知られる $C_6S_2H_3$ は，$Ca_6(Si_2O_7)(OH)_6$ であらわされ，SiO_4 の二量体 $Si_2O_7^{6-}$ によって構成されていることがたしかめられている．

CaO と SiO_2 との混合物を出発原料とする水熱反応において，C-S-H 系結晶の安定領域は図 4・20 のように示される．

これらの C-S-H 系化合物のうちで，トバモライトとゾノトライトは，それぞれ $650°C$，$1000°C$ ぐらいの高温に耐え，しかも断熱性がすぐれているため軽量保温材，不燃性建材として広く利用されている．

まず，トバモライトはオートクレーブ中で，CaO と石英（またはケイソウ土）

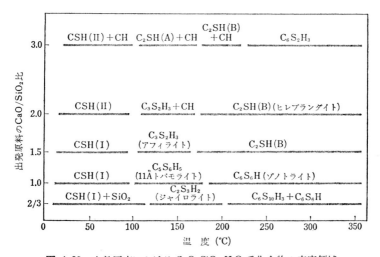

図 4・20 水熱反応における CaO-SiO_2-H_2O 系化合物の安定領域

の CaO/SiO_2 比 1.0 混合物を，180℃で水熱反応させることにより容易にえられる．反応過程は，初期に Ca にとむ C–S–H 相を形成し，SiO_2 の溶解が進むにつれて反応生成物の CaO/SiO_2 比は低下し，しだいに 11 Å トバモライトに結晶化する．トバモライトはその示性式 $Ca_5(Si_6O_{18}H_2)\cdot 4H_2O$ からも知られるように，結晶水は Si–OH と H_2O から形成されており，加熱すれば 150～550℃ のあいだで全結晶水が脱水し，800℃ 付近で長鎖状のウォルストナイト（β–$CaSiO_3$）に変化する．

合成トバモライトでは，$Si^{4+} \rightleftharpoons Al^{3+} + R^+$ の置換反応により最高 13％ぐらいの Al^{3+} を構造内にいれることができる．微量のアルカリ分の存在は，この反応を促進する．Al^{3+} の置換によりトバモライトの結晶化は促進され，ゾノトライトへの変化は抑制されるのである．

つぎにゾノトライトは，CaO と石英との 185℃ 以上の水熱反応によってえられる．ケイソウ土は非晶質のシリカ分を主成分とするが，Al^{3+} をふくむためトバモライト化を促進し，ゾノトライトの原料としては適さない．工業的には石英よりもシリコン製造のさい副産する非晶質シリカをもちいている．また，CSH(I) ⟶ トバモライト ⟶ ゾノトライトの反応速度はかなりおそいので，じっさいにはなるべく高い温度，250℃ ぐらいで反応させる必要がある．

ゾノトライトは $Ca_6(Si_6O_{17})(OH)_2$ であらわされ，$Si_6O_{17}^{10-}$ の二重鎖をその中心とし鎖の方向にのびた繊維状結晶である．斜方晶にぞくし単位格子の大きさは $a = 17.03$ Å，$b = 3.68$ Å，$c = 7.01$ Å である．示性式から知れるように結晶水はすべて OH 基ばかりであるので，700℃ ぐらいで脱水がおわり β–ウォルストナイトに変化する．トバモライトとくらべると 1 分子分の水しかもたないため，加熱による収縮は小さく，工業的には 1000℃ までの使用に耐える．

4・3・3 CaO–Al_2O_3–H_2O 系

この系の化合物はポルトランドセメントとアルミナセメントの水和のさいに生成する水和物と関連して重要である．まず，この系のおもな化合物の組成と性質の一部を，表 4・6 に示す．

この系の化合物の結晶外形は六角板状のものが多く，X 線回折図形の類似

表 4·6　CaO - Al_2O_3 - H_2O 系化合物の組成と構造

化合物	外形	密度 (g/cm³)	主要X線回折ピーク (Å)			
$α_1$-C_4AH_{19}		1.76	10.7	5.35	4.24	3.93
$α_2$-C_4AH_{19}	六角板状	1.81	10.7	5.35	4.10	3.66
$β$-C_4AH_{13}		2.02	7.9	3.95	2.28	2.86
C_4AH_{11}		2.08	7.4	3.90	3.70	2.87
C_3AH_6	24面体形	2.52	5.13	4.45	3.36	3.14
$α_1$-C_2AH_8		1.95	10.7	5.36	4.10	3.96
$α_2$-C_2AH_8	六角板状	1.95	10.7	5.36	2.89	2.87
$C_2AH_{7.5}$		1.98	10.6	5.30	3.53	2.86
C_2AH_5		2.09	8.7	4.34	3.18	2.87
$C_4A_3H_3$	板状	2.71	3.61	3.27	2.80	
CAH_{7-10}	?	1.70-1.74	14.3	7.16	3.72	3.56

(F. M. Lea, 1970)

性もみられるものも多い．一般に C-A-H 相は C-S-H 相とくらべると，溶解度が大きく，水和，結晶化がすみやかであるという特徴を有するが，いっぽう，反応性が大きいため水和中に大気中の CO_2 と反応したり，転移したりして，組成と性質との関係がはっきりしないものが多い．たとえば，C_3A・10~20H_2O とされていた化合物は，水和中に CO_2 と反応して C_3A・$CaCO_3$・12H_2O に変化する．

この系の化合物の構造を考えてみると，C_3AH_6 だけが $Ca_3[Al(OH)_6]_2$ であらわされるイオン格子であるが，その他の化合物は $mCa(OH)_2$・$nAl(OH)_3$・pH_2O であらわされる層状格子で，pH_2O は 100°C までの加熱で失なわれる層間水分子である．たとえば C_2AH_8 は $2Ca(OH)_2$・$2Al(OH)_3$・$3H_2O$ で，C_4AH_{13} は $4Ca(OH)_2$・$2Al(OH)_3$・$6H_2O$ で，CAH_{10} は $Ca(OH)_2$・$2AlO(OH)$・$8H_2O$ で，それぞれあらわされる層状構造である．したがって C_2A 系と C_4A 系は X線回折図形に類似性が見られるが，CAH_{10} のそれはまったく異なっていることがわかる．すなわち，CAH_{10} はベーマイト (boehmite, Al_2O_3・H_2O の構造 $2AlO(OH)$) とよくにているのである．

六角板状の水和物の構造は，六方晶である $Ca(OH)_2$ と $Al(OH)_3$ の層のかさなりあいに起因している．たとえば，C_4AH_{13} の構造は，$Ca_2Al(OH)_6^+$ の

八面体層が存在し，層間に OH^- と水分子がはいって，$2[Ca_2Al(OH)_6OH \cdot 3H_2O]$ のように式示されるのである．さらに C_4AH_{19} となると，水分子の増加分だけ層間がおしひろげられる．C_2AH_8 も同じように $Ca_2Al(OH)_6Al(OH)_4 \cdot 3H_2O$ であらわされ，$Ca_2Al(OH)_6^+$ の外側の OH 層を $Al(OH)_4^-$ 層におきかえたものである．

図 4・21 は 25℃ における C-A-H 系の平衡関係を図示したものである．この系における安定相は溶解度の低い γ-$Al(OH)_3$，C_3AH_6，$Ca(OH)_2$ の 3 相だけで，あとは準安定相とされているが，固溶体の生成や転移の発生がおこりやすく，さらに溶解度の測定上のむずかしさもあって，これらの平衡関係は研究者により結果がかなり異なっている．この関係を C_3A の水和過程にあてはめて考えてみると，初期水和過程で CaO も Al_2O_3 もともにかなりの量が溶け，いったん準安定相の C_2AH_8 が生成するが，その後，溶解 Al_2O_3 分の一部が水和アルミナゲルとして沈殿するにともない，液相中の CaO/Al_2O_3 比はしだいに増大して C_2AH_8 は Ca にとんだ $C_{2-2.4}AH_{8-10.2}$ をへて C_4AH_{19} に変化していく．そして CaO 濃度 $1.13\,g/l$ に達し $Ca(OH)_2$ が析出するようになると，C_4AH_{19} は分解し，溶解度がもっとも低い安定な C_3AH_6 に変化し

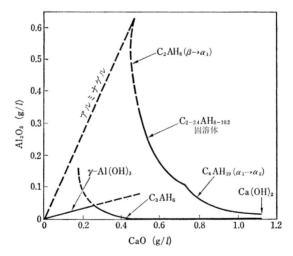

図 4・21　CaO-Al_2O_3-H_2O 系平衡（25℃）
F.M. Lea, "The Chemistry of Cement and Concrete", Edward Arnold Ltd., (1970) p.218.

ていくのである.

CaO/Al_2O_3 比と C-A-H 系化合物の性質の概要を,つぎにのべる.まず,CA 水和物では CAH_{10} (六方晶 $a=9.45Å$, $c=14.6Å$) がアルミナセメントの主要水和物として知られている.この相は 22°C 以下の平衡では安定相としてえられるが,22°C 以上では C_2AH_8 (六方晶) に変化する.一般に C-A-H 系化合物中の結晶水の形態はさまざまで,大気中で不安定なものが多いが,CAH_{10} のうち $8H_2O$ は吸着水ないしゼオライト水で,残りの $2H_2O$ は OH 基である.$Ca(OH)_2$ と Al_2O_3 ゲルとの水熱反応によってえられる結晶相に $C_4A_3H_3$ (斜方晶 $a=17.28Å$, $b=12.42Å$, $c=8.90Å$) がある.その構造は $Ca_4Al_6O_{10}(OH)_6$ または $4CaO \cdot 6AlO(OH)$ であらわされるイオン性の強い水和物と予想されている.

C_2A 水和物の代表的なものは C_2AH_8 で,アルミナセメントが 20°C 以上で水和するときにえられる.α_1, α_2, β の三つの変態が知られ,なかでも α_1 がもっとも安定である (六方晶 $a=5.80Å$, $c=21.59Å$). C_2AH_8 は,その脱水過程で $C_2AH_{7.5}$, C_2AH_5, C_2AH_4 などの水和物を段階的に生成し,これにともない面間隔もそれぞれ $10.6Å$, $8.7Å$, $7.4Å$ と収縮する.

C_3A 水和物では,C_3AH_6 (24面体形), C_3AH_{18-21} (針状), C_3AH_{10-12} (六角板状) の存在が知られているが,もっとも安定なのは C_3AH_6 (体心立方晶 $a=12.58Å$) で,C_3A の水熱反応によって容易にえられる.その結晶水は 275°C で脱水して,まず $C_3AH_{1.5}$ となり,500°C までで $1.5H_2O$ 分の OH 基が脱水し,いったん無定形となり,ついで 1050°C に達すると CaO と $C_{12}A_7$ とに分解する.

C_4A 水和物では,25°C の液相中の CaO 濃度が $0.7 \sim 1.1 g/l$ のときに C_4AH_{19} が生成するが,50°C の液相中か,または C_4AH_{19} の乾燥によって C_4AH_{13} がえられ,さらに 105°C で乾燥すると C_4AH_7 となる.これはポルトランドセメントの乾燥収縮の原因の一つとなっている.C_4AH_{19} は六方晶にぞくするが,α_1 ($a=5.77Å$, $c=64.08Å$) と α_2 ($a=5.77Å$, $c=21.37Å$) の二つの変態があり,安定相は α_2 であるという.

4・3・4 $CaO-Fe_2O_3-H_2O$ 系と $CaO-Al_2O_3-Fe_2O_3-H_2O$ 系

C-F-H 系の組成と構造は,C-A-H 系のそれらときわめてよく類似している.しかし,C-A-H 系とくらべると溶解度が低く結晶が成長しにく

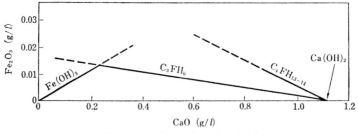

図 4·22 CaO – Fe$_2$O$_3$ – H$_2$O 系平衡

いため，いまだ組成もはっきりしない水和物が多い．図 4·22 に，そのおおまかな平衡図を示しておく．C – F – H 系の化合物は，Fe^{3+} をふくむ塩，たとえば FeCl$_3$ と Ca(OH)$_2$ との水溶液反応によってえられるが，もし，このさい液相に Al^{3+} が共存すると，Fe^{3+} とともに共沈して C – A – F – H 系化合物をつくる．

C – F – H 系のなかの安定相としては，C$_4$FH$_{14}$ と C$_3$FH$_6$ とがあり，これらは C – A – H 系の C$_4$AH$_{13}$ と C$_3$AH$_6$ と構造がよくにている．C$_4$F 水和物としては C$_4$FH$_{19}$，C$_4$FH$_{14}$，C$_4$FH$_{11}$ の 3 種の六方晶が知られ，その主要面間隔はそれぞれ 10.7 Å, 8.0 Å, 7.6 Å と変化する．C$_4$FH$_{14}$ は $a = 3.42$ Å, $c = 8.0$ Å で，C$_4$AH$_{13}$（六方晶）は $a = 3.36$ Å, $c = 7.9$ Å であるので，両者のあいだには連続組成の完全固溶体をつくることができる．

C$_3$FH$_6$ は立方晶で $a = 12.76$ Å，同じく立方晶 $a = 12.58$ Å の C$_6$AH$_6$ と完全固溶体をつくる．C$_4$AF が水和すると，まず C$_4$(AF)H$_{14}$ 固溶体ができて，その後，C$_3$(AF)H$_6$ 固溶体に変化する．C$_3$(AF)H$_6$ 固溶体は C$_3$AH$_6$ とくらべると化学的抵抗性が大きいことで知られている．

4·3·5　CaO – Al$_2$O$_3$ 系と CaO – Fe$_2$O$_3$ 系の水和複塩

CaO – Al$_2$O$_3$ 系や CaO – Fe$_2$O$_3$ 系の化合物のなかで，とくに反応性の高い C$_3$A や C$_3$F は，水和のさいいろいろなカルシウム塩と結合して安定な複塩をつくりやすい性質をもっている．たとえば，C$_3$A はトリサルフェート型の C$_3$A·3CaX·mH$_2$O（または C$_3$A·3CaY$_2$·mH$_2$O）と，モノサルフェート型の C$_3$A·CaX·nH$_2$O（または C$_3$A·CaY$_2$·nH$_2$O）のような二つのタイプの複塩を生成する．ここに X は CO$_3^{2-}$, SO$_3^{2-}$, SO$_4^{2-}$, CrO$_4^{2-}$, SeO$_4^{2-}$, WO$_4^{2-}$ のような 2 価陰

イオン, Y は OH^-, Cl^-, Br^-, I^-, NO_3^-, NO_2^-, MnO_4^-, ClO_3^-, IO_3^-, HCO_2^-, $CH_3CO_2^-$, $C_2H_5CO_2^-$ などのような1価陰イオンである. 水分子の量 m は 30 ～32 H_2O, n は 10～12 H_2O とほぼ統一している. 上記の C_3A 系複塩の組成式のなかの C_3A を C_3F にとりかえても, まったく同じ組成の複塩がえられる. これらの系の複塩の一部について, 組成と構造を表 4・7 に示すが, いずれも相関性がみとめられる.

表 4・7 C_3A 系と C_3F 系の複塩の組成と構造

化合物	外形	密度 (g/cm³)	主要X線回折ピーク (Å)			
$C_3A \cdot 3\,CaSO_4 \cdot 32\,H_2O$	針状	1.73	9.0	5.61	4.70	3.88
$C_3A \cdot CaSO_4 \cdot 12\,H_2O$	六角板状	1.99	9.0	4.48	4.00	2.87
$C_3A \cdot CaSO_3 \cdot 12\,H_2O^*$	六角板状	2.10	8.5	4.25	3.93	2.69
$C_3A \cdot 3\,CaCO_3 \cdot 30\,H_2O$	針状		9.4	5.43	4.62	3.80
$C_3A \cdot CaCO_3 \cdot 12\,H_2O$	六角板状	2.14	7.6	3.80	2.86	
$C_3F \cdot 3\,CaSO_4 \cdot 32\,H_2O$	針状		9.8	5.62	4.81	3.95
$C_3F \cdot CaSO_4 \cdot 12\,H_2O$	六角板状		9.0	4.45	4.05	2.94

* 荒井康夫ら, 石膏と石灰, No.173, 5 (1981).

ポルトランドセメントにあらかじめ CaX または CaY_2 を加えておくと, セメント化合物のなかでもっとも反応性の大きい C_3A と反応して, $C_3A \cdot 3\,CaX \cdot m\,H_2O$ または $C_3A \cdot 3\,CaY_2 \cdot n\,H_2O$ のような複塩を生成し, セメントの急結防止の役割をはたすのである. 通常はセッコウ $CaSO_4 \cdot 2\,H_2O$ 3～5% が添加され, エトリンガイト $C_3A \cdot 3\,CaSO_4 \cdot 32\,H_2O$ が生成する.

エトリンガイトの構造と性質の一部については, すでに 2・7・4 項においてくわしくのべたが, 六方晶にぞくしその組成は $Ca_6[Al(OH)_6]_2(SO_4)_3 \cdot 26\,H_2O$ であらわされる. 一般的合成方法としては $Al_2(SO_4)_3$ と $Ca(OH)_2$ との水溶液を CaO/Al_2O_3 比 6.0 となるよう混合し, KOH を添加して pH 12.0 にたもつと, 径数 μm, 長さ 100 μm 以上の六角棒状の結晶としてえられる. その結晶外形は, 図 4・2 にもかかげてある.

$$Al_2(SO_4)_3 + 6\,Ca(OH)_2 + 26\,H_2O$$
$$\longrightarrow C_3A \cdot 3\,CaSO_4 \cdot 32\,H_2O \qquad (4 \cdot 22)$$

エトリンガイトの水に対する溶解度は低く，25°C で CaO 0.043 g/l, Al_2O_3 0.035 g/l, $CaSO_4$ 0.215 g/l で，溶解中分解し一部はアルミナゲルを析出する．$Ca(OH)_2$ 溶液中では安定で，CaO 濃度 1.10 g/l においては $C_3A\cdot 3CaSO_4\cdot 32H_2O$ として 0.024 g/l 溶解する．エトリンガイトの熱変化は，さきに図 2・39 に TG-DTA 曲線で示したが，H_2O と OH 基が段階的に脱水し，1000°C では $3CA\cdot CaSO_4$, $CaSO_4$, CaO の混合物になる．

モノサルフェート $C_3A\cdot CaSO_4\cdot 12H_2O$ は，$C_3A\cdot Ca(OH)_2\cdot 12H_2O(C_4AH_{13})$ と固溶体をつくりやすく，純粋なものは合成しにくい．ポルトランドセメントの水和初期においては，C_3A はいったんエトリンガイトをつくるが，セッコウがすべて消費されると，しだいにモノサルフェートに変化していく．このモノサルフェートも純粋なものではなく，$C_3A\cdot CaSO_4\cdot 12H_2O - C_3A\cdot Ca(OH)_2\cdot 12H_2O$ 系の固溶体となっている．合成は前記のエトリンガイトの生成反応を，CaO/Al_2O_3 比 4.0 で行わせるとえられる．モノサルフェートの構造は，六方晶（$a = 5.76$ Å, $c = 26.79$ Å）といわれているが，いまだに不明の点が多い．加熱すると，$12H_2O$ の水分子のうち H_2O 分子に相当する 6～7 H_2O 分が約 110°C で脱水し，残りのおそらく OH 基に相当する水分子が 800°C ぐらいまでのあいだにゆっくりと気散していく．

4・4 セメントの水和反応

ポルトランドセメントの水和過程はきわめて複雑で，しかも長い年月にわたって変化していくので，単純な化学反応であらわすことはできない．しかし，セメント化合物の常温における水和反応を要約し，化学量論的に式示すれば，つぎのとおりとなる．

$$2C_3S + 6H_2O \longrightarrow C_3S_2H_3 + 3Ca(OH)_2 \qquad (4\cdot 23)$$

$$2C_2S + 4H_2O \longrightarrow C_3S_2H_3 + Ca(OH)_2 \qquad (4\cdot 24)$$

$$2C_3A + 27H_2O \longrightarrow C_4AH_{19} + C_2AH_8 \qquad (4\cdot 25)$$

$$C_4AH_{19} + C_2AH_8 \longrightarrow 2[C_3AH_6] + 15H_2O \qquad (4\cdot 26)$$

$$C_3A + 3CaSO_4 + 32H_2O \longrightarrow C_3A\cdot 3CaSO_4\cdot 32H_2O \qquad (4\cdot 27)$$

$$2C_3A + C_3A\cdot 3CaSO_4\cdot 32H_2O + 4H_2O$$
$$\longrightarrow 3[C_3A\cdot CaSO_4\cdot 12H_2O] \qquad (4\cdot 28)$$

$$C_4AF + (8+n)H_2O \longrightarrow C_2AH_8 + C_2FH_n \qquad (4\cdot29)$$

$$C_4AF + 3\,CaSO_4 + 33H_2O$$
$$\longrightarrow C_3(AF)\cdot3\,CaSO_4\cdot32\,H_2O + Ca(OH)_2 \qquad (4\cdot30)$$

(4・27)(4・28)(4・30)式は，セッコウ共存下におこる化学反応である．セメントの水和初期においては，セメント化合物は，ほぼ上に示した反応式にしたがい，それぞれ単独に反応を開始するが，その速度はさまざまに異なる．一般に反応速度はW/C比が高いほど，セメント粒子が小さいほど，温度が高いほど，大きくなる．また，セメント化合物も純粋な化合物として存在せず，多かれ少なかれ他成分を固溶して，いわゆるクリンカー鉱物となっており，それらの水和反応はさらに複雑なものとなり，水和速度にも大きく影響してくるはずである．

X線回折によって求めた普通ポルトランドセメント中のクリンカー鉱物の水和速度を対比すると，図4・23のとおりとなる．さきに図4・3，図4・4に示した，純粋なセメント化合物の水和速度とくらべると，かなりはやいものとなっていることがわかるであろう．普通ポルトランドセメントの水和率（結合水 %）と温度との関係をしらべると，つぎの図4・24のようになり，水和速度の温度依存性があきらかとなった．ここに結合水とは，125～540℃の加

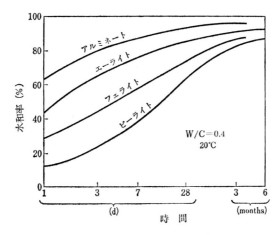

図 4・23　普通ポルトランドセメント中のクリンカー鉱物の水和速度 (L. E. Copeland et al 1960)

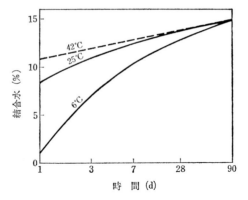

図 4・24 普通ポルトランドセメントの水和速度におよぼす温度の影響 (J. H. Taplin, 1962)

熱減量をさしている。

セメントの水和反応の進行状況を連続的に求めるにはいろいろの方法があるが，水和にともなう発熱量の経時変化を測定するのが，もっとも便利な方法である。クリンカー鉱物の水和反応はいずれも発熱であり（表 4・1 参照），ポルトランドセメントの初期水和過程の発熱速度を伝導式熱量計 (conduction calorimeter) で追っていくと，その水和機構を考察することができる。結果の一例を図 4・25 に示す。

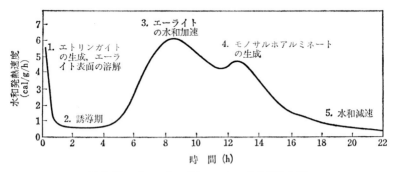

図 4・25 ポルトランドセメントの水和発熱曲線

水和直後の鋭い発熱ピークは，まず水中に溶解したセッコウがクリンカー鉱物のなかでもっとも活性の大きいアルミネート (C_3A が主成分) と反応して

生成するエトリンガイト $C_3A \cdot 3CaSO_4 \cdot 32H_2O$ の生成熱およびエーライト(C_3S が主成分)の表面の溶解熱に原因しているといわれる。もしも，セメント中に遊離 CaO が存在すれば，その分の水和熱もこれに加わるはずである。エトリンガイトの生成により液相中に溶けこんだセッコウはしだいに消費，減小していくが，クリンカー鉱物からは Ca^{2+}, OH^-, Na^+, K^+ が溶けこんでいく。とくに，C_3S, $\beta-C_2S$ の水和により遊離，溶出をつづける $Ca(OH)_2$ はしだいに飽和濃度に近づく。また，液相中にはごく少量ではあるが，Al_2O_3, SiO_2 も溶解している．

　第1ピークから第2ピークにいたる 2～4 時間は，いわゆる誘導期であってアルミネート粒子のまわりは不溶性のエトリンガイト膜によっておおわれ，エーライト粒子のまわりにも不溶性の C-S-H 膜(Al_2O_3, Fe_2O_3, SO_3 も一部固溶している)によっておおわれ，それぞれの水和反応を抑制している時期である。液相中の Na^+ と K^+ の濃度が高くなると第2ピークの出現は促進され，誘導期は短かくなる傾向がある。誘導期のおわるころの $Ca(OH)_2$ 濃度は，過飽和に達し，その六角柱状結晶が析出しはじめる。誘導期は C-S-H 膜によっておおわれたエーライトやビーライトが，高いエネルギー状態にあって，液相中の Ca^{2+} 濃度が最高値に達するのを待っている時期といえよう。$Ca(OH)_2$ が過飽和状態になると，クリンカー鉱物からのアルカリの溶出は，ほとんどとまる。その後，液相中の $Ca(OH)_2$ の析出は，エーライト，ビーライトの水和がつづくかぎり，つづくのである。

　第2ピークは，おおっていた C-S-H 膜が内部からの浸透圧のために膨張して破れ，エーライトの水和がふたたび活発になる時期である。過飽和状態の液相から $Ca(OH)_2$ 核は，C-S-H 膜の表面に析出する。そして，破れて一部はく離した C-S-H 膜(ゲル中に液相がしみこんだ半固体膜)からしだいに C-S-H 核が生成しはじめる。第2ピーク以後も水は残る C-S-H 膜を通じてエーライト粒子と接触し，水和を続行する。C-S-H 膜はふたたび厚みを増すが，表面に生成した C-S-H 核は成長しながら，CaO/SiO_2 比 0.8～1.5 のしわのある薄片状の CSH(I) をへて，CaO/SiO_2 比 1.5～2.0 の繊維状の CSH(II) に変化していく。

　第2ピークの肩にあらわれる第3ピークは，アルミネート粒子のまわりの

エトリンガイト膜が結晶の膨張圧で破れ，ふたたび内部の C_3A が水和をはじめ，セッコウの不足によって，六角板状のモノサルホアルミネート $C_3A \cdot CaSO_4 \cdot 12H_2O$ (SO_4^{2-} の一部は OH^- によって置換された固溶体) に変化するさいの発熱である．すでに液相中からはセッコウはすべてなくなってしまっているので，反応にあずからなかった C_3A は，そのまま水和して C_3AH_6 となる．

フェライト C_4AF は，アルミネートとくらべると水和はゆっくり進み，水和初期においては液相中のセッコウと反応してエトリンガイト型の $C_3(AF) \cdot 3CaSO_4 \cdot 32H_2O$ を生成するが，セッコウが消費されてしまうと，モノサルフェート型の $C_3(AF) \cdot CaSO_4 \cdot 12H_2O$ に変化していく．残ったフェライトは，$C_3(AF)H_6$ のような水和物にゆっくりと変化していく．

第3ピーク以後はもはやはっきりした発熱ピークはあらわれないが，エーライト，ビーライトは，多量に生成した C-S-H 相によってうめられて，イオンの移動がむずかしくなり，水和速度はしだいにおそくなり，水和物どうしの接着により凝結がはじまってくる．第2ピークの位置およびその後の水和過程は，クリンカー鉱物やセッコウの量的関係，セメント粒子の大きさ，W/C 比などによって大きく異なってくる．普通ポルトランドセメントの場合，適量の水をまぜると，2〜4時間で第2ピークに達し，凝結がおこる．

普通ポルトランドセメントには，およそ C_3A 9％，C_4AF 9％ が含有されている．これらをすべてエトリンガイトにするためのセッコウの量は約27％であるが，一般にセメントに加えられているセッコウの量は 3〜5％ であるから，約 1/7 ぐらいにすぎない．しかし，C_3A の初期水和をおさえるには，この程度の量でじゅうぶん間にあうのである．すでにのべたようにセメントの正常な凝結は通常 2〜4 時間で，それまで C_3A の水和をとめればよいのである．もし，セッコウがはいっていない状態でセメントに水を加えると，アルミネートははげしく反応して，生成する C-A-H 相はセメント粒子をたがいに連結させて急結現象をおこす．このようにしてセッコウは，セメントが通常の凝結をもたらすための制御機能をりっぱにはたしているのである．

以上のべたように C_3A は水和がはやく，セッコウなしではセメントは急結して使いものにならないことがわかった．いっぽう，C_3A の水和熱は他のセメント化合物のそれとくらべると，もっとも大きく（表4・3参照），熱応力が

発生してひび割れのおそれがでてくるし，C_3A の水和物 C_4AH_x は，SO_4^{2-} イオンをふくむ地下水や海水と接すると，エトリンガイトに変化しその体積膨張でコンクリートを破壊してしまう．このように考えると，C_3A はセメントには害こそあれ，まったく無用の存在に思える．しかし，その特性を生かし膨張性のセメントや急結性のセメントをつくり，毒を薬に変えることも可能なのである．

C_3A をなくするためには，セメント原料として粘土が使えなくなり，原料の入手がむずかしくなる．また，ケイ石やケイ砂は石灰石との反応性がわるく燃料コストが高くつく．さきに C_3S の生成にさいし液相の介在が重要な役割をはたすことをのべた．そして Al_2O_3 と Fe_2O_3 は低温で液相を生成する成分としてなくてはならぬものなのである．

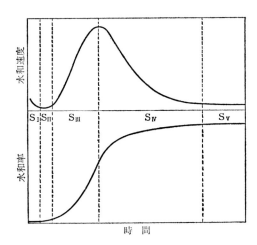

図 4・26 セメントの水和反応モデル

最後にセメントの水和機構をまとめてみると，図 4・26 のような段階であらわされる．ポルトランドセメント，アルミナセメント，C_3S, C_2S, C_3A (セッコウ共存)，CA のように水と反応してかたまるセメントやセメント化合物の水和速度は，いずれもこのモデル曲線に適合するものと思われる．水和の段階は S_I, S_{II} の誘導期，S_{III} の加速期，S_{IV}, S_V の減速期に分けられる．S_I はおもに水との接触による活性表面のすみやかな反応段階．S_{II} は表面の溶解

がしだいに過飽和に向かうとともに，水和ゲルの吸着により水和がいったんおさえられている段階．S_{III} は水の侵入が内部におよび C_3S のような短期反応型化合物がいっせいに水和しはじめる段階．S_{IV} は多量に生成した水和物で粒子間がうめられ，イオンは移動しにくくなり水和速度が急に低下する段階．S_V 以降は C_2S や C_4AF のような長期反応型化合物がゆっりと水和していく段階である．

　これらの段階の長さはセメントの種類，組成，粒子の大きさ，W/C 比などによって大きく相違し，その強度発現に大きな影響をあたえるのである．

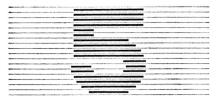

ポルトランドセメントの凝結と硬化

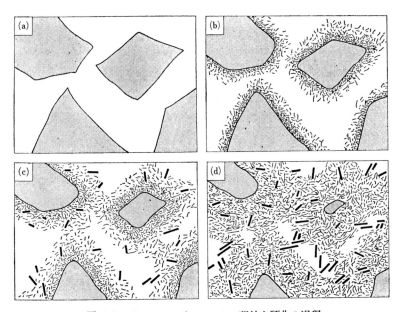

図 5·1　ポルトランドセメントの凝結と硬化の過程
(H. F. W. Taylor, 1964)

セメントと水とをねりまぜたものをセメントペースト (cement paste), これに細骨材 (粒径 5 mm 以下の砂) がはいったものをモルタル (mortar), これにさらに粗骨材 (じゃり) がはいってきたものをコンクリート (concrete) という. ペースト, モルタル, コンクリートがかたまったときの強度は, 水とセメントの量比 (W/C 比) によって支配され, この比が小さいほど, 硬化体の強度は大きくなる.

ポルトランドセメントに W/C 比 0.3～0.7 の水を加えかきまぜると, わずかな発熱とともにペーストになるが, しだいにやわらかさを失なってかたまってくる. これはセメント粒子を構成しているクリンカー鉱物が水と反応して新しい組織を発達させるためで, このような段階を凝結 (setting) という. 凝結の程度をみるには, かたまりつつあるペーストに一定重量の針をいれて, そのはいりぐあいを測定して目安とする. ふつう, セメントの凝結は, 水とかきまぜはじめてから 2 時間前後ではじまり 4 時間程度でおわるが, なるべく始発がおそく終結がはやいほうが, 使用するうえに便利である.

凝結はおわりかたまっても, あまり強度はないが, やがてゆっくり硬くかたまり強度がでてくるようになる. このような段階を硬化 (hardening) という. ふつうはモルタルを適当量の水でねり硬化させ, 一定期間たってから強度試験を行う.

セメントの硬化体は, セメントと水との混合物から, 水和によって水をうばいとって生成したセメントゲル (cement gel) によって構成されている. このセメントゲルはきわめて微細な結晶の集合体で, セメントの約 700 倍という大きな表面積をもち, セメントの約 2 倍の体積にふくれあがって水のしめていた空間をうめ, 密度の高い硬化体をつくるのである.

じっさいに工事にあたっては, ペーストよりも骨材をふくむモルタルやコンクリートのほうがよく使われている. 骨材は価格の安いまぜものという役割だけではなく, 長い期間をかけて硬化が進み, 乾燥によってセメントゲル中の水分が失なわれるさいの, 収縮を緩和する役割をもっている. W/C 比を流しこみに必要な最小限度におさえることも, 乾燥収縮の低減におおいに役だつ.

5・1 凝結試験と強度試験

セメントをモルタルやコンクリートとして使用する場合，そのかたまる時間がはやくてもおそくてもふつごうを生ずる．日本工業規格 JIS R 5201 (セメントの物理試験方法) では，すべてのセメントが 20 ± 3°C，湿度 80 % 以上において，60 分以後に凝結しはじめ，10 時間以内に凝結がおわらなければならないとして，その測定方法をさだめている．ただし，早強ポルトランドセメントだけは，45 分以内に凝結がはじまらなければならない．

試験装置は図5・2 に示すようなビカー (Vicat) 針装置をもちいる．まず，加える水量は W/C 比 0.27〜0.30 とし，セメントペーストをつくる．この水量は標準的軟度に必要と思われる水量で，すべり棒の先端につけた標準棒 (直径 10 ± 0.2 mm) をペースト中にしずかに降下させ，棒の先端と底板との間隔が 6 mm になったペーストを，標準軟度ペーストとする．

凝結の始発 (initial set) は，標準棒を始発用標準針 (直径 1.13 ± 0.05 mm) にかえ，すべり棒の上端に円板をのせ，降下する全重量を 300 g とし，セメントペースト中にしずかに降下させる．針の先端と底板との間隔がおよそ 1 mm のところでとまるとき，注水してからの時間を，始発時間とする．終結 (final set) は，終結用標準針 (直径 1.13 ± 0.05 mm) をセメントペーストの表面にし

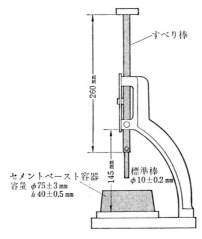

図 5・2　ビカー針装置

ずかに降下させ，ペーストの表面に針の跡をとどめるが，付属小片環(3±0.2mm)による跡を残さないようになったとき，注水したときからの時間を終結時間とする．試験結果の例を表5・1に示す．

表 5・1 ポルトランドセメントの凝結試験結果例

	室温 (℃)	湿度 (%)	標準軟度 水量(%)	始発時間 (時-分)	終結時間 (時-分)
普通セメント	20.9	98	26.1	2-26	3-34
早強セメント	20.8	98	27.2	1-58	3-08
中よう熱セメント	20.1	97	25.0	2-41	4-02

強度試験の結果は，モルタルによる曲げ強さ，引っ張り強さおよび圧縮強さによってあらわされる．JIS R 5201 (セメントの物理試験方法)のなかに規定されている試験方法の概要をつぎにのべる．

まず，曲げ試験の供試体にもちいるモルタルは，重量比でセメント1，標準砂2，W/C比0.65とする．1回にねりまぜる量は，セメント520g，標準砂1040g，水338gで，これは供試体の3個分のモルタルに相当する．モルタルのねりまぜは原則的には機械ねりとし，これができない場合は手ねりでもよい．3分間じゅうぶんにねりまぜたのち，このモルタルを図5・3に示すような成形型につめる．最初にモルタルを型わくの高さの1/2までつめ，所定の突き棒をもちいてその先端がモルタル中に約4mmはいる程度に全面にわたって突く．つぎにモルタルを型わくの上端までつめ，さきと同じよう

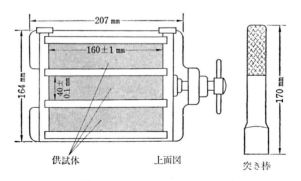

図 5・3 モルタル供試体成形用型

5 ポルトランドセメントの凝結と硬化

に突き棒をもちいて突き,最後に残りのモルタルを盛って約 5 mm の盛りあがりとし,湿気箱に入れる.モルタルをつめてから 5 時間以上をへたのち,供試体をいためないように注意して型の上の盛りあがりをけずりとり,その上面を平滑とする.型づめをおわってから 20 時間以上をへたのち,ていねいに型わくからとりはずし,水そうに入れ完全に水中にひたす.成形から浸水まで室温,水そうの温度は,$20 \pm 3°C$ とする.

　強度試験の供試体は,成形後,1 日(湿気箱中 24 時間),3 日(湿気箱中 24 時間,水中 2 日間),7 日(湿気箱中 24 時間,水中 6 日間),および 28 日(湿気箱中 24 時間,水中 27 日間)をへたのち,曲げ試験は各材令とも 3 個の供試体について行い,圧縮試験は各材令とも曲げ試験によって切断された 6 個の供試体の折片について行う.

　曲げ試験は,供試体を水中からとりだした直後に行うものとし,支点間距離 100 mm とし,供試体を成形したときの側面の中央に 5 kg/sec. の割合により荷重をかけ,最大荷量 w (kg または N)を求める.曲げ強さ b (kg/cm² ま

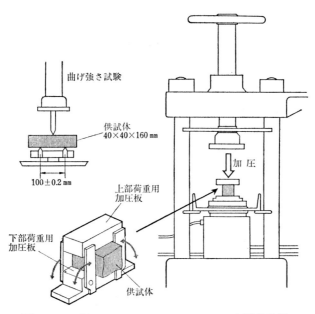

図 5・4　油圧式ペンジュラムダイナモメーター圧縮試験機

たは N/mm²) は，つぎの式により算出され，整数に丸める．

$$b = w \times 0.234 \qquad (5 \cdot 1)$$

圧縮試験は曲げ試験の直後に行う．まず，供試体を成形したときの両側面を加圧面とし，荷重用加圧板をもちいて供試体中央部に 80 kg/sec. の割合で荷重をかけ，最大荷重 w (kg またはN) を求める．圧縮強さ c (kg/cm² または N/mm²) は，つぎの式により算出され，整数に丸める．

$$c = w/16 \qquad (5 \cdot 2)$$

曲げ強さ試験機はミハエリス二重てこ形を標準としてもちい，その容量は 500 kg とする．圧縮強さ試験機は，その容量を 20 t, 10 t, 5 t, 2 t の 4 種に変更できる油圧式ペンジュラムダイナモメーター形を標準としてもちいる．図 5・4 に示すような圧縮強さ試験機で，曲げ強さ試験機をかねそなえているものもある．試験結果の例を表 5・2 に示す．また，ポルトランドセメントの種類別の圧縮強さ変化を図 5・5 に示す．

表 5・2　ポルトランドセメントの強度試験結果例

材令	曲げ強さ (kg/cm²)					圧縮強さ (kg/cm²)							
	1	2	3	平均	変動係数(%)	1	2	3	4	5	6	平均	変動係数(%)
3 日	31	30	29	30	2.2	119	117	115	112	118	115	116	2.0
7 日	49	48	47	48	1.9	225	217	218	221	212	215	218	1.9
28 日	72	72	69	71	1.7	398	383	379	390	387	392	388	1.6

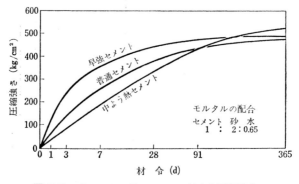

図 5・5　ポルトランドセメントの材令と圧縮強さ

5・2 凝結と硬化の機構

ポルトランドセメントの凝結,硬化は,いくつもの水和反応が平行しておこり,互いに影響しあって,おのおのの水和物組織が微妙に変化するため,その機構は単純なものではない.ふるくから多くの説が提示されているが,H. Le Chatelier (1882) は,セメント化合物がいったん溶解して,その過飽和溶液から難溶性の水和物結晶が密に析出し,これらのからみあいによる凝集力と付着力とで硬化するとする,焼きセッコウの水和,硬化のさいに見られるような溶解沈殿説をうちだした.いっぽう,W. Michaelis (1907) は,過飽和溶液からゲル状水和物が析出し,あまった水は未水和物粒子の水和によって吸引され,ゲルを構成するコロイド粒子は多くの空げきを残しながら乾燥,固化するという,いわゆるコロイド説をとなえた.

その後,セメントの水和反応について多くの研究が行われるとともに,その水和物組織についても多くの新しい事実が知られるようになった.すなわち,セメントは水とすみやかに反応するとともに,その粒子表面は析出したセメントゲルとよばれるゲル状水和物によっておおわれ,その後の水和反応は,このゲル状膜をとおして水が内部に拡散し,膜の内側に水和物層をつくる.また内部のセメントから溶解した成分は膜をとおして外部に拡散し,膜の外側にも水和物層をつくり,セメント粒子の消耗と水和物層の発達とがトポ化学的反応によって進行していることが,あきらかとなった.そして,このようにして発達したセメントゲルは,セメント粒子のあいだの空げきをしだいにうめ,結晶化しながら相互に橋わたしをして強度を発現するという考えかたが有力となっている.つまり,さきにのべた溶解沈殿説とコロイド説との両方をあわせた考え方である.

セメントに水を加えてかきまぜると,まずセメント粒子は水中に分散し,その過飽和溶液からきわめて比表面積の大きいゲル状水和物($200 \sim 400\,\text{m}^2/\text{g}$)が沈殿しはじめる.この沈殿粒子は高エネルギー状態から析出するため,少なくとも水和初期においては,その大きさは $10 \sim 100\,\text{Å}$ ($10^{-7} \sim 10^{-6}\,\text{cm}$) のオーダで,コロイド粒子の大きさに相当するためコロイド分散系をとるといわれている.

セメントペーストが流動性をおびてくるのは,コロイド粒子ははじめは分

散してブラウン運動を行っているが，しだいに水を吸収してふくれあがり，相互に接触しはじめる．粒子表面の液相どうしが，ファンデルワールス力に近い物理的吸着力によりゲル状に凝集し，ペーストの可塑性増大に寄与するためである．したがって，界面活性剤 (surface active agent) の添加により粒子間の凝集をさまたげ，ペーストの流動性を長びかせることも可能である．

　セメントと水とがかきまぜられると，セメント粒子は水中に分散し，エーライトとビーライトの水和がはじまり，遊離する $Ca(OH)_2$ の濃度は飽和ないし過飽和に向かう．しかし，どうじに溶解したセッコウとアルミネートとの反応がすみやかに進み，セメント粒子のまわりを，まずエトリンガイトでおおってしまうため，水和は抑制され誘導期にはいる．C_3A がエトリンガイト $C_3A\cdot 3CaSO_4\cdot 32H_2O$ となると，水の吸収により表面積は急増し，30分後にはもとの容積の約10倍となる．したがって，セメントペーストが可塑性を失なって凝固するまでのレオロジカルな性質を支配しているのはエトリンガイトである．エーライトはアルミネートほどの大きな影響力はないが，水和開始後30分後にはその約5％が水和し（図4・3参照），約 250Å の厚さの C-S-H ゲル膜がセメント粒子をおおう．水とかきまぜてから2〜4時間たつと誘導期はおわり，ペーストは流動性を失ないかたまってくる．すなわち，この段階でセメント粒子をおおっていた水和物層は，内側と外側とのイオンの浸透圧の差によって破られ，ふたたび内側の未水和部分が活発に水和をはじめる．ここで C-S-H ゲルの生成量は急速に増大し，水を吸収しながらセメント粒子間の空げきをうめ，薄片状，繊維状，針状の微結晶に成長し，大きな表面エネルギーで互いに凝集し，凝結期を迎えるのである．

　セメントの凝結，硬化の過程は，さきの図5・1に示した4段階のモデルから説明することができよう．まず，(a)は未水和セメント粒子の水中への分散を示す．セメント粒子は 20〜30μm の大きさの角状粒子が多く見られる．(b)は水とまぜてから数分後の状態で，水和物ゲルはセメントの表面をすみやかにおおいはじめている．その大きさは 10〜100Å オーダのコロイド粒子である．(c)は数時間後の状態で，セメントゲルの層はさらに厚みを増し，他のゲル層と接合して，凝結に向かっている．液相は Ca^{2+}, Na^+, K^+, OH^-, SO_4^{2-} によって飽和され，すでに 1μm ぐらいの長さの $Ca(OH)_2$ 柱状結晶の析出

が見られる．(d)は数日後の状態である．セメント粒子の消耗とともにゲル組織はさらに発達し，互いに接合しながら硬化しようとしている．ゲルはコロイド的凝集体からさらに強い結合に変化していく．すなわち，ファンデルワールス結合，水素結合，電荷の不均一分布にもとづくイオン結合，Si–O–Si 結合のような共有結合などの形成により，硬化体の強度はいちじるしく向上するものと考えられる．

5・3 硬化ペーストの組織

セメントが水と反応して生成する水和物には多くの種類があるが，ぜんたいとしてコロイド粒子の大きさの微結晶があつまってゲル状をていすることから，セメントゲルとよばれているのである．たとえば，低結晶性の CSH (Ⅱ)は，トバモライトゲルともよばれているが，X線回折強度は弱いながらも原子配列の周期性を示しており，非晶質ではない（図4・15参照）．しかし，その比表面積は $100 \sim 300 \text{ m}^2/\text{g}$，その結晶粒子の大きさは $50 \sim 200 \text{ Å}$ となり，コロイド粒子の大きさに相当するところから，ゲルとよばれているのである．

セメントペーストの強度発現は，生成する C–S–H 相の構造や組織から論ぜられることが多い．水和初期に生成するねじれた薄片状の CSH(Ⅰ)は水和進行中に生成する準安定相であり，あとで変化する繊維状の CSH(Ⅱ)のからみあいが強度発現の理由であるといわれたことがあるが，現在では否定的である．もう一つはゲル粒子間の Si–O–Si 結合による橋わたしによる硬化という考え方である．C–S–H ゲルは乾燥にともない，つぎのような $Si(OH)_4$ の脱水縮合がくりかえされ，鎖状，層状，3次元網状のケイ酸基が生成し，これらの連結が強度発現の原因であるという説もあるが，この結論もまだはっきりしていない．

$$—Si—OH \quad OH—Si— \longrightarrow —Si—O—Si— + H_2O\uparrow \qquad (5\cdot 3)$$

F. Tamás (1976) は，薄層クロマトグラフィーによりセメントゲル中のケイ酸基の形態を研究し，C_3S と $\beta\text{-}C_2S$ のペーストから多量の二量体 (Si_2O_7)，少量の線状三量体 (Si_3O_{10}) と環状四量体 (Si_4O_{12}) をふくむことを報告してい

る．長期材令では，硬化ペースト中の SiO_4 の連結は平均 10〜15 程度の鎖状であると考えられている．

硬化ペーストの組織は，未水和セメント粒子，低結晶性のセメントゲル，ゲルにうまっているやや大きな $Ca(OH)_2$ 結晶および細孔空げきよりなる(図 5・1 参照)．これらのうち，細孔空げきは未水和セメント粒子間に存在する 0.1〜1000 μm の大きさの毛細管空間 (capillary space)，ゲル中に存在する約 20 Å の大きさのゲル空孔 (gel pore) とに大別される．水和の進行によって毛細管空間は，ゲルによってしだいにうめられて減少し，ゲル空孔は増大していく．ほとんどの水和が終了した硬化体では，ゲルがほぼ 1/2，$Ca(OH)_2$ が 1/4，残りの 1/4 がゲル空孔となるが，これらはかならずしも均一ではない．

ポルトランドセメントが完全に水和したときの水分は，結合水が 25％，ゲル空孔にふくまれる水が 15％，計 40％ であるといわれている．毛細管空間中にある水分は乾燥によってとり去ることができるが，ゲル空孔中にある水はゼオライト水のような形態で，ゲルと弱い結合力でつながっているため，蒸発しにくい．

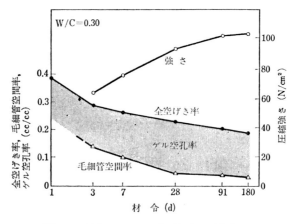

図 5・6 硬化ペーストの空げき率と圧縮強さ
K. Takemoto et al., 7th Intnl. Cong., Chemistry of Cement, Paris (1980).

図 5・6 は硬化ペースト中の空げき率と圧縮強さとの経時変化を示したもので，毛細管空間は水和反応の進行とともに生成するゲルの増大によりうめら

れて，ゲル空孔だけが残っている．当然のことながら，空げき率が減小するほど硬化ペーストの強度は増大する．

図5・7に示したモデルからも知れるように，空げき率の多少はW/C比により大きく影響する．水をたくさんもちいると反応ははやくなり強い硬化体がえられるという考え方は間違いであるが，いっぽうなるべくW/C比を小さくして初期空げき率を少なくすると，誘導期における流動性が低下し作業がしにくくなる．一般的にはW/C比0.5～0.6が適当といえよう．

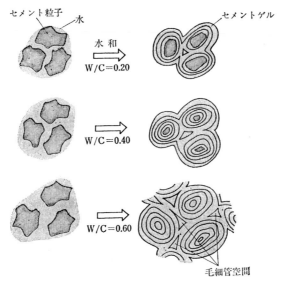

図5・7　W/C比と空げきの生成

普通ポルトランドセメントの強度発現の過程をみると，3日で約20％，1週間で約40％，1か月で約80％，3か月で約90％と，きわめておそく，その間に生成したセメントゲルは，硬化体の空げきを少しずつうめていく．したがって，硬化体が乾いて空げき中の水がなくなってしまうと，水和反応も硬化もとまってしまう．じゅうぶんに硬化させるには，硬化体を乾かないよう水分をあたえておくことが必要で，これを養生 (curing) とよんでいる．

硬化ペーストの組織を図5・1よりもさらに詳細にえがいてみたのが図5・8である．ここでのIII-CSH，I-CSHの識別は，S. Diamond (1976)の分類

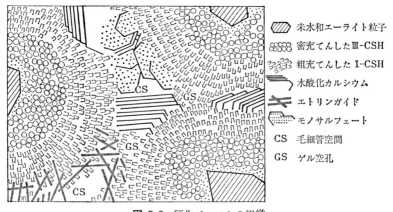

図 5·8 硬化ペーストの組織
内川 浩, セメントコンクリート, No. 407, 49 (1981).

によっている．水酸化カルシウム，エトリンガイトは未水和粒子から離れて，毛細管空間に析出している．

5·4 凝結に影響をあたえる要因

セメントの性質のなかで凝結時間の調制は，もっとも重要な性質の一つである．凝結はペースト中へのビカー針の侵入の度あいによってきまるが，その度あいもすべてセメントの水和反応と密接な関係があり，化学反応速度に影響する要因は，すべて凝結に影響をあたえる要因となる．

ポルトランドセメントの凝結にもっとも大きな影響をおよぼすクリンカー鉱物はアルミネート C_3A で，水とねりまぜ中にはげしく水和し，$C-A-H$ ゲルの急増により急結してしまう．そこで，あらかじめ 3～5％ のセッコウ $CaSO_4 \cdot 2H_2O$ を添加しておくと，C_3A は $Ca(OH)_2$ 溶液の存在下にセッコウとすみやかに反応し，生成物のエトリンガイト $C_3A \cdot 3CaSO_4 \cdot 32H_2O$ によってとりかこまれて，その後の水和反応は抑制される．そして 2～5 時間後には，エーライト C_3S やビーライト C_2S の水和による $C-S-H$ ゲルの析出，凝固により正常な凝結がおこるのである．

この項では，おもにポルトランドセメントの凝結におよぼすセッコウなどの添加剤の影響，セメント製造中のセッコウの脱水に起因するぎ凝結などに

ついてのべる.

5·4·1 セッコウの添加

一般にポルトランドセメントの凝結をおくらせるためには, 全部の C_3A をエトリンガイトに変えてやる必要はない. 水和2～5時間後にはじまるエーライトなどの本格的水和開始までもちこたえられればよいのである. 20°Cで最大強度をえるためのセッコウ添加量は, C_3A がすべてエトリンガイトに変化するに必要な量の約1/4であり, モノサルフェート $C_3A\cdot CaSO_4\cdot 12H_2O$ に変化するに必要な量の約3/4である. したがって, ポルトランドセメント中の C_3A は8～9%であるから, セッコウの添加量は SO_3 として1.8～2.0%, $CaSO_4\cdot 2H_2O$ として3.8～4.3%でじゅうぶんである. しかし, ポルトランドセメントに加えられるセッコウは, 凝結を緩和するだけでなく短期強度を高め, 乾燥収縮を減じ, 化学的抵抗性を向上するなどの効果が知られている. したがって, 現在ではセッコウは凝結をおくらせるに必要な量以上に加えるべきであるということが, 多くの研究者によって支持されている.

ポルトランドセメントに対するセッコウの凝結遅延効果を, 図5·9に示す.

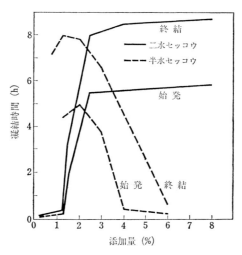

図 5·9 ポルトランドセメントの凝結におよぼす
　　　セッコウ添加の影響
F. W. Lea, "The Chemistry of Cement and Concrete", Edward Arnold Ltd. (1970) p. 298.

二水セッコウの場合は2.5％以上の添加では凝結時間はほとんど一定となる．半水セッコウの場合は溶解度が大きく（図2・33参照），2％程度までの添加では二水セッコウと同じような遅延作用を示すが，5％以上添加すると過飽和溶液からいっきに二水セッコウが析出し凝結する．

ポルトランドセメントの硬化ペーストは，セメントゲルの水の吸収により誘導期のおわりまで，わずかに膨張を示すが（水和6.5時間で0.22％），その後はセメントゲルの乾燥にともない収縮に転ずる．

この収縮はモルタルやコンクリートのひび割れをもたらす最大の欠点で，骨材の混合によって収縮緩和をもたらしているのである．すなわち，ポルトランドセメントの比重を3.17とし，完全に水和に必要なW/C比を0.28とし，比重2.2の水和物に変わったとすると，水和反応により約2.6％の体積減小を生ずるという計算結果がえられる．

一般にセメントの水和反応において生成するセメントゲルの体積は，もとのセメントのそれの約2倍にふくれあがるのであるが，セメントゲルはセメント粒子と自由水の減小によってできる空げき中に析出するため，それほど大きな体積変化はないのである．

じっさいに硬化ペーストの材令と収縮率との関係を求めてみると，つぎの表5・3のようになり，セッコウの添加により収縮をかなりおさえることができる．これはさきにのべたようにアルミネート相のC_3Aとセッコウとが反応してできるエトリンガイト針状結晶の成長圧により，セメント粒子間や水和物間をおしひろげるためと説明されている（4・2・3項参照）．セッコウの添加最適量は最高強度と最低収縮率を示すところにあり，さらにC_3Aとアルカリの量によってさだまる．

表5・3 硬化ペーストの収縮率（％）

セメント		材令（日）			
		1	7	28	100
普通ポルトランドセメント	1	2.8	4.8	6.0	6.9
	2	1.7	4.4	—	6.3
セッコウが添加されていない	3	2.7	8.0	8.6	8.7
普通ポルトランドセメント	4	2.6	6.3	7.5	7.6

5・4・2 凝結時間の調制

セメントの水和は化学反応であるので,温度によっていちじるしく影響される.結果の一部を表5・4に示す.

表 5・4 普通ポルトランドセメントの試験温度と凝結時間との関係

試験温度 (℃)	湿度 (%)	W/C 比	始発 (時-分)	終結 (時-分)
5	91	0.25	8 - 10	10 - 35
10	91	0.25	5 - 03	7 - 28
15	84	0.25	2 - 13	3 - 38
20	94	0.26	1 - 41	2 - 48
25	86	0.26	1 - 35	2 - 30
30	86	0.26	1 - 11	2 - 06

L. Forsen (1938) はカルシウム塩,ナトリウム塩による凝結遅延剤の作用を図5・10のように示し,その関係曲線からⅠ,Ⅱ,Ⅲ,Ⅳの4種のタイプに大別した.セメントの水和を抑制することは,C_3A や C_3S の溶解をおさえることである.図5・10において,$CaSO_4 \cdot 1/2 H_2O$ 以外の化合物は,いずれも Al_2O_3 分の溶解度を上げるか下げるかして,凝結を促進したり遅延したりする作用をあらわす.まず,Ⅰは $CaSO_4 \cdot 2H_2O$ で代表されるもっとも一般的

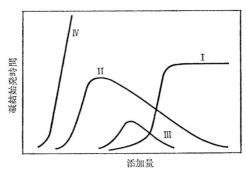

図 5・10 凝結遅延剤の作用
Ⅰ　$CaSO_4 \cdot 2 H_2O$, $Ca(ClO_3)_2$, CaI_2
Ⅱ　$CaCl_2$, $Ca(NO_3)_2$, $CaBr_2$, $CaSO_4 \cdot 1/2 H_2O$
Ⅲ　Na_2CO_3, Na_2SiO_3
Ⅳ　Na_3PO_4, $Na_2B_4O_7$, Na_3AsO_4, $Ca(CH_2COO)_2$

な凝結遅延曲線で，C_3A との量的関係から最適添加量が存在する．IIは適当量の添加では遅延するが，加えすぎると促進に転ずる曲線である．たとえば，$CaCl_2$ は凝結促進剤として知られており，少量の添加では $C_3A\cdot CaCl_2\cdot 10H_2O$ のような複塩をすみやかに生成し，セッコウと同じ機作により凝結を遅延させるが，ねりまぜ用の水を 1～2％ $CaCl_2$ 水溶液に代えると，溶解度の大きい $xCaCl_2\cdot yCa(OH)_2\cdot 2H_2O$ ができて遊離 $Ca(OH)_2$ を溶解するためエーライトの水和は促進され，凝結時間は約 1/2 にちぢまる．したがって，寒冷期や緊急のコンクリート工事用の凝結促進剤として広くもちいられている．しかし，近年は 1 日圧縮強さ 200 kg/cm² を満足するような超早強セメントもあらわれているので，強いて $CaCl_2$ を使用する必要もなくなっていることも事実である．$CaCl_2$ と同じような効果は，NaCl，$MgCl_2$ ももつが，いずれも Cl^- の存在により鉄筋をさびさせるという欠点もでてくる．

NaOH は C_3A，C_3S とすみやかに反応して多量の C–A–H，C–S–H ゲルをいっきに生成，凝固するため，セメントは急結する．しかも，これらのゲルはエーライト，ビーライトのその後の水和をさまたげ，長期強度をいちじるしく低下させる欠点をもち，このましくない．III の Na_2CO_3 や Na_2SiO_4 は $Ca(OH)_2$ と反応して NaOH を生ずるので，急結剤となりコンクリートの水もれの補修などにもちいられる．IVはセメントの凝結を無限にのばし，硬化を不能とする．

有機化合物の添加は，その分子やラジカルがセメント粒子の活性表面に吸着したり，Ca^{2+} と反応して可溶性錯体をつくりセメントゲルの安定領域を変えるなど，セメントの凝結に影響をあたえるものが多い．ショ糖は 0.15％ ぐらいまでは，適当量の C–S–H ゲルによってエーライトの水和がさまたげられ，0.15％ 添加で始発 11 時間，終結 48 時間のように凝結がおくれるが，さらに多量に加えていくと，ゲルの生成量がふえすぎて急結に転ずる．たとえば，0.5％ 添加では始発 18 分，終結 26 分となる．

減水剤としてよく知られているリグニンスルホン酸カルシウムは，セメント粒子表面によく吸着し水に対する分散性をたかめ，必要水量を減小させるとともに，その水和をさまたげ，少量で遅延効果がある．また，オキシカルボン酸系遅延剤は，オキシカルボン酸分子が，Ca^{2+} と結合して強いキレート

膜を形成し C_3S の表面に吸着し，エーライトの水和を遅延させるものと考えられている．

5・4・3 異常凝結

正常な凝結は始発1時間以上，終結10時間以内であり，この範囲をはずれるものは異常凝結 (false setting) ということになる．ポルトランドセメントにセッコウが添加されていないと，C_3A の活発な水和により C_3AH_6 がすみやかに生成して，数分以内に急結 (flash setting) をおこす．しかし，セッコウを添加したセメントにおいても，水和初期のペーストのこわばり (stiffening) が異常に大きく，あたかも凝結したかのような状態を示すことがある．これは見せかけの凝結という意味でぎ凝結とよばれている．ぎ凝結の原因としてはいろいろと考えられるが，そのなかで影響の大きい要因として，セメント製造時の仕上げミル中でのセッコウの脱水，貯蔵中のセメントの風化などがある．

仕上げ工程でクリンカーに混合されるセッコウは，二水セッコウ ($CaSO_4 \cdot 2H_2O$) であるが，仕上げミル内で鉄ボールの摩擦や衝撃作用による発熱が蓄熱され，100°C ぐらいから脱水しはじめ 150°C 付近になると半水セッコウ ($\beta\text{-}CaSO_4 \cdot 1/2H_2O$) となり，また，一部は無水セッコウ (III-$CaSO_4$) のレベルまで脱水されることもある．これらの半水セッコウや III-無水セッコウは，水でねると，急速に水和し二水セッコウにもどりながら凝結，硬化する性質がある（図5・9参照）．したがって，これらはセメントペースト中においても，ただちに水和しぎ凝結をおこす．セメントのぎ凝結はペーストのかきまぜ時間とも関係がある．かきまぜ中にぎ凝結によるこわばりを生じても，さらにねりつづけると，このこわばりは破壊され正常の凝結にもどる．これをねり殺しとよんでいる．

いっぽう，ポルトランドセメントを長時間貯蔵すると，セメント化合物が風化し，セメント中にふくまれるアルカリが大気中の CO_2 と反応して炭酸アルカリとなる．水とまぜると $Ca(OH)_2$ と Na_2CO_3 とが反応して $CaCO_3$ を生成し，液相中の Ca^{2+} 濃度が低下するため，セメントの水和は促進され，ぎ凝結がおこるのである．

5·5 水和熱

ポルトランドセメントを水でねると,水和反応がおこり発熱する.この熱を水和熱 (heat of hydration) という.セメント化合物の水和反応にともなう生成熱については,表4·1を参照されたい.また,初期水和段階の発熱速度については,C_3S ペーストの場合を図4·6に,セメントペーストの場合を図4·26に,それぞれ示したが,いずれの場合も水和開始直後の急速な発熱と,2〜5時間後の凝結に相当するゆるやかな発熱の2大ピークが存在することがたしかめられている.このようにセメントは凝結,硬化の過程で発熱するが,その発熱量はセメントの組成,粉末度,W/C比などによってかなり異なる.

セメント化合物の水和熱は,研究者によってデータが多少ちがうが,ほぼ,つぎのような値をとるものと考えられる(表4·3参照).

$$C_3S \ \ 120, \ \ \beta\text{-}C_2S \ \ 62, \ \ C_3A \ \ 207, \ \ C_4AF \ \ 100 \ \ (\text{cal/g})$$

C_3A はセッコウと反応してエトリンガイトを生成するので,この発熱反応を補正すると,C_3A の水和熱は 325 cal/g となる.ポルトランドセメントが水と完全に水和すると,125 cal/g の熱を発生すると考えられている.セメント化合物の材令と水和熱との関係を図5·11に示す.このほかに遊離 CaO が存在すると,3日 3.40,28日 3.31,1年 3.64 cal/g の発熱が加わる.

ダム工事のようなマスコンクリートを施工する場合,発生した熱はコンク

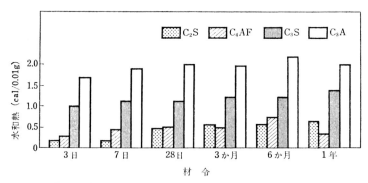

図 5·11 セメント化合物の水和熱 (H. Woods et al., 1932)

リートの熱伝導率が低いため内部に蓄熱され，硬化のさい膨張し冷却のさい収縮することにより，ひび割れなどが発生しやすくなる．したがって，水和熱の大きい C_3A や C_3S の量を減らした中よう熱ポルトランドセメントがもちいられる．逆に寒冷地ではセメントに水をまぜると，水がこおって硬化をさまたげるので，水和熱の大きい C_3A や C_3S の量を増した早強ポルトランドセメントをもちいることにより，コンクリートの温度低下を防ぐことが可能である（表 3·5 参照）.

セメントの水和熱の測定方法は JIS R 5203（セメントの水和熱測定方法）により，図 5·12 に示すような断熱熱量計 (insulated calorimeter) をもちいる．概要をのべると，室温より約 5°C 低い 2N HNO_3 400 g を熱量計の真空びんに入れ，これに 48% HF 8 ml を加え，さらに 2N HNO_3 を加えて内容液を 425 ± 0.1 g とする．広口真空びんを装置に入れ，ベックマン温度計，かきまぜ棒，ロートなどをセットし，液をかきまぜる．20 分後にベックマン温度計の目盛りを読み，普通温度計に換算した温度 t'_c(°C) を求める．あらかじめ

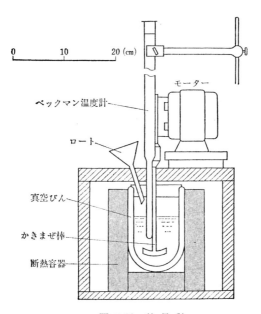

図 5·12 熱 量 計

0.001gまで正確にはかりとった7g(w)のZnOを室温t_c(°C)でロートから入れる。ZnOを入れはじめたとき,入れはじめてから20分,40分たったときの,それぞれのベックマン温度計の読みをθ_0, θ_{20}, θ_{40}とする。これらの結果からつぎの式によって熱量計の熱容量c (cal/°C) を求める。

$$c = \frac{w\{256.1 + 0.1(30-t'_c) + 0.12(t_c-t'_c)\}}{r} \tag{5・4}$$

ここにrは補正温度上昇(°C)で,$r = (\theta_{20}-\theta_0) - (\theta_{40}-\theta_{20})$から求まる。

つぎに熱容量測定の方法に準じ,ZnOの代わりに0.001gまで正確にはかりとった未水和物セメント3gを溶解し,その結果からつぎの式によって溶解熱h_1 (cal/g) を求める。

$$h_1 = \frac{r_1 c}{w_1} - 0.2(t_1-t_1') \tag{5・5}$$

ここにw_1は未水和セメントを900～950°Cで90分間強熱したのちの状態に換算した重量(g),t_1は未水和セメントを入れるときの室温(°C),t_1'は未水和セメントを入れはじめてから20分たったときのベックマン温度計の読みを普通温度計の読みに換算した温度(°C),r_1は補正温度上昇(°C)で,ZnOの場合に準じて求める。

つぎにセメント125.0gに水50mlをピペットで加え3分間じゅうぶんにねりまぜ,このセメントペーストを4個以上の養生用ガラスびんに,ほぼ同量ずつ入れ,完全に密封して試験のときまで20±1°Cの水中にたもつ。試験にさいしては,このガラスびんを割り,水和したセメントを鉄乳ばちで手ばやく粉砕し,標準網ふるい840μmを通過させ,0.001gまで正確にはかりとった水和セメント4.2gを,未水和セメントの場合に準じて溶解し,溶解熱h_2 (cal/g) をつぎの式から求める。

$$h_2 = \frac{r_2 c}{w_2} - 0.4(t_2-t_2') + 0.3(t_2'-t_1') \tag{5・6}$$

ここにw_2は水和セメントを900～950°Cで90分間強熱したのちの状態に

換算した重量 (g), t_2 は水和セメントを入れるときの室温 (°C), t_2' は水和セメントを入れはじめてから 20 分たったときのベックマン温度計の読みを普通温度計の読みに換算した温度 (°C), r_2 は補正温度上昇 (°C) で未水和セメントの場合に準じて求める.

最後にセメントの水和熱 h (cal/g) は, つぎの式により求められる.

$$h = h_1 - h_2 + 0.1(20.0 - t_1') \tag{5・7}$$

結果はすべて小数点以下1けたに丸める. セメントの水和熱は, 7日, 28日の材令について測定を行う. 測定例を表 5・5 に示す.

表 5・5 ポルトランドセメントの水和熱測定例

	溶解熱 (cal/g)	水和熱 (cal/g)		
		7日	28日	91日
普通セメント	614.2	71.7	87.7	96.3
早強セメント	610.4	81.1	95.1	101.9
中よう熱セメント	598.7	59.0	75.5	84.0

5・6 強度の発現

セメントペーストの強度発現は, 凝結におよぼす要因と同じように, セメントの組成, 粒度, W/C 比, 水和温度などの要因が大きな影響をあたえる. まず, 構造的な要因を考えてみよう.

セメントペーストの強度は, 未水和セメント粒子とセメントゲルとの接着により発現する. その接着力の本質については多く議論があり, いまだはっきりとした結論はえられていないが, 初期の吸着力, ファンデルワールス力, 水素結合のような弱い結合から, 硬化段階では CSH(Ⅱ) のような繊維状水和物が2本以上接触した場所に Si-O-Si の強固な橋わたしが生ずる可能性もじゅうぶんある.

凝結の終結期となると, 硬化ペーストの体積はその後ほとんど変わらなくなる. 完全に水和した硬化体では, その約 1/2 はセメント粒子のしめていた空間で, 残りの 1/2 は水のしめていた空間である. セメントゲルはセメント

粒子と水の消耗にともない，両者のしめていた空間に成長し，セメント粒子のしめていた空間の2倍までふくれあがり硬化がおわる．このさい，W/C比が0.38とすると，セメントゲル中には28％の空げき(20Å以下の大きさのゲル空孔)が残るといわれる．つまり，セメント硬化体は大きく分けて，未水和セメント粒子，セメントゲル，空げきの三つからなり，その量的割合が強度の大小を左右すると考えてよい．

5·6·1 セメントの組成と強度

セメント硬化体の強度は，セメント中のクリンカー鉱物の水和と密接な関係にある．しかし，図4·3～4·5のセメント化合物の水和率曲線と強度曲線を対比してみると，C_3A や C_4AF は水和率はかなり高いが強度の増加にはあまり寄与していない．これらに対して C_3S と C_2S となると，水和とともに強度増大はめざましく，短期強度は C_3S に，長期強度は C_2S によって支配されることはあきらかである．

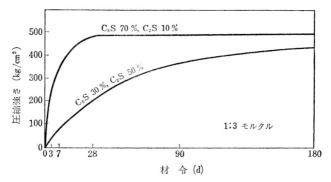

図 5·13　ポルトランドセメントの組成と強度
H.F. W. Taylor, The Chemistry of Cements, Vol. I, Academic Press (1964), p. 6.

図5·13は，C_3S と C_2S の含有量の異なる2種のポルトランドセメントからつくったモルタルの圧縮強さの変化を示している．この図からもあきらかなように，材令28日までの強度は C_3S の含有量の関数であり，28日から6か月までの強度は，ほぼ C_2S の含有量と直接関係がある．

セッコウは，ポルトランドセメントの凝結遅延剤として使われているが，いっぽう，エーライトの水和を促進し，セメントの初期水和を増大させる役

割ももっている．たとえば，材令28日の圧縮強さで比較すると，セッコウをSO_3として1.0, 2.0, 2.5, 3.5％をふくむ普通ポルトランドセメントで，それぞれ248, 312, 308, 283 kg/cm² となり，最大強度を示す添加量2.0％，$CaSO_4 \cdot 2H_2O$ として4.2％が最適量ということになる．

5・6・2 粉末度

細かく微粉砕されたセメントは，水との接触面積が大きいので水和もはやくなり，とくに短期強度が増加する．コンクリートやモルタルにおいて，微細なセメントは骨材と均一に混合され，骨材間の結合を強固にするため，強度は増大する．しかし，セメントをあまり細かく粉砕しすぎると，注水と同時にアルミネートがいっきょに水と接触するため，セッコウがたちまちなくなり，モノサルフェートへの変化もはやく，モノサルフェートと C-A-H ゲルがエーライト粒子を包んで，水和をさまたげる．このようなセメントを"水をくうセメント"とよび，強度も低くなる．対策としてはセッコウの添加量を増す以外にない．

では，どの程度の粉末度 (fineness)，粒度分布 (grain size distribution) がよいのかというと，まだ，はっきりとした結論がえられていない．経済的にも微粉砕はおのずから限界がある．

表5・6は，J. A. Swensonら(1935)によって測定された普通ポルトランドセメントクリンカー粉砕物の粒度組成を示している．これによると，微小な粒子に C_3S の含有量が高く，大きな粒子に C_2S の含有量が高い傾向がみとめられる．これは C_3S のほうが C_2S よりもやわらかく，粉砕しやすいこと

表5・6 セメントクリンカー粉砕物の粒度別組成

粒度別 (μm)	強熱減量 (%)	組成 (%)				セメント化合物 (%)			
		SiO_2	CaO	Al_2O_3	Fe_2O_3	C_3S	C_2S	C_3A	C_4AF
全	2.4	21.0	65.5	6.9	3.7	56	19	12	11
0～7	6.4	20.3	65.3	7.3	3.6	59	14	13	11
7～22	2.5	20.4	65.8	7.1	3.5	62	11	13	11
22～35	1.5	21.2	65.5	7.2	3.6	52	22	13	11
35～55	1.1	21.1	64.8	7.4	3.7	49	24	13	11
55以上	0.9	21.1	64.4	7.5	3.7	47	25	14	11

に起因しているのであろう．C_3A や C_4AF には粒度別含有量にほとんど差が見られない．

　セメントの強度は水和の進行にともない増大していくが，径 15〜20 μm の大きさのセメント粒子の表面から内部に向かって進行する水和層の厚さは，材令 1, 7, 28, 98 日で，それぞれ 0.5, 1.7, 3.5, 5 μm であるという．

　セメントの水和速度は，セメント粒子と水との接触面積によって左右されるので，一般的には粒度よりも比表面積 (specific surface area, 表面積 cm^2/単位重量 g) であらわすほうが便利である．JIS R 5210 (ポルトランドセメント) によれば，比表面積 (cm^2/g) を，普通セメントで 2500 以上，早強セメントで 3300 以上，中よう熱セメントで 2500 以上とそれぞれ規定している．セメントの比表面積試験は，JIS R 5201 (セメントの物理試験方法) のなかでさだめられているブレーン方法 (Blaine method) によって求めている．なお，セメントの標準網ふるい 88 μm 残分を知りたいときは，JIS R 5201 の網ふるい試験によって求める．

　ブレーン方法は，ベッド (bed, 粉末圧縮体) に空気を通過させ，その透過性から粉末，表面積を測定する方法で，その原理はつぎのように説明できる．すなわち，比表面積 S (cm^2/g)，密度 ρ (g/cm^3) を有する粉末を，空げき率 e に圧縮した断面積 a (cm^2)，高さ l (cm) のベッドのなかに，粘性係数 μ (poise) の空気を v (cm^3) だけ時間 t (sec.) に通ずるために，空気 P だけの圧力 (g/cm^2) を加える必要があるとすると，つぎの式がなりたつ．

$$S = \frac{14}{\rho(1-e)} \sqrt{\frac{e^3 t a P}{\mu v l}} \qquad (5\cdot8)$$

　ブレーン方法では図 5・14 に示すような装置により，セルをマノメータからはずし，その底部に有孔金属板およびろ紙をおき，その上に試料を入れ，試料の上面に別のろ紙をおいてプランジャーをしずかに押し，そのつばをセルの上縁に密着させたのち，プランジャーをぬきとる．

　つぎにセルをマノメータの上部に密着させ，コックを開きゴム球をもちいて U 字管内のマノメータ液 (ジブチルフタレートまたは軽質鉱油) の液頭を A まで上げ，コックを閉じる．空気がセル中のセメントベッドを通じて流入し，

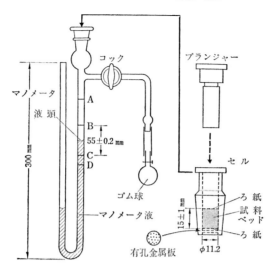

図 5·14 ブレーン空気透過装置

液頭がBからCまで降下する時間 t をストップウオッチをもちいて測定する．

セルにつめるセメント量 m は，$m = \rho v(1-e)$ から算出する．ここに ρ はセメントの比重，v はセル中のセメントベッドの体積(cm³)，e はセメントベッドの空げき率である．普通ポルトランドセメントの場合，$\rho = 3.15$，$e = 0.500 \pm 0.005$ である．

(5·8) 式において v, a, l, P を装置特有の定数とし，14 もふくめて K_4 とすると，

$$S = K_4 \frac{\sqrt{e^3 t/\mu}}{\rho(1-e)} \tag{5·9}$$

空げき率 e を一定とすると，

$$S = K_3 \frac{\sqrt{t/\mu}}{\rho} \tag{5·10}$$

空気の粘性係数 μ が一定であるような条件では，

$$S = K_2 \frac{\sqrt{t}}{\rho} \tag{5·11}$$

セメントの比重 ρ を一定とすれば，

$$S = K_1 \sqrt{t} \tag{5・12}$$

によって比表面積 S を求めることができる．

ブレーン方法においては，K_1, K_2, K_3, K_4 を計算によって求めずに，比表面積 S_0，比重 ρ_0，空げき率 e_0 のわかっている 標準試料セメントにより，さきの操作をくりかえして時間 t_0 を求め，試料の比較によって決定するのである．未知試料の比表面積 S は，つぎの式で求まる．

$$S_0 = \frac{\sqrt{e_0^3}}{1-e_0} \frac{\sqrt{t_0}}{\rho_0} \quad \text{（標準試料）} \tag{5・13}$$

$$S = \frac{\sqrt{e^3}}{1-e} \frac{\sqrt{t}}{\rho} \quad \text{（未知試料）} \tag{5・14}$$

$$\frac{S}{S_0} = \frac{\sqrt{e^3}}{1-e} \frac{\sqrt{t}}{\rho} \bigg/ \frac{\sqrt{e_0^3}}{1-e_0} \frac{\sqrt{t_0}}{\rho_0} \tag{5・15}$$

$$S = S_0 \frac{\rho_0}{\rho} \sqrt{\frac{t}{t_0}} \frac{1-e_0}{\sqrt{e_0^3}} \frac{\sqrt{e^3}}{1-e} \tag{5・16}$$

ただし，つぎのセメントについては，それぞれつぎの式によって算出する．

$$S = S_0 \sqrt{\frac{t}{t_0}} \quad \text{（普通ポルトランドセメント）} \tag{5・17}$$

$$S = 1.115 S_0 \sqrt{\frac{t}{t_0}} \quad \text{（早強ポルトランドセメント）} \tag{5・18}$$

$$S = 0.984 S_0 \sqrt{\frac{t}{t_0}} \quad \text{（中よう熱ポルトランドセメント）} \tag{5・19}$$

W. H. Price (1951) によって報告されたセメントの粉末度とコンクリートの強度との関係を図 5・15 に示す．

比表面積が 1800 から 2500 cm²/g となると，圧縮強さは材令 1 日で 50～100 %，3 日で 30～60 %，7 日で 15～40 %，それぞれ増加する．いっぽう，粒度別に考えると，3 μm 以下が材令 1 日強度を，3～25 μm が 28 日強度を支配するといわれる．微小粒子が多くなるほど，標準軟度のペーストをえるに必要な水の量は多くなる．すなわち，7 μm 以下の微小粒子の比表面積は，

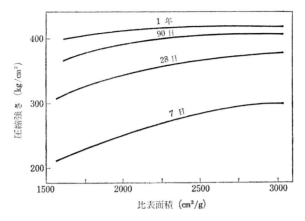

図 5・15 セメントの粉末度とコンクリートの強度

セメントのそれの 2〜3 倍となり，それだけ余分の水を保持するから乾燥収縮も大きくなる．7 μm 以下の粒度はぜんたいの 25〜30 % 以内がのぞましい．

微小な粒子ほど水和はすみやかで，残る未水和セメント部分も少ないはずである．したがって，1 日強度は多かれ少なかれ比表面積と直線関係にあるが，7 日強度以上となると，粒度分布の影響のほうが大きくなるものと予想される．仕上げミルの粉砕条件が重要な要因の一つとなってくるのである．

5・6・3　水セメント比

モルタルやコンクリートの強度は，配合や養生の条件が一定の場合は，水セメント比 (W/C 比) に逆比例する．W/C 比と強度との関係については，つぎのような法則が知られている．

$$S = K \left(\frac{C}{C+W+a} \right)^2 \qquad (5\cdot 20)$$

ここに C，W，a は混合物中のセメント，水，空気の体積，K は定数である．W/C 比 0.4〜0.8 においては，W/C 比と強度とのあいだには，逆比例の直線関係がみとめられる．

セメントの水和に必要な水の量はセメントの組成や粉末度によっても異なるが，ほぼ W/C 比 0.3 ぐらいで，これ以上の水は乾燥でとりのぞかれるが，セメントゲル中のゲル気孔中にゆるい結合状態でとどまっている．硬化ペー

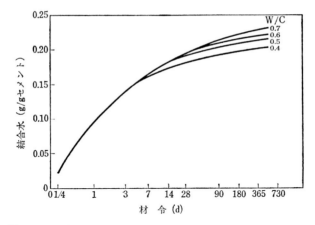

図 5・16 硬化ペーストの W/C 比と結合水 (H. F. W. Taylor, 1964)

ストの W/C 比と結合水との関係を, 図5・16に示す. 当然の結果ながら W/C 比が大きくなるほど結合水は大きくなり, セメントゲルの体積も大きくなって, それだけ密な構造体がえられにくくなる. 1:2:4 (セメント:細骨材:粗骨材の比) のコンクリートの強度におよぼす W/C 比の影響を表5・7に示す.

表 5・7 コンクリートの W/C 比と強度

W/C 比	圧縮強さ (kg/cm²)			
	3	7	28	90(日)
0.5	169	253	366	492
0.6	120	190	295	387
0.7	77	141	218	302
0.8	49	105	176	247

じっさいのコンクリート工事における W/C 比は, セメントの配合量, 骨材の大きさ, 施工法などの条件によりさだめられる.

5・6・4 養生温度, 水蒸気養生

セメントの水和反応は, 温度, 圧力, 水量などの要因により影響される. とくに化学反応は温度依存性が大きく, 温度が 10℃ 上がると反応速度は 2 倍に増大するといわれる.

5 ポルトランドセメントの凝結と硬化

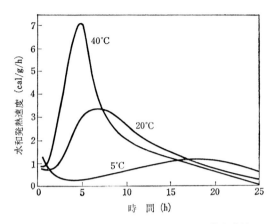

図 5・17　ポルトランドセメントの水和発熱曲線

図 5・17 は伝導熱量計によりポルトランドセメントペーストの初期段階の水和発熱速度の温度による差を示している．図に示されている発熱ピークは，C_3S の水和発熱に起因する，いわゆる第 2 ピークとよばれるもので，温度が高くなるほど C_3S の水和は促進されていることがわかる．すなわち，温度が高すぎると誘導期が短かくなり，温度が低すぎると凝結，硬化がおくれ，いずれも工事に支障をきたす．モルタルの試験温度と凝結時間との関係においてもまったく同じ傾向を示す（表 5・4 参照）．コンクリートの養生温度と強度との関係は図 5・18 に示すとおりで，養生温度の影響は短期強度を増大させるが，長期強度は低下している．水分の蒸発がすみやかで水和がじゅうぶんに行われないうちに硬化がとまってしまうためであろう．

セメントは型わくを使用することにより，いろいろな造形が可能であり，プレキャストコンクリート板などのセメント製品の製造が行われているが，この場合，生産性を高めるためには，型わくからはやくはずす必要性を生ずる．すでにのべたように，コンクリートを高温で養生すると，とくに短期強度を増すので，セメント製品の硬化を促進するために，水蒸気養生 (steam curing) やオートクレーブによる高温水蒸気養生 (autclaved curing) が，しばしば行われている．たとえば，W/C 比 0.50 の 1:2:4（セメント：細骨材：粗骨材）のコンクリートの場合，18℃ における 28 日圧縮強さは 366 kg/cm² である

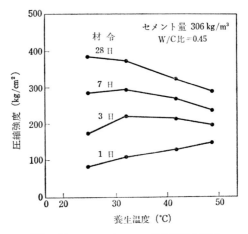

図 5·18 コンクリートの養生温度と強度
P. Klieger, *Proc. Am. Concr. Inst.*, 54, 1063 (1958).

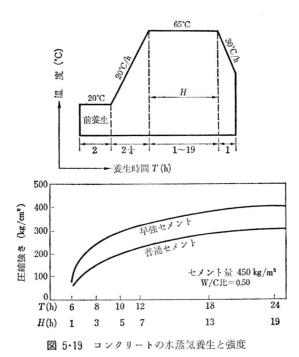

図 5·19 コンクリートの水蒸気養生と強度

が，図5・19に示すように2時間湿空養生したのち65℃で19時間水蒸気養生を行うと，圧縮強さは300 kg/cm² となり，型わくをはずす時間を短かくすることができる．一般に型わくをはずすには，圧縮強さ100 kg/cm² 以上の強度が必要とされる．

コンクリートを水蒸気養生すると，短期強度は増大するが，長期における強度ののびはなくなることは，広く知られている．その原因は水蒸気養生によりセメントゲルの結晶化が促進され比表面積が減小して，ゲル粒子間の結合力が低下するためと考えられているが，なお，はっきりしない点が多い．水蒸気養生は遠心成形技術と併用して，ヒューム管，パイル，コンクリートポールの製造に利用されている．

オートクレーブ養生では，コンクリートに生ずる硬化反応は，常圧養生とはまったく異なり，水熱反応によりセメントゲルの結合作用はいっそう促進される．オートクレーブによる蒸気圧と温度との関係をつぎに示す．

温　度(℃)	120	140	160	170	180	190	200
水蒸気圧 (kg/cm²)	1	2.7	5.3	7.0	9.1	11.7	14.8

つぎに1:2:3コンクリートについて，オートクレーブ養生と常圧養生の結果を対比すると，表5・8のとおりとなり，13.9 kg/cm² の18時間圧縮強さは，常圧養生の28日圧縮強さにほぼ等しいことがわかる．

表 5・8　オートクレーブ養生によるコンクリートの強度増大

オートクレーブ圧力 (kg/cm²)	4.8		7.2		13.9		常圧養生	
養生期間 (h)	18	42	18	42	18	42	7 d	28 d
圧縮強さ (kg/cm²) A	187	385	376	502	490	534	371	452
B	234	354	360	385	422	494	385	435
C	250	384	335	469	403	477	193	357
D	244	405	392	503	430	475	179	357

オートクレーブ養生による強度増大の原因は，水熱反応により水がクリンカー鉱物に活発に作用して，C-S-Hゲルの溶解度が大きくなることである．Siと結合しているOはOHとなりSiO₄四面体の結合がゆるみ，ぜんた

いとして反応しやすい状態となり，トバモライトの結晶化が進む．CaO-SiO$_2$系水熱反応において生成する水和物の安定領域については，すでに図4・21に示したが，硬化体の強度増大は11Å トバモライトの生成量と密接な関係にあるといわれる．そのほかにゾノトライトやジャイロライトの生成も硬化体の安定性に重要な影響をおよぼす．

　常温水和により生成する低結晶性の CSH(Ⅱ) はトバモライトゲルとよばれているが，その比表面積は 100～300 m^2/g で，そのトバモライト層の厚みは 2～6 層の繊維状であるといわれている．これに対してオートクレーブ養生で生成する結晶性トバモライトの厚みは 10～20 層となり，比表面積も 1/10～1/3 程度に減小する．

　オートクレーブ養生において，セメントになるべく微細なシリカ粉末を 40％ ぐらい混合し，CaO/SiO$_2$ 比を 1.0 付近まで下げると，硬化体の強度はさらに増大する．これは C$_3$S や C$_2$S の水和により生成した遊離の Ca(OH)$_2$ をシリカと反応させて，トバモライトの生成量をさらにふやすことができるからである．また，オートクレーブ養生は常圧養生にくらべ乾燥収縮が少なく化学的抵抗性の大きいことも，よく知られている．

5・7　硬化体の性質

　セメント硬化体の組織は，セメントペースト，モルタル，コンクリートによって異なる．ペーストの場合は，主としてセメントゲル，水酸化カルシウム，エトリンガイトなどのセメント水和物，毛細管空間やゲル空孔およびこれらによって保持される水分からなりたっている．

　セメントゲルの空げき率はセメントの種類によりほぼ一定で，普通ポルトランドセメントの場合は 28％ であるが，いっぽう毛細管空間のしめる割合は W/C 比できまってくる．ペーストでは W/C 比が 0.7 をこえると，毛細管空間が急激にふえ強度はいちじるしく低下する．モルタル，コンクリートの場合は，セメントの 1～6 倍の骨材が混合されており，骨材の形状や充てん性が強度に大きな影響をあたえるが，本質的にはセメントペーストと骨材との付着力が強度を支配するといってよい．この場合も W/C 比をできるかぎり少なくして，ペースト中の毛細管空間を小さくしてやる必要がある．

5・7・1 空げき率と水の形態

セメント硬化体のミクロ構造については,近年多くの研究が行われしだいにあきらかにされつつある.まず,硬化中のペーストから蒸発していく水分は,物理吸着と毛細管力によって保持されているという考え方が有力である.

20°Cで真空乾燥したペーストに対する水蒸気等温吸着線(水蒸気の圧力pと飽和圧p_0の比に対する吸着量v_mとの関係)を図5・20に示すが,この曲線から硬化ペースト中にふくまれている水の形態を,おおよそ知ることができる.

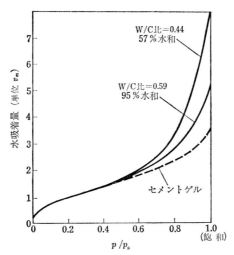

図 5・20 硬化ペーストの水蒸気吸着等温線 (T. C. Powers et al., 1947)

このなかで点線で示した曲線は,セメントゲルの吸着等温線 (gel istherm) で,飽和において$3v_m$量だけ吸着する.$p/p_s<0.45$における水分は,ペースト中の空げきに関係なくセメントゲルの量に比例する.つまり,約 20 Å 以下の大きさのゲル空孔中に保持されているゲル水 (gel water) である.$p/p_s>0.45$における水分は,数 μm 単位の大きな空げきに保持されている毛細管水 (capillary water) で,乾燥によって容易にとりのぞくことができる.これらの水分は真空乾燥によって脱着もできるし,ふたたび水蒸気圧を高くして湿らしていくと,はじめと同じような水で飽和された状態にもどる.このような蒸発性の水分のほかに,硬化体には真空乾燥だけではとりのぞくことができ

ない水分として，セメント水和物の構造中にとりこまれている結晶水が10〜15%あることを明記しておく．

　セメント硬化体の組織はセメントゲルの凝集体であり，マクロには均質にみえてもミクロには不均質である．すなわち，セメントに加えられた水は，水和によってセメントゲル中に結合水として固定され，残った水分はゲル層間の毛細管空間とゲル内のゲル空孔にあって，まわりの水蒸気圧によってさだまる平衡状態にある．これらの気孔の形や大きさは，電子顕微鏡により定性的にたしかめることができるが，ミクロ的にはきわめて不均一である．

　一般に分子径の異なるガスの吸着または脱着によって測定できる空孔の大きさの限界は20〜300 Å の大きさまでで，ゲル空孔の測定に難点がある．そこで，近年は表面張力の大きい水銀をもちいて，圧力を加えて強制的に細孔に侵入させて細孔分布を求める方法が行われるようになった．この方法は300 Å から数 μm ぐらいまでの大きさの空孔の測定が可能であるが，限度はやはり20 Å ぐらいである．

　図5·21は材令11年の硬化ペーストの細孔分布を水銀圧入法により求めた例である．W/C比が大きいほど大きな毛細管空間とゲル空孔が残ることがわかる．これらの細孔の形や大きさによって，なかの水分の吸着や脱着の曲線は変わり，セメント硬化体の性質に大きな影響をおよぼすのである．

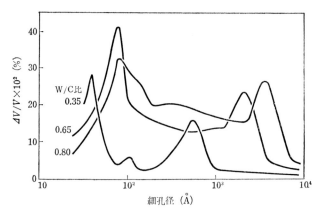

図 5·21　11年間養生した硬化ペーストの水銀圧入法による細孔分布曲線 (R. Brown, 1968)

5・7・2 乾燥収縮

セメント硬化体を乾燥させると，おもに毛細管水の蒸発にともない収縮する．したがって W/C 比の大きいセメントペーストほど大きな収縮を示すが，モルタル，コンクリートにすると，骨材が乾燥収縮の緩和の役割をはたす．このような関係例を図 5・22 に示す．

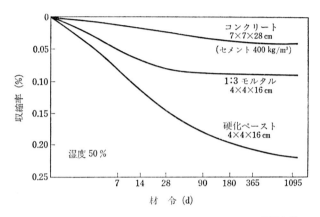

図 5・22 硬化ペースト，モルタル，コンクリートの乾燥収縮
(M. Venuat, 1960)

W/C 比 0.30 でねったペーストを，24 時間湿空養生したのち，いろいろな湿度においた場合，および加熱脱水させた場合の典型的なセメントペーストの乾燥収縮曲線を，図 5・23 に示す．これによると，湿度 100〜30% までは水分の放出量は多いのに収縮率は 0.2% と小さいが，30% 以下では水分の放出はきわめて少ないのに収縮率は 2.2% にも達する．このようなはっきりした相違は，湿度 100〜30% において放出される水分は，比較的大きい毛細管空間に存在する付着水や吸着水であり，湿度 30% 以下において放出される水分は，微小なゲル空孔の吸着水およびセメント水和物の結晶水の一部であることに原因している．

いま，セメントが完全に水和されたと仮定すると，湿度 30% 以下のペーストの乾燥収縮のうち，40% は C-S-H ゲルから，40% はモノサルフェート $C_3A \cdot CaSO_4 \cdot 12H_2O$ から，残りの 20% は C_4AH_{13} から，それぞれ脱水する水分であると考えられている．エトリンガイト $C_3A \cdot 3CaSO_4 \cdot 32H_2O$ は

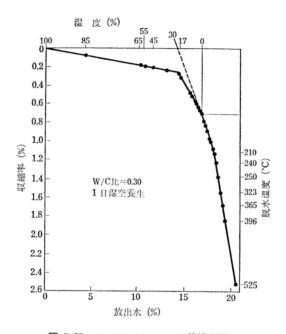

図 5·23 セメントペーストの乾燥収縮
G. J. Verbeck et al., Proc. 5th Intnl. Symp., Chemistry of Cement, Tokyo,(1968).

湿度30％程度で$32H_2O$のうち$10H_2O$ぐらいが脱水するが，ゼオライト水であるので収縮にはほとんど影響をあたえない．

コンクリートの収縮は基本的には単位水量(kg/m^3)に関係する．単位水量が同じであれば，W/C比，単位セメント量(kg/m^3)に関係なく収縮は同じである．セメント成分としては，C_3Aとセッコウの量が関係し，モノサルフェートの多いものほど収縮は大きい．中よう熱セメントはC_3Aが少ないので収縮は比較的小さい．

5·7·3 化学的抵抗性

セメントは水と反応しやすい性質をもっているだけに，製造後長くおいておくと，しだいに活性を失ない，かたまりにくい性質に変化していく．骨材をまぜてモルタルやコンクリートとしても，長い年月には雨，風，寒暑，土じょう，地下水などの影響を受けて侵食されていく．永久的に安定であると思われているコンクリートも寿命があるというのが定説である．入念につく

られたコンクリートならば200～300年の寿命をもつという推測がなされているが，その結論はまだでていない．

a）風　化　ポルトランドセメントを大気中に放置したり，紙袋のような通気性のある容器に貯蔵しておくと，空気中の水分やCO_2と反応して品質が低下する．これがセメントの風化（weathering）とよばれる現象で，セメントの最大の欠点の一つである．

クラフト紙袋入りセメントを長く倉庫内に貯蔵しておくと，1～2か月もたつと袋の内側1～2 cmの層が，指さきで簡単につぶれない程度に固結する．このような風化によるセメントの変質は，大気中のH_2OやCO_2の影響によるもので，セメント中のC_3Sや遊離CaOがH_2Oと反応して$Ca(OH)_2$を生成し，ついでCO_2と反応して$CaCO_3$とH_2Oとに変化する過程である．さらにC_3AやセッコウはH_2Oを吸いながらエトリンガイトにゆっくり変化していく．このようにセメントの風化は水和と炭酸化とが平行して進み，セメント粒子はしだいに$CaCO_3$層によっておおわれて，セメント化合物の反応性を低下させてしまうのである．

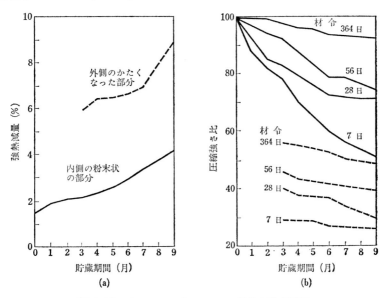

図 5・24　ポルトランドセメントの風化と強度低下
児玉武三ら，セメント技術年報, 10, 78 (1956).

風化を受けたポルトランドセメントの外側のかたくなった部分と内側の粉末状の部分の変化については，それぞれの強熱減量から風化により結合した H_2O と CO_2 の概量を知ることができる．図5・24 の (a) は9か月間の風化の進行を示し，(b) はその間の圧縮強さの低下を示している．

このようにセメントは貯蔵中に大気と接触すると，風化により品質が低下するので，できるかぎり貯蔵は避け，なるべくはやく使用することがたいせつである．しかし近ごろは新鮮なセメントをもちいた生コンクリートが普及し，また輸送距離の短縮や貯蔵管理の改善などによってセメントの風化による障害はあまり見られないようになってきた．しかし，じゅうぶんに管理した状態においたとしても3か月以上の貯蔵はのぞましくない．

セメントだけでなく，硬化後のモルタルやコンクリートも長年月たつと，大気中の H_2O と CO_2 を吸収し，しだいに風化する．すなわち，セメント水和物は本質的には塩基性であるから炭酸 H_2CO_3 と反応し，表面からゆっくりと中性化していく．この中性化により硬化体組織は不均一な膨張により，ひび割れをおこしたり，鉄筋を腐食しやすくすることが実用上の大きな問題となる．この中性化の進行状態は，硬化体を切断した断面にpH指示薬1％フェノールフタレインアルコール溶液を吹きつけると，中性化部分は赤変しないので容易に識別することができる．

コンクリートの中性化速度式は，近藤連一 (1975) により，つぎのように提

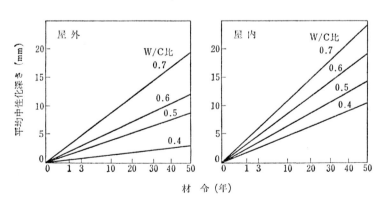

図 5・25　コンクリートの中性化速度
依田彰彦，セメント・コンクリート，No. 429, 26 (1982).

示された．(2・15) 式の拡散速度式によくにていることに気づくであろう．

$$t = \alpha x^2 \qquad (5・21)$$

ここに t は材令 (年)，x は中性化深さ (cm)，α の平均値は 7.3 になるという．図 5・25 は普通ポルトランドセメントを使用したコンクリートの中性化実験例を示している．屋外にくらべ屋内のほうが中性化が進むこと，いずれの場合も W/C 比の影響がひじょうに大きいことがわかる．

 b) エフロレッセンス コンクリートの表面に白い析出物をよく見かけることがあるが，これはエフロレッセンス (efflorescence) とよばれる現象である．この白い物質はセメント中の可溶成分が水分とともにコンクリートの表面に移動し析出したもので，白く開花しているように見えることから"白華"ともよばれている．一般には施工 5～6 日後に表面にでてくるが，ほぼ均一に生じた場合はセメント色として問題にはならないが，あっちこっちに析出すると，構造物の美観を害することになり，苦情のもととなることが多いのである．

 エフロレッセンスの成分は，発生の場所，時期，セメント，骨材，水などの材料の性質によっても異なるが，一般には $CaCO_3$，Na_2SO_4，K_2SO_4，Na_2CO_3 などである．ポルトランドセメントは水和によって 20% ぐらいの $Ca(OH)_2$ を遊離するし，またアルカリ成分として Na_2SO_4，K_2SO_4 が，それぞれ 0.5～1.0% ふくまれ，いずれもかなり大きな溶解度をもっている．これらの可溶分はセメントゲルのすき間の毛細管空間中の水分に溶けこんでいるが，水分の蒸発にともないしだいに表面にでてくる．この溶液はアルカリ性であるので，空気中の CO_2 と反応し表面に $CaCO_3$，Na_2CO_3 などの炭酸塩を析出する．とくに $CaCO_3$ は溶解度が低いので，いったん析出すると，なかなかとることはできない．

 一般にエフロレッセンスは，セメントの水和反応のおそくなる冬期の工事に発生しやすい．夏期のように水分の蒸発がはやいときは可溶分は毛細管空間内で析出してしまうが，冬期では蒸発がおそく可溶分が水分とともに表面にでやすいからである．また，W/C 比が大きいと毛細管空間が大きくなり水分量も多くなるので可溶分が表面にでやすくなる．

現在でも，エフロレッセンスの発生を完全に防止する対策はえられていないが，W/C 比をなるべく少なくして密な硬化体をつくり，型わくのはずし時期をなるべくおくらせることによって，ある程度の抑制は可能である．また，ステアリン酸，パラフィンエマルジョンのような防水剤を混合して，水分の移動をおさえるのも抑制方法の一つである．

c） 耐硫酸塩抵抗性　コンクリートの耐久性におよぼす要因は多くあるが，もっとも問題となるのは硫酸塩をふくむ土じょう，地下水，海水との接触による侵食である．この硫酸塩は，岩石が長い年月のあいだにしだいに風化されてほう壊したところへ，雨や地下水が作用してその一部が溶けだしてできたもので，そのおもなものは $MgSO_4$, $CaSO_4$, K_2SO_4, Na_2SO_4 である．なお，海水中には $MgSO_4$ とともに $MgCl_2$ がふくまれている．

コンクリートがこれらの硫酸塩溶液と接触すると，しだいに侵食されて表面のはく落や強度の低下がおこる．侵食がはげしいと構造物じたいのほう壊ももたらすのである．この侵食作用は，コンクリート中に未水和の C_3A やその水和物，C_3AH_6 が残っていて，これらと硫酸塩の反応によりエトリンガイトが生成し，その体積膨張による破壊と考えられている．

表 5·9　エトリンガイト生成系水和物の密度とモル体積

	密度 (g/cm^3)	モル体積 (cm^3)
$Ca(OH)_2$	2.23	33.2
$Mg(OH)_2$	2.38	24.5
$CaSO_4 \cdot 2H_2O$	2.32	74.2
C_4AH_{19}	1.81	369
C_3AH_6	2.52	150
$C_3A \cdot 3CaSO_4 \cdot 32H_2O$	1.73	715
$C_3A \cdot CaSO_4 \cdot 12H_2O$	1.99	313

F. W. Lea (1970)

表 5·9 からも理解できるようにエトリンガイト生成系化合物のなかで，エトリンガイトはもっとも密度が小さくモル体積がもっとも大きいことが，体積膨張の原因である．

セメントには C_3A の水和をおさえるため，すでにセッコウが添加されてい

るが，その添加量はすでにのべたように C_3A が完全に水和したときモノサルフェート $C_3A \cdot CaSO_4 \cdot 12H_2O$ に変化するための必要量にすぎない．硫酸塩溶液が侵入してくれば，また，あらたにエトリンガイト $C_3A \cdot 3CaSO_4 \cdot 32H_2O$ を生成するのである．

その機構は，つぎの反応式から説明できる．

$$MgSO_4 (液) + Ca(OH)_2 (固) + 2H_2O (液)$$
$$\longrightarrow CaSO_4 \cdot 2H_2O (固) + Mg(OH)_2 (固) \quad (5 \cdot 22)$$
$$3[CaSO_4 \cdot 2H_2O] (固) + C_3A \cdot 6H_2O (固) + 20H_2O (液)$$
$$\longrightarrow C_3A \cdot 3CaSO_4 \cdot 32H_2O (固) \quad (5 \cdot 23)$$

すなわち，$MgSO_4$ 溶液がコンクリートと接すると，まず C_3S と C_2S の水和により遊離した $Ca(OH)_2$ と反応することにより，あらたにセッコウができる．このセッコウが未水和の C_3A や，エトリンガイト以外のカルシウムアルミネート水和物，たとえば C_3AH_6 と反応することによりエトリンガイトを生成するのである．上の反応によると，3 mol の $Ca(OH)_2$ と 1 mol の C_3AH_6 が，3 mol の $Mg(OH)_2$ と 1 mol のエトリンガイトに変わったことになり，体積は 3.2 倍に増大する．

$$C_3A \cdot CaSO_4 \cdot 12H_2O (固) + 2CaSO_4 (液) + 20H_2O (液)$$
$$\longrightarrow C_3A \cdot 3CaSO_4 \cdot 32H_2O (固) \quad (5 \cdot 24)$$

すでにセメント中にもともと加えられていたセッコウにより，コンクリート中でいったん生成したモノサルフェートも，(5・24) 式により，その後，外部から Ca^{2+}，SO_4^{2-}，H_2O などの自由な供給を受けると，ふたたびエトリンガイトになる．この反応によりモノサルフェートがエトリンガイトに変化すると，2.4 倍の体積膨張をおこすのである．

このような大きな膨張がそのままコンクリートの体積膨張になるとは考えられないが，とにかく膨張，破壊の主因となっていることは間違いないようである．

このような侵食を防止するためにはセメント中の C_3A を減小する以外に方法はないが，C_3A を減らすと C_4AF がふえてしまう．C_4AF も水和速度は

おそいが，C_3A と同じように C_3AH_6 や C_3FH_6 を生成し，最終的にはエトリンガイトに変化する．しかし，C_4AF は C_3A にくらべると，硫酸塩に対する耐食性にとんでおり，C_4AF/C_3A 比が大きくなるにつれてエトリンガイトの生成反応は抑制されることがあきらかとなった．一般には C_3A は 5％ 以下，C_4AF は 15％ 以下がのぞましいといわれる．

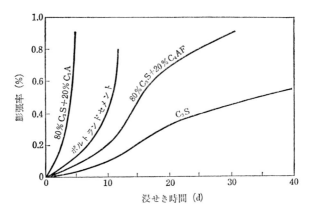

図 5・26　1.8％ $MgSO_4$ 溶液に浸せきした 1:1 モルタル
(28 日材令)の膨張率曲線 (T. Thorvalson et al., 1952)

C_3S に対し C_3A，C_4AF をそれぞれ 20％ 混合してつくったモルタルを，1.8％ $MgSO_4$ 溶液に浸せきした場合の膨張曲線を図 5・26 に示す．C_3A の減小が硫酸塩抵抗性の向上に有効であることがあきらかである．日本における耐硫酸塩ポルトランドセメントは，JIS により C_3A 4％ 以下と規定されている．

海水の侵食作用は，おもに硫酸塩と塩化物によるものであるが，塩化物も C-A-H 相と反応してエトリンガイト型複塩を生成し硬化体組織を破壊する．とくに Cl^- は SO_4^{2-} よりも硬化体中の拡散がすみやかでセメント水和物の溶出，中性化を促進するきらいがある．

セメントの種類と性質

図 6·1 京王プラザホテル
昭和46年に建てられた東京新宿の超高層ビル第1号,外壁には当時超高層ビルとしては,はじめての試みであるプレキャストコンクリートカーテンウォール(縦3.3m×横5.1m)約3800枚を使用し注目を浴びた.

セメントは水と反応し硬化する性質をもつものであるが，水と反応して難溶性の水和物を生成する不安定化合物として，いままでくりかえし紹介してきた C_3S, C_2S, C_3A, C_4AF の4種のセメント化合物があり，これらのほかにも，アルミナセメントの主要化合物として $C_{12}A_7$, CA なども知られている．じっさいに使用されているセメントは，これらの化合物の組みあわせや量的比率を変えることにより，さまざまな用途に適する性質のセメントを製造することができる．現在，土木，建築用に広く使用されているセメントの種類と性質について，つぎに概説したい．

6・1 ポルトランドセメント

セメントといえばポルトランドセメントといってもさしつかえないほど，普及しているセメントである．本書も「ポルトランドセメントの材料化学」と題したほうが適当であると思われるほど，その素材の中心はポルトランドセメントにおいている．このセメントは，おもに C_3S, C_2S, C_3A, C_4AF, $CaSO_4 \cdot 2H_2O$ から構成され，それぞれの量的比率を変えることにより，性質を変化させることが可能である（表3・5, 表3・17参照）．

ポルトランドセメントの種類，化学組成，試験結果の例を，表6・1，表6・2に示す．

6・1・1 普通ポルトランドセメント

一般のコンクリート工事用としてもっとも多量に使用されているセメントで，普通ポルトランドセメント (ordinrary portland cement) という．日本で生産されているセメントの約86％は，このセメントである．製造方法につい

表 6・1　ポルトランド

	強熱減量	不溶残分	SiO_2	Al_2O_3	Fe_2O_3	CaO	MgO
普通ポルトランドセメント	0.6	0.1	22.1	5.0	3.0	63.8	1.6
早強ポルトランドセメント	0.9	0.1	20.8	4.5	2.8	64.9	1.5
超早強ポルトランドセメント	0.9	0.1	20.5	5.2	2.7	64.5	1.9
中よう熱ポルトランドセメント	0.6	0.2	23.3	3.9	3.9	63.6	1.3
耐硫酸塩ポルトランドセメント	0.7	0.2	22.4	3.4	4.4	65.0	1.0

ては1章を参照のこと．セメント化合物の標準的含有量は，C_3S 50％，C_2S 26％，C_3A 9％，C_4AF 9％である．本書にでてくるセメントペースト，モルタル，コンクリートの性質は，とくに明記されていないかぎり，普通ポルトランドセメントをもちいた場合を示している．

6・1・2 早強ポルトランドセメント

緊急工事用にもちいられるセメントで，早強ポルトランドセメント（rapid-hardening portland cement）という．セメント化合物の標準的含有量は，C_3S 67％，C_2S 9％，C_3A 8％，C_4AF 8％で，普通ポルトランドセメントとくらべ，C_3S を多くし C_2S を少なくするとともに，さらに微粉砕して粉末度を 4000～4500 cm²/g としている．したがって，水和はすみやかで短期強度が大きくなるという特徴を有している（図5・5参照）．すなわち，表6・2からもわかるように，早強ポルトランドセメントの材令1日の強さが普通ポルトランドセメントの材令3日の強さにほぼ等しくなっている．また，材令28日の強さも普通ポルトランドセメントのそれをうわまわっている．このように，とくに短期強度の高いことから，道路や水中工事など緊急に工事をしたい場合に使用されたり，一般のコンクリート工事でも工期を短縮するためにもちいられている．普通ポルトランドセメントでは，1～7日強さが低いので気温の低いところで工事を行う場合は，型わくのとりはずしが長びき工事がおくれる．工期を短縮させるにはじゅうぶんな保温養生が必要になる．型わくとりはずしの可能なコンクリート圧縮強度 100 kg/cm² をえるための最小養生期間を普通ポルトランドセメントと比較すると，養生温度が 5°C というような低温でも 1/2 から 2/3 程度にちぢまる．セメント二次製品をつくる場合にもち

セメントの化学組成（%）

SO_3	Na_2O	K_2O	TiO_2	P_2O_5	MnO	H.M.	S.M.	I.M.	A.I.	L.S.D.
2.0	0.35	0.54	0.30	0.11	0.13	—	—	—	—	—
2.8	0.29	0.35	0.29	0.11	0.10	2.23	2.8	1.6	4.6	0.96
3.9	—	—	—	—	—	2.18	2.6	1.9	3.9	0.94
1.9	0.24	0.42	0.27	0.06	0.08	2.00	3.0	1.0	6.0	0.86
1.8	0.12	0.21	0.24	0.06	0.13	2.11	2.9	0.8	6.5	0.92

（セメント協会，1981）

表 6·2 ポルトランド

	比重	粉末度		凝結		
		比表面積 (cm²/g)	88μm残分 (%)	水量 (%)	始発 (時-分)	終結 (時-分)
普通ポルトランドセメント	3.16	3330	1.1	27.2	2-27	3-29
早強ポルトランドセメント	3.14	4450	0.6	28.5	2-06	3-15
超早強ポルトランドセメント	3.14	5560	0.1	34.2	1-33	2-32
中よう熱ポルトランドセメント	3.20	3110	1.4	26.9	3-18	4-37
耐硫酸塩ポルトランドセメント	3.19	3500	0.8	25.4	2-50	3-57

いても，型わくをはずす時期がはやめられ生産性を高めることができる．蒸気養生における短期強度の発現は，普通ポルトランドセメントよりもかなりすぐれている（図5·19参照）．

早強ポルトランドセメントの発熱量をセメント1gあたりの熱量で比較すると，1〜3日で普通ポルトランドセメントのそれの1.3倍であり，これは約5℃温度が高めとなる計算になる．したがって，断熱低温養生を行う場合には，それ相当の強度が期待できよう．

また，透水に対する抵抗も大きく，乾燥収縮は普通ポルトランドセメントの場合とほとんど変りない．

6·1·3 超早強ポルトランドセメント

早強ポルトランドセメントより，さらに硬化がすみやかであることから超早強ポルトランドセメント (super rapid-hardening portland cement) という．すなわち，このセメントは早強ポルトランドセメントよりもさらにC_3Sを多く，C_2Sを少なくして，たとえばC_3S 68％，C_2S 6％，C_3A 8％，C_4AF 8％の組成とし，粉末度についてもいっそう微細化して，比表面積を5000〜6000 cm²/gとしたものである．表6·2からわかるように早強ポルトランドセメントの3日強さを，24時間後には発現できる．工事における作業性も良好で，コンクリートをうちこんだ翌日にはもう型わくのとりはずしが可能となる．乾燥収縮は普通ポルトランドセメントよりも少ないといわれる．したがって，このセメントは緊急工事やセメント二次製品製造によくもちいられる．硬化はすみやかであるので，とくに蒸気養生をする必要はない．

セメントの物理試験結果

フロー値	圧縮強さ (kg f/cm²)				曲げ強さ (kg f/cm²)				水和熱 (cal/g)	
	1	3	7	28(日)	1	3	7	28(日)	7	28(日)
245	—	143	239	409	—	33	49	68	—	—
241	125	245	340	460	32	51	62	77	—	—
233	236	335	294	471	54	65	74	83	—	—
237	—	96	153	330	—	25	34	61	64.2	80.4
252	—	129	190	336	—	31	40	63		

(セメント協会, 1981)

このセメントの大きな欠点は水和熱が大きいことで，C_3S の量がふえた分だけ発熱量も大きくなる．断熱熱量計でコンクリートの温度上昇を測定すると，寒中コンクリートの材令1日で，普通セメント18°C，早強セメント25°C，超早強セメント38°Cで，超早強ポルトランドセメントの発熱速度はいちじるしく大きい．このことは寒中コンクリートの施工には有利であるが，マスコンクリート用としては，熱伝導性の低いコンクリート中に蓄熱され，内外部の温度差によりひずみをおこし，ひび割れの発生をもたらすおそれがあるので，じゅうぶんに注意しなければならない．

6·1·4 中よう熱ポルトランドセメント

すでにのべたようにポルトランドセメントの C_3S 量をふやせば，短期強度は増大するが，発熱のためひび割れ発生の可能性も大きくなる．そこで，こんどは水和熱をできるだけ少なくするために C_3S と C_3A をできるかぎり減らし，その代わりに長期強度を発現する C_2S をじゅうぶんに多くしたものが，中よう熱ポルトランドセメント (low-heat portland cement) である．たとえば，C_3S 48 %，C_3A 5 % のように減らし，C_2S は 30 % ぐらいまでふやす．また化学的抵抗性の大きいといわれる C_4AF も 11 % までふやす．初期水和過程の発熱が少なく透水抵抗性も大きいので，大きな体積のコンクリート構造物，たとえばダム工事のマスコンクリート工事用にもちいられる．

表 6·2 からも知れるように，3〜28 日強さは，ほかのセメントのそれらとくらべると，かなり見おとりがするが，1年後の長期強さは普通，早強ポルトランドセメントよりも大となる（図 5·5 参照）．とくに大きな特徴は C_3S,

C_3A が少ないため,ほかのセメントにくらべもっとも水和熱が低く(表5・5参照),W/C 比ももっとも少なくてすむため乾燥収縮ももっとも小さく,化学的抵抗性も大きくなる.したがって,道路ほそう用のコンクリートとしても適している.すなわち,短期強度の低い欠点はあるが,硬化してしまえば,もっともすぐれたコンクリートになるといえよう.

6・1・5 耐硫酸塩ポルトランドセメント

日本では外国にくらべると土じょうや地下水のなかに硫酸塩の含有量が少なく,あまりコンクリートの耐硫酸塩抵抗に対する要求はなかったが,近年,海洋開発や地熱エネルギーの利用などの新技術の開発や実用が進むにつれて,化学的抵抗性の大きいセメントやコンクリートに対する必要性が増し,1978年にあらたに耐硫酸塩ポルトランドセメント(sulfate-resisting portland cement)の規格がJISに規定された.現在では生産されるほとんどは海外向けで,輸出量は年々増加している.

ポルトランドセメントの耐硫酸塩抵抗は,すでに図5・26であきらかにしたように,C_3A の量の多少と密接な関係にある.この C_3A は膨張の大きいエトリンガイトの生成をうながしてコンクリートを破壊にみちびくのである.すなわち,このセメントの組成例 C_3S 57%,C_2S 23%,C_3A 2%,C_4AF 13% に見られるように C_3A を中よう熱セメントよりもさらに少なくし,その代わり耐硫酸塩抵抗の大きいといわれる C_4AF を中よう熱セメント以上にふやしている.

表6・2からわかるように強度は普通セメントよりやや低い程度であるが,図6・2に示すように2.5% $MgSO_4$ 溶液中に1:2モルタルを浸せきしてみると,膨張率の差ははっきりとあらわれてくる.

6・1・6 白色ポルトランドセメント

セメントの着色成分としては Fe_2O_3,TiO_2,Mn_2O_3,Cr_2O_3 などが考えられるが,なかでも Fe_2O_3 分の影響がもっとも大きい.そこで Fe_2O_3 分の少ない原料をえらび,石炭灰中の Fe_2O_3 分の混入を避けるために重油焼成を行い,粉砕にも鉄ボールの代わりにアルミナボールをもちいるなどの注意をはらって製造すると,白色または白色に近いポルトランドセメントがえられる.これを白色ポルトランドセメント(white portland cement)という.さらに,こ

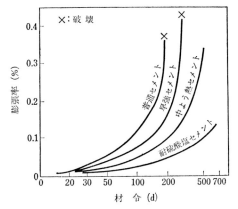

図 6·2 2.5% MgSO$_4$溶液に浸せきしたモルタル
（7日材令）の膨張率曲線
尾崎幹也，"セラミックデータブック" 1979, p.233.

のセメントに顔料を加えれば着色したカラーセメント (colored cement) をつくることも可能である．白色ポルトランドセメントの標準的組成を示すと，C_3S 51%, C_2S 28%, C_3A 12%, C_4AF 1%で，着色成分であるC_4AFをできるかぎり少なくしてC_3Aを多くしている．性質は普通ポルトランドセメントのそれとほぼ同じと考えてよい．

塗装用，装飾用，採光用，標識用，人造大理石製造用などにもちいられている．

6·2 混合セメント

単独では硬化性をもたないが，水が共存するとポルトランドセメントと反応し硬化性を発現する物質を，ポルトランドセメントと混合したセメントで，あくまでも基材はポルトランドセメントである．その代表的なものに高炉セメント，シリカセメント，フライアッシュセメントがあり，それぞれポルトランドセメントに高炉水砕スラグ，ポゾラン，フライアッシュを混合したセメントである．これらの混合セメント (blended cement) は，いずれもポルトランドセメントにあらたな特性をあたえる目的でつくられているが，安価な混合材をまぜることによる経済性も重視されている．最近では省資源，省エ

表 6·3 混合セメントの

		強熱減量	不溶残分	SiO_2	Al_2O_3	Fe_2O_3
高炉セメント	A種	1.1	0.2	24.0	7.4	2.3
	B種	0.7	0.2	26.0	8.4	2.1
	C種	0.9	0.1	29.4	11.1	1.2
シリカセメント	A種	0.7	7.4	20.1	4.3	2.8
フライアッシュセメント	A種	0.7	6.1	21.1	5.3	2.9
	B種	0.9	11.9	20.0	4.8	2.7

表 6·4 混合セメントの

		比重	粉末度		凝結		
			比表面積 (cm^2/g)	88 μm残分 (%)	水量 (%)	始発 (時-分)	終結 (時-分)
高炉セメント	A種	3.08	3910	0.9	28.9	2-06	3-15
	B種	3.05	3910	0.9	28.5	3-19	4-44
	C種	2.96	3660	1.0	30.5	3-40	5-02
シリカセメント	A種	3.10	3520	2.0	26.9	2-49	3-56
フライアッシュセメント	A種	3.07	3200	1.6	26.2	2-37	3-32
	B種	2.97	3360	1.5	27.8	3-05	4-11

ネルギーの社会的要望により混合セメントの生産量はしだいに増大し,高炉セメントとフライアッシュセメントの生産量は,全セメントのそれの約10%をしめるにいたっている.

混合セメントの試験例を表6·3,表6·4に示す.

6·2·1 高炉セメント

高炉水砕スラグとポルトランドセメントクリンカーとを混合したセメントで,高炉セメント (portland blast-furnace slag cement) という.スラグ量に応じてA,B,Cの3種に分けられる.スラグ量は,A種で5~30%,B種で30~60%,C種で60~70%である.高炉水砕スラグは水と反応して硬化する性質をもたないが,ポルトランドセメントと接触すると,刺激され,水と反応して硬化する性質に変わる.このような外部からの刺激によりはじめて水硬性を発現するような性質を,潜在水硬性 (latent hydraulic property) とい

6 セメントの種類と性質

化学組成（%）

CaO	MgO	SO₃	Na₂O	K₂O	TiO₂	P₂O₅	MnO
57.9	2.9	2.3	0.24	0.28	0.46	0.04	0.28
54.8	3.4	2.0	0.30	0.42	0.57	0.08	0.35
48.6	4.2	2.0	0.24	0.27	0.65	0.02	0.49
59.7	1.2	1.8	0.43	0.56	0.23	0.10	0.06
59.9	1.1	1.7	—	—	—	—	—
54.6	1.6	1.9	0.35	0.40	0.28	0.11	0.11

(セメント協会, 1981)

物理試験結果

フロー値	圧縮強さ (kg f/cm²)			曲げ強さ (kg f/cm²)		
	3	7	28(日)	3	7	28(日)
245	148	216	427	36	44	73
244	109	179	402	29	39	68
249	74	154	344	22	29	59
239	115	214	362	27	43	66
276	112	205	357	27	42	66
250	130	199	348	32	43	34

(セメント協会, 1981)

う．高炉セメントは水和熱が低く化学的抵抗性が大きいという特徴があるが，スラグを混合するだけ，エネルギーコストの低減につながるので，省エネルギー的要請からしだいに需要も増している．

製鉄工場で銑鉄をつくるとき，鉄鉱石，石灰石，コークスを高炉 (blast furnace) に交互に投入し炉の下部から熱い空気を吹きこむと，鉄鉱石中の Fe_2O_3 は還元されて Fe となり，鉄鉱石中の SiO_2, Al_2O_3 などは石灰石の CaO と反応し，1200〜1400°C で融解しスラグ (slag) となる．その成分はポルトランドセメントと同じようにおもに SiO_2, Al_2O_3, CaO の3成分からなっている．これらの成分量は使用する鉄鉱石によっても変わるが，おおよその組成は SiO_2 33〜35 %, Al_2O_3 14〜18 %, Fe_2O_3 0.5〜2 %, CaO 38〜45 %, MgO 4〜8% の範囲にはいる．この組成はポルトランドセメントにくらべると CaO が少なく SiO_2 が多いが，β-C_2S, $Ca_2MgSi_2O_7$ - $Ca_2Al(SiAlO_7)$ 系固溶体がおもな

化合物であると考えられている (2・11 項参照).

このようにして生成したスラグは,比重差により銑鉄と分離,炉外に排出されるが,できるかぎり高温のうちに水によって急冷すると,1〜5 mm の大きさの粒状物となる.これが水砕スラグ (water granulated slag) で,急冷により結晶化のいとまなく,ほとんどがガラス状態となっている.このような処理によりスラグは潜在水硬性をもつようになり,アルカリや硫酸塩などの刺激剤と作用して水硬性があらわれるのである.

図 6・3 に高炉セメントの製造工程を示す.銑鉄 1000 kg に対して,スラグ 300 kg が副産される.スラグ,ポルトランドセメントクリンカー,セッコウの混合方法は,同じミルでどうじに粉砕する方法と,これらをべつべつに粉砕してから混合する方法とがある.どちらを採用するかはスラグの粉砕しやすさによってきまる.

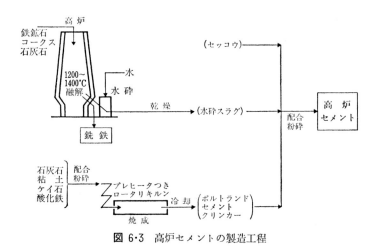

図 6・3 高炉セメントの製造工程

高炉セメントの性質は表 6・4 からも知れるように,作業性が良好でフロー値* も比較的大きく,W/C 比を小さくしてもやわらかさをたもつことができる利点がある.

コンクリートとして最終的にのぞまれることは,長期強度がじゅうぶんに

---

* 一定条件下でのモルタルのひろがりの径 (mm),モルタルのやわらかさをあらわす値である.JIS R 5201 (セメントの物理試験方法) に規定.

6 セメントの種類と性質

大きいということである.コンクリート材令28日ぐらいまでは,高炉セメントの強さはスラグの混合量の多いものほど普通ポルトランドセメントのそれよりも低いが,材令6か月をすぎると,A, B, C 種いずれの強さも普通ポルトランドセメントのそれを追いぬく.

つぎに高炉セメントの大きな特徴として,化学的抵抗性をあげよう.ポルトランドセメントの場合,C_3S, C_2Sの水和により多量の$Ca(OH)_2$が生成し,これが硫酸塩溶液と反応してエトリンガイトをつくり,膨張,破壊をもたらすのであるが,高炉セメントの場合,ポルトランドセメントの混合量が少ないほど$Ca(OH)_2$の生成量は少なく,また生成した$Ca(OH)_2$はただちにスラグと反応して,不溶性の C-H-S ゲルをつくり安定化する.一般にセメント中のSiO_2量が高く,CaO量が低いほど,耐酸性は大となる傾向にある.

表6・1,表6・3からセメント中のSiO_2, CaOの2成分を図中にプロットしてみると,図6・4のようになり,高炉セメントはポルトランドセメントとくらべるとCaO量は低いがSiO_2量は高く,その耐酸性にすぐれている理由がはっきりする.そしてスラグ混合量を増すほどSiO_2量はふえ化学的抵抗性は大きくなるので,港湾工事,下水道工事,排水処理工事などに有用である.

最後に高炉セメントの水和熱であるが,スラグ混合量に比例して低くすることができる.実験例を図6・5に示す.表6・2によると,中よう熱ポルトラ

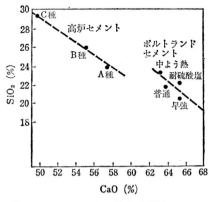

図 6・4 セメント中の CaO と SiO_2

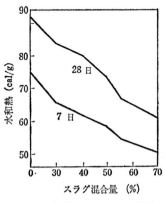

図 6・5 高炉セメントの水和熱

ンドセメントの水和熱は，材令7日で 64.2 cal/g, 28 日で 80.4 cal/g であるが，スラグを 40 % 以上混合すれば，中よう熱セメント以下の発熱におさえることができる．しかもその乾燥収縮は，普通ポルトランドセメントとほとんど変わらないので，マスコンクリート工事にさかんにもちいられるのである．

6・2・2 シリカセメント

ポルトランドセメントクリンカーにケイ酸質混合材を配合したセメントで，SiO_2 分の高いことからシリカセメント (portland pozzolan cement) とよばれている．その混合量に応じて A, B, C の 3 種に分けられ，A 種で 5〜10 %，B 種で 10〜20 %，C 種で 20〜30 % で，ポルトランドクリンカーとセッコウと混合，粉砕して製品となる．

ケイ酸質混合材としては，おもにポゾラン (pozzolan, 火山灰) や酸性白土 (acid earth) がもちいられる．いずれも無定形シリカを主成分とし硬化する性質はもたないが，10 % NaOH, 5 % HCl に対する可溶性の SiO_2 を 20〜40 %，同じく Al_2O_3 を 2〜5 % ふくんでいる．これらの可溶分は，セメントの水和にさいし遊離する $Ca(OH)_2$ としだいに化合して，不溶性の C−S−H ゲルや C−A−H ゲルを生成，組織をいっそう密にする．このような反応をポゾラン反応 (pozzolanic reaction) とよぶ．

ポゾラン反応によりポルトランドセメントの性質は改善され，防水性，化学的抵抗性，長期強度が増大する．塗装用モルタルとして重用されている．

6・2・3 フライアッシュセメント

ポルトランドセメントにフライアッシュを配合したセメントで，フライアッシュセメント (portland fly-ash cement) とよぶ．フライアッシュ (fly ash) は，微粉炭燃焼の火力発電所で，ボイラーの燃焼ガス中の微粉炭灰分を集じん機で捕集したものである．

フライアッシュは図 6・6 の走査電子顕微鏡写真で見られるとおりで，融解して 5〜20 μm の大きさの球状粒子となっている．非晶質で，組成は石炭の種類によって異なるが，SiO_2 45 % 以上，粉末度 2400 m²/g 以上のものがセメント用に使用されている．球状粒子であるため，粒子どうしがすべりあってボールベアリング的作用により流動性を改善する．このため，コンクリー

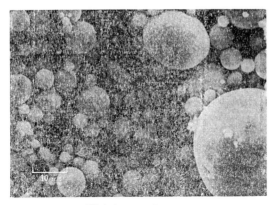

図 6·6 フライアッシュ

トに必要な単位水量を減小させ,作業性の向上がはかられる.また,フライアッシュは単独では硬化性をもたないが,ポゾランや白土のように可溶性の SiO_2 を多くふくむため, C_3S, C_2S から遊離した $Ca(OH)_2$ とポゾラン反応をおこし,不溶性の C-S-H ゲルを生成する.したがって材令28日までの短期強度は低いが,6か月以上の長期強度は普通ポルトランドセメントのそれにまさるといわれている.そして,ポゾラン反応により生成する水和物が組織を密にするため,防水性,化学的抵抗性ともに大となる.水和熱も低いのでマスコンクリート工事にも適する.

6·3 特殊セメント

ポルトランドセメントと混合セメント以外のセメントで,アルミナセメント,膨張セメント,超速硬セメントなどがふくまれる.それぞれ特殊な使用目的で製造されているが,製造のさいのエネルギー消費量は普通ポルトランドセメントより大きいものが多く,したがってコストも高い.

6·3·1 アルミナセメント

Al_2O_3 が50%以上ふくまれていることから,アルミナセメント (alminous cement) の名がある.おもな化合物は, $C_{12}A_7$, CA, CA_2 の3種で,これらの性質の一部を表6·5に示す.

3種のアルミネートのなかでは CA の性質がもっともすぐれており,その

表 6·5　CaO - Al$_2$O$_3$ 系化合物の性質

化合物	融点 (℃)	始発 (時-分)	終結 (時-分)	フロー値	圧縮強さ (kg/cm²)
C$_{12}$A$_7$	1420	0-05	0-07	180	150
CA	1600	7-00	8-00	260	600
CA$_2$	1750	18-00	20-00	260	250

吉田豊祐, セラミックス, 4, 384, (1967).

ためアルミナセメントは CA が主成分となるよう製造されている.

アルミナセメントの組成範囲を，CaO - Al$_2$O$_3$ - SiO$_2$ 系三角座標上にあらわすと図 6·7 のようになり，ポルトランドセメントの組成範囲とくらべると，ずっと Al$_2$O$_3$ 側に寄っている. このように Al$_2$O$_3$ にとんでいることが，アルミナセメントの耐火性や化学的安定性のすぐれている原因となっている. アルミナセメントは Al$_2$O$_3$ 量に応じて，A, B, C の 3 種に分かれている. A 種

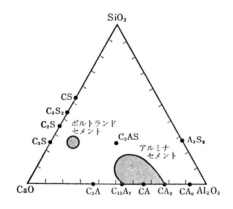

		化学組成 (%)				
		SiO$_2$	Al$_2$O$_3$	Fe$_2$O$_3$	CaO	SO$_3$
アルミナセメント	A種	—	70以上	—	30以下	—
	B種	4-6	50-55	1-2	35-40	—
	C種	2-5	35-50	5-16	33-40	—
普通ポルトランドセメント		20-22	4-7	3-4	60-65	1-2

図 6·7　アルミナセメントの組成範囲

とB種は耐火コンクリートやキャスタブル耐火物への用途が開かれているが，C種はおもに土木，建築向けで，化学的抵抗性，とくに耐酸性が大きいので化学工場の床，反応そうの内張り，煙道などに使われる．

アルミナセメントの水和反応は，つぎのように考えられている．

$$3\,CA + 12\,H_2O \longrightarrow \begin{Bmatrix} CAH_{10} \\ C_2AH_8 \\ C_4AH_{13} \\ C_4AH_{19} \end{Bmatrix} \longrightarrow C_3AH_6 + 4\,Al(OH)_3 \qquad (6\cdot 1)$$

すなわち，主成分 CA が水と反応して準安定性の中間化合物をへて，最終的には安定な立方晶 C_3AH_6 と $Al(OH)_3$ に変化するのである．

アルミナセメントの特徴は，ポルトランドセメントにくらべ強度の発現がきわめてすみやかで，水とまぜてから 6〜12 時間でポルトランドセメントの 28 日強度と同じぐらいの強度に達する．図 6·8 にその実験例を示す．

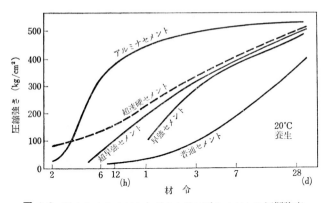

図 6·8　アルミナセメントとポルトランドセメントの短期強度

このように強度の発現がすみやかであるにもかかわらず，凝結時間のほうは普通ポルトランドセメントのそれとほとんど変わらず，2 時間後に始発し，4 時間後には終結する．いっぽう，水和熱は 24 時間分の熱量が，普通ポルトランドセメントの 1 か月分の熱量に相当する．したがって，ひずみの発生を防ぐためコンクリートの表面に水をまき，乾燥させないような処置が必要である．

アルミナセメントは耐硫酸塩ポルトランドセメント，高炉セメントよりも強い化学的抵抗性をもっている．ポルトランドセメントの硬化体は不安定な $Ca(OH)_2$ をふくみ，アルミナセメントのそれは安定な $Al(OH)_3$ をふくむことを考えれば当然の結果である．とくにアルミナセメントは pH の低い酸性側 (pH 4 まで) で使用できるという大きい利点をもっている．

アルミナセメントが耐火性にすぐれていることについても，ポルトランドセメント硬化体の $Ca(OH)_2$ から脱水した CaO と，アルミナセメント硬化体の $Al(OH)_3$ から脱水した $\alpha\text{-}Al_2O_3$ との熱安定性のちがいから理解されよう．一般にアルミナセメントを耐火物として使用する場合には，水と耐火性の骨材とともにねりまぜて，型に流しこみ硬化させる．アルミナセメントは CA (融点 1600℃) を主成分としているが，これに骨材としてコランダム粒子 (corundum, $\alpha\text{-}Al_2O_3$) を配合すると，耐火物として使用するさい固相反応がおこり CA_2 (分解融点 1762℃) や CA_6 (分解融点 1830℃) のような高融点化合物を生成する．

アルミナセメントの製造は，CaO 源として石灰石，$CaCO_3$，Al_2O_3 源としてボーキサイト $Al(OH)_3$ (bauxite) を適当な量比で配合し，高温に加熱，反応させていったんクリンカーをつくり，これを粉砕して製品とする単純な工程である．焼成には電気炉，平炉，高炉，ロータリキルン，転炉，トンネルキルンなど，さまざまな炉がもちいられているが，日本ではほとんどが電気炉で融解してつくる．CA の生成反応は発熱反応であり，電力原単位が比較的安くてすむからである．アルミナセメントの焼成は 1400℃ 以上で，$C_{12}A$ がほとんど消滅して CS の生成量が最大となる温度が適当であるといわれる．

アルミナセメントのクリンカーは，ガラスがきずつくほど硬いから，粉砕にはポルトランドセメントクリンカー以上の動力を必要とする．粉末度は 4000〜5000 m^2/g のこまかさの製品が多い．セッコウのような添加物は，いっさい必要としない．

6・3・2 膨張セメント

セメントに骨材と水を加えてモルタルやコンクリートをつくるときの水の量は，使用目的にあった作業性をあたえるため，セメントの水和に必要な水量よりもかなり多くする必要がある．この余分の水は毛細管空間やゲル空孔

6 セメントの種類と性質

に水分として残り，乾燥にともない空間や空孔の収縮がおこる．この収縮の大きさが線収縮率として，モルタルの場合 0.07～0.1％ を，コンクリートの場合 0.04～0.06％ を，それぞれこえるとひび割れ (crack) を生ずる．そこでセメントにあらかじめ適量の膨張材を混合しておき，その膨張分であとにつづく乾燥収縮を消滅させることを目的としてつくられたセメントが，膨張セメント (expansive cement) である．用途は膨張ひずみの導入によるコンクリートのひび割れ防止がおもなものであるが，そのほかに床，屋根の防水，プール，水そう，地下構造物などの湿気の多い場所の工事の注入材，水道用ヒューム管などにもちいられる．

図 6·9 はコンクリートの材令と膨張収縮との関係をモデル的にえがいたものである．膨張セメント C は初期養生であらかじめ膨張させて，あとの乾燥収縮でもとの寸法にもどるよう調節されたものである．B は鉄筋によりコンクリートを抱束しながら膨張させると，鉄筋には引っ張り応力，ペーストには圧縮ひずみを発生する．抱束されているため膨張量としては小さい．ついで乾燥収縮にはいると，引っ張り応力とさきの圧縮応力とが消しあって収縮し，ひび割れを防止することができる．膨張セメントの使用にあたっては鉄筋を使用して圧縮ひずみをあたえたほうが，コンクリートの強度を高めることができるという．

膨張セメントはポルトランドセメントに適当量の膨張材を混合してつくっ

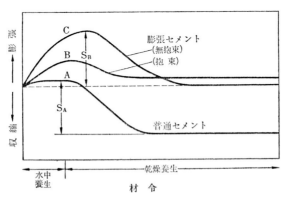

図 6·9 膨張セメントの膨張効果

たセメントである．もっとも一般的な膨張材は，$CaO-Al_2O_3-SO_3$ 系の組成を有するもので，セメントペースト中で体積の大きいエトリンガイト $C_3A\cdot3CaSO_4\cdot32H_2O$ を生成する性質をもつ．つまり膨張セメントの膨張作用は，エトリンガイトの結晶成長圧を利用したものである．

膨張材の製造方法は，セッコウ，Fe_2O_3 分の少ないボーキサイト，石灰石からなる配合物を，ロータリキルンで焼成し，えられたクリンカーを粉砕し製品とする．ふつう焼成温度は 1100～1300°C で，生成する化合物は $C_3A_3\cdot CaSO_4$, $CaSO_4$, CaO の3相で，これらは水和によりエトリンガイトを生成する．

$$C_3A_3\cdot CaSO_4 + 2CaSO_4 + CaO + 39H_2O$$
$$\longrightarrow C_3A\cdot3CaSO_4\cdot32H_2O + 4Al(OH)_3 + Ca(OH)_2 \qquad (6\cdot2)$$

この膨張材は，使用するときにポルトランドセメントに配合して膨張セメントとする．たとえば，ポルトランドセメント 73％，膨張材 22％，高炉スラグ 5％ を配合した膨張セメントを使用して 1:2.75 モルタルをつくり，乾燥 28 日後の線膨張率を求めると，0.04～1.0％ の範囲にはいる．

6·3·3　超速硬セメント

超早強ポルトランドセメントよりさらに大きな短期強度がえられることから超速硬セメント (super high early strength cement) とよばれている．製造原料は通常のポルトランドセメント製造にもちいる原料のほかに，Al_2O_3 源としてボーキサイト，CaF_2 源としてホタル石が使用される．製造方法はポルトランドセメントとまったく同じで，焼成によってできたクリンカー組成例は，C_3S 50％，C_2S 2％，$C_{11}A_7\cdot CaF_2$ 20％，CaF_2 5％ である．普通ポルトランドセメントのクリンカー組成とくらべると，C_2S, C_3A がなくなり，代わりに $C_{11}A_7\cdot CaF_2$ ($C_{12}A_7$ と CaF_2 との固溶体) が主要化合物として登場する．これに $CaSO_4$ または $CaSO_4\cdot1/2H_2O$ を主体とする添加物を必要に応じて加え，粉砕し粉末度 5000 cm²/g ぐらいのセメントとする．

$C_{11}A_7\cdot CaF_2$ は水とかきまぜると，ただちに溶解し C_3S の水和によって遊離した $Ca(OH)_2$ および，べつに溶解した $CaSO_4$ とすみやかに反応し，エトリンガイトを生成し，数分後には硬化がはじまり急結する．

$$C_{11}A_7 \cdot CaF_2 + 10\,Ca(OH)_2 + 21\,CaSO_4 + 214\,H_2O$$
$$\longrightarrow 7[C_3A \cdot 3\,CaSO_4 \cdot 32\,H_2O] + CaF_2 \qquad (6 \cdot 3)$$

そのほかのセメント化合物の水和反応は，通常のポルトランドセメントの場合と変わりはない．JIS モルタル (20°C) の圧縮強さの変化は，すでに図 6・8 に示した．水とねりまぜ 2〜3 時間で圧縮強さは $100\,kg/cm^2$ に達し，その後の強度ののびは超早強ポルトランドセメントなみである．

緊急工事，セメント二次製品，吹きつけコンクリートなどにもちいられる．

6・3・4 油井，地熱井セメント

現在，日本におけるエネルギー供給源の大部分は輸入の石油，石炭であり，エネルギー需要の急増にともなう油田の開発と地熱の利用が急がれている．油井も地熱井も地中に深くなればなるほど地温が高くなり，これらの工事にあたっては特殊な性質のセメントが要求される．

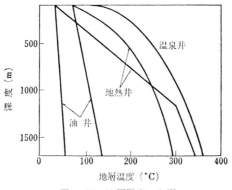

図 6・10 地層温度こう配

地層温度こう配の例を図 6・10 に示すが，油井は 100 m につき約 3°C の昇温で，たとえば地下 500 m で 130°C ぐらい，圧力は $1200\,kg/cm^2$ となるが，地熱井はさらに温度こう配が大きくなり最高温度は 200°C をこえる．

油井セメントとしてはポンプ輸送のためスラリーの粘性を下げる必要があるので粉末度を大きくし，さらに凝結遅延剤を加えた耐硫酸塩ポルトランドセメントなどがもちいられる．いっぽう地熱井セメントは 500〜600 m の深度にあわせ，スラリーを 115°C，$100\,kg/cm^2$ 程度に昇温，加圧して圧入する．

この場合 W/C 比 0.50 以下の耐硫酸塩ポルトランドセメントに 0.3% のリグニンスルフォン酸カルシウムのような高温用凝結遅延剤を添加する．また，多くの地熱井では 200°C の高温となるので，水熱反応によりトバモライトやゾノライトが生成して強度が発現できるよう，CaO/SiO_2 比を低くする必要がある．そのためには混合材としてフライアッシュを加えたり，フライアッシュセメントを使用するとよい．

コンクリート

図 7・1 九州横断自動車道鈴田橋工事
普通ポルトランドセメント 6700 t, 生コンクリート 12 000 m³ 使用

コンクリートはセメントに細骨材（砂），粗骨材（じゃり），水を適当な割合で配合，ねりまぜて型に流しこみ，硬化させたものである．骨材として砂だけを使用したものをモルタルとよび，セメントを骨材なしで水でねったものをセメントペーストという．これらの関係をモデル的にえがいてみると，図7·2となる．

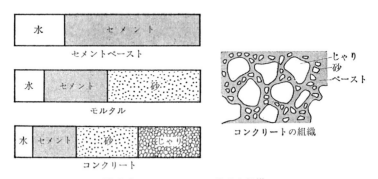

図 7·2　コンクリートの構成と組織

コンクリートは，砂やじゃりをセメントペーストによって固着したもので，その強度は骨材の充てん状態や形状などの影響を受けるが，本質的にはセメントペーストの強さと，ペーストと骨材との付着力に依存するといわれる．しかし，コンクリートを使用する場合におこるいろいろな現象は，もはやセメントの材料化学的アプローチだけでは解明できない問題が多く，硬化中のコンクリートの粘性や流動性（作業性，workability）の経時変化，硬化後の強度や収縮に対する要因などは，もっぱらコンクリート工学（concrete engineering）の立場から論ぜられている．しかし，セメントの材料化学とコンクリートの材料工学との境界領域においては，まだまだはっきり説明できない現象も多く，今後のいっそうの研究がのぞまれる．

セメントペーストは，コンクリートの表面やひび割れの補修などに，モルタルは建物の床や壁をぬったり，ブロックやタイルの目地充てん材などとして使用されるが，コンクリートは高強度と耐久性を必要とする構造物をつくる材料として広く使用されている．

コンクリートの長所は，水とねりあげて1～2時間までは，流動性をた

もっており，型わくをくふうすれば，どんな形でもつくることができる．圧縮力に強く，風化や火災に対してじょうぶで耐久性のある構造物をつくることができることである．しかし，欠点としては硬化までにある養生期間を必要とすること，引っ張り力に弱く（つまり，もろいということ），鉄筋で補強する必要があること，ひび割れがおこりやすいということ，化学的抵抗性がおとり（とくに酸に弱いこと），いったん構造物をつくってしまうと，とりこわしがむずかしいことなどがあげられる．

7·1 材　料

コンクリートをつくる材料は，おもにセメント，骨材，混和剤（混合材とはべつの意味，量的に少ないものを剤で表現する）よりなる．コンクリートの性質は骨材どうしを接着するセメントの性質によって支配されるが，骨材の影響も無視することはできない．また，水でねるとき，セメント粒子の凝集を防いでねりやすくしたり，ねりこみ中に大小さまざまの気泡を発生させて体積変化の緩和をはかるなど，コンクリートの性質改善のための混和剤もしばしば添加されている．

　まず，コンクリートにもちいられるセメントの大部分はポルトランドセメントであるが，その工事目的に応じて，混合セメント，アルミナセメント，超速硬セメントなども使用される．

　つぎに骨材 (aggregate) であるが，天然の砂やじゃりなど，人工的につくられた砕石，高炉スラグの粉砕物，ひる石，パーライトのような軽量骨材など，さまざまである．大きさが 5 mm 以上のものを粗骨材，5 mm 以下のものを細骨材という．

　骨材の役割は安価で安定した増量材となり，しかも乾燥収縮によりおこる体積変化を減小させることである．コンクリートの全体積の 65～80％ は骨材によってしめられており，その品質はきわめて重要である．

　骨材の性質としては硬いこと，ごみ，どろ，有機物をふくまぬこと，比重が大きいこと（軽量骨材の場合をのぞく），容易にすりへらないもの，吸水しないもの，なるべく球状のもの，粒度分布のよいもの，塩分の少ないもの，などが要求されている．

混和剤はコンクリートの配合計算に関係するほどの量を必要としないもので，これに対して混合材は配合計算に無視できないほどの量を必要とするものをさす．いずれもコンクリートの施工のしやすさ，流動性，やわらかさの改善，凝結時間の調制など，それぞれの使用目的に応じて種類も多い．混合セメントに使用する高炉スラグ，フライアッシュ，特殊セメントに使用する膨張材などは混合材といえよう．混和剤としては，それぞれの目的に応じてAE剤，発泡剤，分散剤，防水剤，減水剤，流動化剤，凝結調節剤などがある．以下，それぞれの混和剤について解説する．

まず，AE剤 (air entraining agent) は，コンクリート中に適量の空気を混入させるもので，ビンゾールレジン，ダレックス，ニューレックスなどがある．ビンゾールレジンは，松材からとったタール系炭化水素の処理物で，カセイソーダ溶液に溶かし，その20％溶液をセメント重量に対し0.03～0.06％添加する．径0.25～0.025 mmぐらいの気泡が，コンクリート内に均一に分布され，体積変化に対する抵抗が大きくなる．そのほかコンクリートを軽くするために，さらに多くの気泡を発生させる発泡剤 (gas-forming admixture) として，AlやZnなどの金属粉末がもちいられる．すなわち，Alはセメントペースト中の$Ca(OH)_2$と反応して，つぎの式により水素ガスを発生する．

$$2Al + Ca(OH)_2 + 2H_2O \longrightarrow CaAl_2O_4 + 3H_2\uparrow \qquad (7\cdot1)$$

分散剤 (dispersing agent) は，セメント粒子表面に吸着し，その凝集を防ぐことによりセメントの水和を促進する．流動性もよくなるのでW/C比を低くすることもできる．セメント部分の流動性がよくなり，じゃりと分離する可能性もあるのでAE剤と混合して使用する．もっとも多く使用されている分散剤はリグニンスルホン酸カルシウムである．

防水剤 (water-proofing agent) としては，コンクリートにばっ水性または不透水性をあたえるものが選定されている．ばっ水性を高めるにはステアリン酸，オレイン酸が使用され，セメントペースト中の$Ca(OH)_2$と反応してばっ水性の金属セッケンを生成させる．また，不透水性を高めるには水ガラスが多く使用され，セメントペースト中の$Ca(OH)_2$と反応して不溶性のC-S-H系ゲルをつくることにより，組織を密にして防水性を高める．

減水剤 (water-reducing agent) は，セメントの水和に必要な理論水量に近いW/C 比で，作業性のよいコンクリートをつくることを目的としている．リグニンスルホン酸塩，オキシカルボン酸塩，アルキルアリルスルホン酸塩などが使用されているが，これらは界面活性剤としてセメント粒子表面に吸着し，ぬれ，分散性，流動性を向上させる．減水剤を使用しないコンクリートとくらべると，単位水量を $10 \sim 15\%$ 減小させることができ，それだけ強度も増大する．

流動化剤 (plasticizer) は，あらかじめねりまぜられた，かたねりコンクリートに高性能の減水剤，たとえばメラミンスルホン酸ホルムアルデヒド，ナフタリンスルホン酸ホルムアルデヒドのいずれも高縮合物をうちこみ直前に添加し，じゅうぶんにかきまぜる．これにより少ない単位水量でコンクリートの作業性を改善するもので，減水剤の役割もはたす．

凝結調節剤 (setting regulator) としては，促進剤 (acceleralor) として $CaCl_2$ がもっとも実用化されているが，その作用はエーライトの水和促進にある．遅延剤 (retarder) としては，いろいろ知られているが，市販されている大部分はリグニンスルホン酸系かオキシカルボン酸系の塩で，減水作用もあわせ有する．その機構は，Ca^{2+} と遅延剤分子とが強いキレート環を形成するためである．

7・2 配合とねりまぜ

コンクリートをつくるときの各材料の割合または使用量を，土木では配合，建築では調合といっている．

配合のあらわしかたには，各材料を重量割合で示す重量配合と体積割合で示す体積配合とがあるが，重量配合のほうが体積配合にくらべ，計量方法による誤差が少ないので，大部分のコンクリート工事ではこの方法をもちいている．また配合割合としては，セメント1に対する比率で示す方法，コンクリート $1 m^3$ をつくるに要する各材料の重量（または体積）で示す方法とがある．

経済性を考慮しながら，かたまらないまえのコンクリートが適当な作業性と，所要の強度や耐久性を示すように配合をさだめることを，配合設計という．建築では所定の品質のコンクリートがえられるように計画された調合を，

表 7・1　コンクリートの配合,

(1) 配　　合

粗骨材の最大寸法 (mm)	スランプの範囲 (cm)	空気量の範囲 (%)	水セメント比 W/C(%)	細骨材率 s/a** (%)

* 混和剤の使用量は cc また
** s/a = S/G+S (vol. %)

(2) 計画調合

粗骨材の最大寸法 (mm)	スランプ (cm)		空気量 (%)		水セメント比 (%)	細骨材率 (%)	単位水量 (kg/m³)
	所要	指定	所要	指定			

* 絶乾状態か,

計画調合とよぶ．いずれも目標とする圧縮強さは，材令 28 日を基準とする．

　配合と調合のあらわしかたを表 7・1 に例示する．単位量とはコンクリート 1 m³ をつくるときにもちいる材料の量をいう．

　コンクリートの性質は，材料の性質および配合によっていちじるしく変化する．空気量がほぼ同じであると，ある工事条件におけるコンクリートの強度や耐久性は W/C 比によってきまるといわれる．単位水量を大きくすると，所要の強度や耐久性をえるに必要な単位セメント量が増大して不経済になる．したがって配合にあたっては所要の強度や耐久性をもたせ，しかも作業に適する作業性，ワーカビリティー (workability) をもたせる範囲で単位水量をできるだけ少なくするよう，さだめなければならない．

　均一でよいコンクリートをつくるためには，配合物は均一になるまでじゅ

調合のあらわし方

単位量 (kg/m³)						
水 W	セメント C	細骨材 S	粗骨材 G		混和材料	
			mm ~mm	mm ~mm	混合材	混和剤*

* は g であらわし, うすめたり溶かしたりしないものを示す.

絶対容量 (l/m³)			重量 (kg/m³)			表面活性剤の使用量 (cc/m³) または (g/m³)
セメント	細骨材	粗骨材	セメント	細骨材*	粗骨材*	

* 表面乾燥状態 (軽量骨材では表面乾燥状態) かを明記する.

うぶんねりまぜる必要がある. 一般には1バッチずつねりまぜるバッチミキサー (容量1〜3 m³) がおもに使用されている. また, 生コンクリートの運搬にはトラックミキサーがある.

材料をミキサー (mixer) に投入する順序は, ミキサーの型式, 骨材の種類, 粒度, 単位水量, 単位セメント量, 混和材の種類などによって異なる. 一般に生コンクリート工場では, 砂, セメント, 水, 混和剤をほとんどどうじに投入し, 最後にじゃりを投入してじゅうぶんにねりまぜる. ねりまぜ時間も配合や工事条件などにより異なるが, あまり長くねりまぜても悪影響があらわれる. バッチミキサー (容量1〜3 m³) の場合, 傾斜回転型で3分以上, 強制かくはん型で1分以上とされている. ねりおわったら, ただちにトラックミキサーに入れ90分以内に荷下ろしする.

7·3 コンクリートの性質

かたまっていないコンクリートについては，型わくのすみずみや鉄筋のあいだにじゅうぶんゆきわたるような，やわらかさをもたせ，仕上げが容易になるとともに，作業中に骨材や水などが比重差により分離しないことがたいせつである．仕上げのわるいコンクリートは，ひび割れも発生しやすい．

すでにかたまったコンクリートについてもっとも重要なのは圧縮強さで，これの高いものは耐久性など，そのほかの性質も良好であるといえる．

7·3·1 かたまらないまえのコンクリート

かたまらないまえの流動性をもつコンクリートの性質で，もっともたいせつなものは，型わくに流しこみやすいワーカビリティーである．つまりワーカビリティーはあつかいやすさ，分離しにくさをあらわしている．水を増せばやわらかくはなるが，骨材と水とは分離してしまう．適当な水量で塑性変形 (plastic deformation，力をかけると変形するが，力をとりのぞいてももとの形にもどらない変形) できるやわらかさが，のぞましい．

ワーカビリティーを分類すると，水量の多少によるやわらかさを示すコンシステンシー (consistency)，容易に型につめることができ，型をとり去っても形のくずれない性質としての可塑性 (plasticity)，仕上げの容易さ，フィニッシャビリティー (finishability) に分けられる．

ワーカビリティーの一つの表現方法として，スランプ (slump) がある．スランプは重力などのコンクリートに変形をおこさせようとする力と，水という流体の共存下におけるセメントと骨材などの固体間の摩擦力とがつりあった状態における変形の大きさである．

JIS A 1101 に規定されているスランプ試験方法によると，高さ 30 cm の鉄製のスランプコーンに，一定の方法でコンクリートをつめ，コーンをしずかに垂直に引きぬくと，コンクリートのやわらかさに応じて上面が下がる．その下がりぐあいを cm 単位であらわす．単位セメント量一定の場合，図 7·3 からもわかるように W/C 比が大きくなるほど，やわらかくなりスランプは増大する．建築物に使うコンクリートの場合では，基礎部分および床部分ではスランプ 12～18 cm のような比較的やわらかく，土木構造物のようなマスコンクリートではスランプ 2.5～7.5 cm のようなかたねりがよいといわれる．

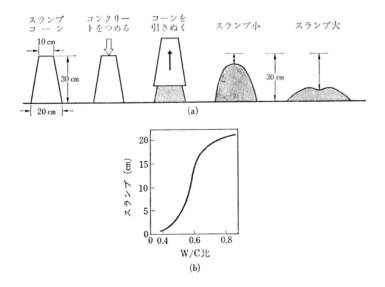

図 7·3 スランプ試験

粗骨材の最大寸法も重要である．最大寸法の大きい粗骨材を使えば，あるワーカビリティーに対し単位水量を減らし，したがって単位セメント量も減らすことができる．そこで，作業に適するワーカビリティーの範囲で，できるかぎり最大寸法の粗骨材をえらぶのがよい．建築物の場合，基礎で 40 mm（単位水量 150 kg/m³），壁，床，はり，柱などで 25 mm（単位水量 170 kg/m³）が標準である．

コンクリート中の微細な空孔は，ワーカビリティーをよくするとともに乾燥収縮緩和の役割をはたしている．AE コンクリートは，このような目的で AE 剤により空気量を 3〜6％ としたものである．しかし，あまり空気量を多くすると強度が低下し，空気量も均一に分布せず均質なコンクリートがえられない．空気量の測定は，JIS A 1116 による重量法と，JIS A 1118 による容量法とがある．コンクリート中の適当な空気量としては，マスコンクリートで 3.0％，構造物用コンクリートで 5.0％ といわれている．

コンクリートの強さは，W/C 比できまるといっても過言ではない．C/W 比と圧縮強さ σ との関係は，つぎのようにあらわされる．

$$\sigma = A + B\frac{C}{W} \tag{7・2}$$

ここにAとBとは定数で，あたえられた材料をもちいてつくられたコンクリートの28日強さから求められる．たとえば，3種の異なるC/W比をえらび，それぞれ4個以上の供試体をつくり，強さの平均値σを求め，C/W比とσとの関係を図7・4のように図示すれば，AおよびBが求まる．

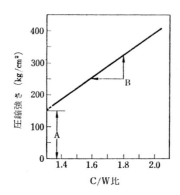

図 7・4　C/W 比と圧縮強さ（28 日材令）

試験を行わないで，新鮮なポルトランドセメントをもちいてつくったコンクリートの圧縮強さ σ は，つぎの式で求められる．

$$\sigma = K\left(0.70\frac{C}{W} - 0.41\right) \tag{7・3}$$

ここに K はセメントの規格強さである．同じ空気量のコンクリートにおいてW/C比が小さいものほど耐久性は大きくなるが，あまり小さくすると流動性がわるくなり作業がやりにくくなる．W/Cの最大値は，ふつうの気象条件下の構造物で0.50，鉄筋コンクリートで0.60ぐらいである．

　コンクリートの配合においては，まず所要のワーカビリティーをえるに必要な最小単位水量，単位セメント量，粗骨材の最大寸法，s/a，AE剤単位量をさだめ，つぎにW/C比を変えて供試体をつくり，これらの28日強度から(C/W)〜σ線を求め，目標強さに相当するW/C比をさだめる．

7・3・2 かたまったコンクリート

コンクリートの単位重量は，その重さが構造物の安定性を支配するので，とくに重要である．また，軽量コンクリートでは，逆に単位重量を減らすことを主目的としている．ふつうの構造物の設計においては，コンクリートの単位重量は 2200～2300 kg/m³，鉄筋コンクリートのそれは 2400 kg/m³，軽量コンクリートのそれは 1000～1800 kg/m³ を設定すればよい．

コンクリートの圧縮強さはコンクリートの性質のなかでもっとも重要で，たんに強度といえば圧縮強さ（材令28日）をさす．コンクリートのそのほかの性質は圧縮強さから，おおよそ推定できるからである．

圧縮強さは JIS A 1108 に規定される方法で求められる．供試体は直径 15 cm，高さ 30 cm の円柱形で，養生は 18～24°C で湿空中におき，28日材令でぬれた状態で強度を求める．乾燥したほうが強度はでるが，乾燥の程度によって値がばらつく．しかし，このようにしてつくった供試体とじっさいの構造物におけるコンクリートとは条件が異なるため同じ強度を示さないことが多い．そこで，じっさいの構造物からきりとったコアおよびはりの強度をしらべる試験方法（JIS A 1107）もある．

現在，ふつうのコンクリートの圧縮強さは 135～400 kg/cm² であるが，遠心力成形，高温高圧養生をすれば 900 kg/cm² ぐらいのものもつくられる．しかし，最近では高性能減水剤をもちいれば，特殊な成形，養生方法をとらなくても 800～1000 kg/cm² の強度をもつコンクリートもできるようになった．

一般にコンクリートの引っ張り強さは圧縮強さの約 1/10，曲げ強さは圧縮強さの約 1/6～1/5 であり，かたいがもろいという欠点がよくあらわれている．この欠点は鉄筋を入れることにより改善される．

さらにコンクリートとしてたいせつな性質の一つに耐久性があるが，そのなかで水密性で表現される水に対する抵抗性がある．これはコンクリートに対する吸水性と透水性の大小をあらわすもので，吸水は細かい空げきの毛細管現象による吸引で，透水は圧力による空げきへの浸透および透過である．したがって，空げき径が小さければ吸水，大きければ透水しやすくなる．

コンクリートは多孔質材料であるから，水と接すれば多少なりともしみこ

んでいくのは避けられないが，はいった水がこおると膨張して，破壊の原因となる．このような場合は防水剤の使用が必要となる．しかし，じっさいのコンクリートは，表面にひび割れを生じないかぎり，水密性は材令とともに大きくなり，あまり問題とならないはずであるが，W/C 比が 0.5 より大きくなると透水しやすくなるので注意すべきである．また，W/C 比が一定のときは，骨材使用量を少なくしてセメント使用量を多くすれば，透水性は小さくなる．透水試験は JIS A 6101 に規定されている．海水のような硫酸塩をふくむものに対しては，高炉セメントや耐硫酸塩ポルトランドセメントを使用する以外に対策はない．

7·4 コンクリートの種類

いままでのべてきたコンクリートは，土木，建築の工事現場でもっとも広く使用されている一般的なコンクリートで，ワーカビリティーをよくするためにAE剤を添加し人工的に3～6％程度の空気量をふくませたAEコンクリートもこのなかにはいっている．これらのコンクリートはあくまでも大きい強度と耐久性を必要としてつくられているが，このほかに使用する骨材，施工法，混和材などを変えることにより，特殊な目的のために使用するいろいろなコンクリートもある．

7·4·1 生コンクリート

かつてコンクリートは，土木や建築の工事現場において貧弱な設備で配合，施工されていたが，現在ではりっぱなコンクリート製造設備をもった工場でつくられ，まだかたまらないうちにミキサー車で工事現場にはこばれて，施工されるようになった．このようなコンクリートを生コンクリートまたはレディミクスドコンクリート (ready mixed concrete) とよんでいる．

せまい工事現場にコンクリートの製造設備や材料置場は不要となり，品質の保証された均質のコンクリートが，いつでもいくらでも供給されるようになり，セメントの需要の 70％ 程度が生コンクリート向けとなっている．すなわち，当初は大都市における土木，建築の工事現場向けが大部分であったが，いまでは全国に数多くの生コンクリート工場が建設され，地方のすみずみまで生コンクリートをはこぶことができるようになった．

生コンクリートが必要のときは，粗骨材の最大寸法，スランプ，強度を指定し，所要量(m^3)を注文すれば，いつでもミキサー車が工事現場まではこんできてくれる．ただし，トラックミキサー内で硬化しないようドラムを回転しながらはこばれてくるので，時間がたつにつれてしだいに硬化してくる．すなわち，90分をこえるとコンクリートは流動性を失ない，型わくのなかに流しこむことができなくなる．したがって，生コンクリート工場のサービス範囲は90分以内に到着できる距離以内ということになる．

7·4·2 鉄筋コンクリート

鉄筋で補強したコンクリート(reinforced concrete, 略称RC)である．鉄筋もコンクリートも線膨張率は$7 \sim 14 \times 10^{-6}/°C$で，そののびちぢみの割合が同じであるため，コンクリートのなかに鉄筋を入れることができるのである．いっぽう，コンクリートは圧縮力には強いが，引っ張りと曲げの力に弱いのに対して，鉄筋は引っ張りと曲げの力には強い．そこで，構造物の引っ張りとか曲げの力がはたらく個所に鉄筋を入れて補強するのである．引っ張りに弱いコンクリートの欠点をおぎなうとともに，さびやすく火災に弱い鋼材の欠点をコンクリートのなかにうめこむことによりおぎなった複合材料(composite materials)ということができよう．

日本では，鉄鋼コンクリートの耐震性が関東大震災(1923)でみとめられて以来，急激に普及し今日にいたっている．

7·4·3 プレキャストコンクリート板

建築物のプレハブ工法に使用される組みたて用コンクリート(precast concrete)で，鉄筋で補強されている．あらかじめコンクリート製造工場において，目的に応じて大きさや性質を調整し製造されたもので，PC板ともよばれている．現場で型わくなどの準備が不要で，コンクリートの養生期間がいらないので，工期はいちじるしく短縮できる．また，工場においても強度発現の促進と型わく脱型をはやめるために，高温蒸気養生を行うことが多い．

PC板には大小さまざまの種類がつくられているが，住宅用としては中形板と大形板の2種がつくられ，中形板は1~3階の1戸建て住宅，大形板は4~14階の集合住宅の建設にもちいられ，平均4t，最大9tのものまでつくられている．

このほかに遠心力コンクリート製品として，コンクリートを入れた形わくを高速で回転させ，遠心力を利用してしめかためた中空円筒形のプレキャストコンクリートがある．これはヒューム管とよばれているもので，そのほかにポール，パイルなども製造されている．

7・4・4 プレストレスコンクリート

プレキャストコンクリートをふくめてコンクリート製品の大きな欠点は，圧縮強さに比較して引っ張り強さ，曲げ強さがひじょうに弱く，はりに荷重をのせると，上側に圧縮力が，下側に引っ張り力が，それぞれおこり，図7・5(a) のようにたわみ，下側にひび割れを生ずる．このようなコンクリートの欠点をのぞくために，(b)に示すように鋼材にあらかじめ引っ張りをあたえたままコンクリートをうちこむと，(c)のようにできあがったコンクリート内部では鉄筋に引っ張り応力が，コンクリート部分には圧縮応力がそれぞれ生ずる．したがって(d)のように曲げても下側に圧縮力が残り，ひび割れは生じなくなる．また，荷重をとり去れば，ふたたびもとの形にもどる．このようにあらかじめ応力 (stress) をあたえられたコンクリートという意味で，プレストレスコンクリート (prestress concrete) とよばれるのである．ポール，パイル，鉄道のまくら木，建築物の床やはりなどに利用されている．

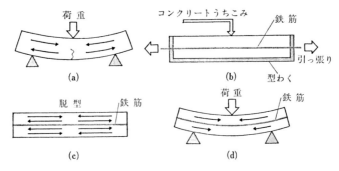

図 7・5　プレストレスコンクリートの原理

7・4・5 軽量コンクリート板

比重の小さな骨材をもちいた軽量骨材コンクリートと，多量の空気をコンクリートにまぜて重さを軽くした気泡コンクリートとがあり，いずれも工場

生産されている．

　軽量コンクリートを使うと，地盤のわるい場所でも建築物を建設することができるし，高い建物ではコンクリートを軽くして構造部材を節約できて有利となる．

　軽量骨材 (light-weight aggregate) としては火山れき，火山岩粗砕物などの天然物と膨張けつ岩，ひる石，パーライトなどの人工品などがもちいられている．比重は粗骨材で 1.25～1.30, 細骨材で 1.6～1.8 とさだめられている．

　気泡コンクリートとしては，ポルトランドセメントのほかに，生石灰，ケイ石粉，高炉スラグなどをまぜ，これに発泡剤 (Al 粉末など) を添加してえられる軽量 PC 板を蒸気養生することにより製造される．また，オートクレーブにより高圧養生 (180°C, 10 気圧, 8～10 時間処理) したものは，ALC (autoclaved light-weight concrete) とよんでいる．CaO/SiO_2 比を 1.0 とすると，180°C でトバモライト，200°C 以上でゾノトライトができる．比重 0.5～0.6 で，気孔率は体積で 80 % 以上のものができる．乾燥収縮はきわめて小さく，切断やくぎ打ちも容易である．ALC の大部分は鉄筋入りパネルで，厚みは 1.5 cm, 幅 60 cm ときまっているが，長さは 1.8～3.5 m のあいだにあり，荷重や耐火性により選択される．

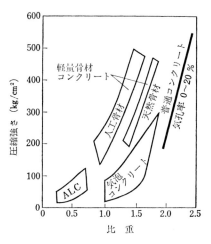

図 7・6　軽量コンクリートの比重と強度

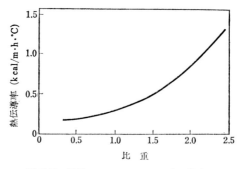

図 7·7 軽量コンクリートの比重と強度

　軽量コンクリートはその名の示すとおり軽いので,図7·6に示すように比重が小さくなるほど低強度となる.しかし,図7·7に見られるように比重が小さくなるほど熱伝導率は低くなり断熱効果が大きいので,軽量PC板として建築物の屋根,床,外壁,間じきりなどに使用すると冷暖房のエネルギーをいちじるしく節約できる.しかし,強度は低いので,おもに非構造材料で,断熱,耐火,吸音がおもな目的となる.たとえば,高層ビルの外壁工法としてはカーテンウォール工法がもっとも一般的であるが,最近はほとんどの超高層ビルの外壁として,軽量のPCカーテンウォールが多量にもちいられている(図6·1参照).

　近年,軽量建材としてトバモライト,ゾノトライトを主成分とするケイ酸カルシウム板が普及しているが,これは石灰とケイ酸質原料のオートクレーブ処理によって製造されるもので,原料としてセメントを使用せず,鉄筋を使用しないで石綿で補強するなど,ALCとは異なることに注意したい.

7·5　コンクリートの損傷と劣化

　コンクリートは強度がきわめて高く耐久性にすぐれ,しかも安価であるという点においては,土木,建築用の構造材料として他材料の追従を許さぬ存在である.それではコンクリートの寿命は永久であるかといえば,それはほかの材料と同じようにあるライフサイクル(供用年数)があることは論を待たない.しかし,ポルトランドセメントが発明されてまだ165年,日本で製造がはじまってまだ115年であるから,コンクリートの耐久材料として最終評

価はいまだ結論はでていないといえるだろう．

　コンクリート構造物を見まわすと，明治初期に建設された堤防は厳然とその威容をとどめているかと思えば，大戦後につくられた壮大な建築物でもコンクリートの損傷ははなはだしく解体されてしまったものも多い．要はコンクリート建造物としての耐久性はじゅうぶんたもたれていても表面の損傷がいちじるしく，美観上見苦しくなればその存在価値が失われることもある．ここではコンクリートの表面にあらわれるしみやひび割れの発生を損傷とし，これら損傷の進行とともに大気による中性化や，風雨，地下水，塩害などによる化学変化によっておこるコンクリートの質的変化を劣化として区別して考えることとする．コンクリートの劣化はその強度の低下をもたらし，ついには破壊にいたる．

　セメントは厳密な品質管理で製造された化学製品であっても，水や骨材は生産地によってことなり，また，コンクリートの配合，施工方法，工事場所も不特定であるとすれば，最終的にコンクリートの品質はどのように保障されるのか，議論のたえぬところである．

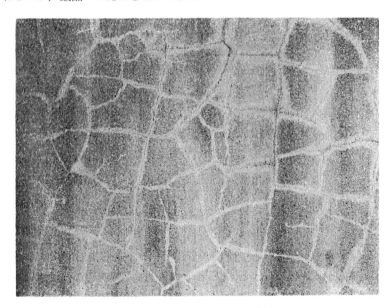

図 7·8　コンクリート表面の傷害

7・5・1 化学侵食による損傷

一般に固体の化学的侵食は，水の介在によっていちじるしく促進される．骨材はコンクリートの全体積の65〜80％をしめているが，その大部分は化学的に安定なケイ酸塩岩石からなり，その組成はち密で水を透すことはない．近年，一部の骨材の反応性が問題となっているが，これについてはあとで論ずることとして，コンクリートにおいて物理的，化学的変化のおこりやすい部分は，骨材間をうめているセメント硬化体であるといえよう．

水を透しやすいセメント硬化体中の空げきを考えると，未水和セメント粒子間に残存する比較的大きい毛細管空孔（$0.1 \sim 1000 \mu m$）と，水和ゲル中のきわめて微細なゲル空孔（$20 Å$）とがある．とくにコンクリート中の水の通路となるのは毛細管空孔である．この水の流れに抵抗するコンクリートの性質を水密性とよび，透水係数または拡散係数によりその程度をあらわしている．

図7・9はコンクリートの水密性におよぼす W/C 比の影響を示したもので，

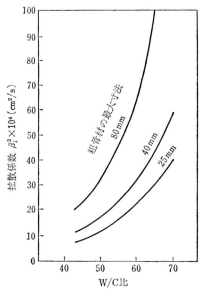

図 7・9 コンクリートの透水性
村上二郎, 土木学会論文集, No. 77, (1961).

ふつう W/C 比が 0.5 以上となると毛細管空孔の急増にともない透水性も急増する．さらに粗骨材の最大寸法が大きくなると，毛細管空孔だけでなく粗骨材の下面に局部的に生ずる空げきの影響があらわれ，透水性が増大することが知られている．

このようなコンクリート中の空げきを利用した水の流れは，セメント硬化体中から比較的溶解度の高い $Ca(OH)_2$ を溶かしだすので，透水量は材令とともに大きくなる傾向にある．$Ca(OH)_2$ とともにコンクリート表面に溶出したセメント中のアルカリ分（Na_2O, K_2O）は Na_2SO_4, K_2SO_4 の白い析出物，いわゆるエフロレッセンスとなってコンクリートの美観をそこねる．いっぽう，セメント硬化体からの $Ca(OH)_2$ の溶出にともない，コンクリートは塩基性からしだいに中性化し，コンクリート中の鉄骨の腐食を促進し，さびがしみでて表面に茶色のはん点があらわれる．

コンクリート中の空げきの存在は雨水だけではなく，硫酸イオンをふくむ土じょう水，地下水，海水などの浸入をゆるし，とくにセメント水和物のひとつであるモノサルフェート $C_3A・CaSO_4・12H_2O$ と反応し，エトリンガイト $C_3A・3CaSO_4・32H_2O$ が生成することにより，いちじるしい体積膨張をおこし，ひび割れが発生するにいたる．したがって，コンクリートの化学的耐久性を向上させるには，ポルトランドセメント中の C_3A を減らすことが必要であり，中よう熱ポルトランドセメントや高炉セメントの使用がのぞましいことになる．また，配合にあたって W/C 比をできるかぎり低くおさえ，ち密化することがのぞまれるが，W/C 比が 0.5 以下となるとワーカビリティをいちじるしく低下させるので，高機能減水剤の使用が有効となる．しかし，このような対策をとったとしても，多湿な日本の気候下では，うちっ放しのコンクリート仕上げでは，どうしてもしみやよごれがあらわれてくる．したがって，構造物の外まわりや水まわりは，コンクリートの上に防水性のある仕上げ材をほどこすことがよいとされている．

7・5・2 ひび割れの発生

コンクリートでつくられたものにひび割れを生じていないものはないといえるほど，コンクリートにひび割れはつきものである．コンクリートは圧縮には強いが引っ張りにはきわめて弱い．このことはコンクリートがひじょう

にもろく，割れやすい性質をもつことを示している．したがって，コンクリートのなかに引っ張りに強い鉄筋を組みこみ複合化させることによって，その欠点をおぎなっているのが鉄筋コンクリート（RC）である．

セメントは水との反応により硬化するが，ねりこみや流しこみのためには反応に必要な水量よりも余分の水を配合する必要がある．したがって，コンクリートは乾燥にともないしだいに収縮する．余分の水分はコンクリート中のセメント硬化体の毛細管水を多くし，これらの蒸発にともない収縮するのである．W/C 比を低くすることは乾燥収縮をおさえる有効な手段であるが，ワーカビリティを低下させるのでこれも限度がある．最近では生コンクリートはポンプで送られ打設されるために，余分の水量は多くなりがちである．骨材はコンクリート中にあってセメント硬化体の収縮緩和の役割をはたしているが，それでもコンクリートの乾燥収縮を完全におさえることはできない．コンクリートが収縮すれば内部に引っ張り応力が残り，これがある限度をこせば，ひび割れ発生を完全に防ぐことはむずかしい．そこで，一般には幅

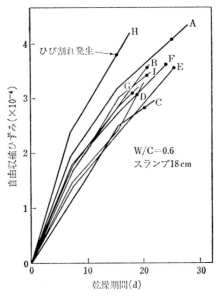

図 7·10　コンクリートと自由収縮ひずみとひび割れ発生日数
セメント協会，耐久性専門委員会ひびわれ分科会報告，H-19, p. 25 (1988).

0.2～0.3mm 以下の小さなひび割れは，美観上，耐久性からも大きな影響をあたえないとして許容しているのが現状である．

図7・10 はコンクリートの乾燥収縮にともなうひび割れ発生日数の試験例を示している．A～I の 9 試験所において手もちの材料をもちい，W/C 比 0.6，スランプ 18cm，空気量 4％ AE 減水コンクリートをつくり比較したものであるが，収縮ひずみとひび割れ発生日数との相関性はみとめられない．スランプ，空気量，圧縮強さなどのコンクリートの一般的品質が同程度であっても，ひび割れ発生日数にはかなりのばらつきが見られ，ひび割れ現象の複雑さをものがたっている．もし，伸縮性のある仕上げ材をもちいるならば解決の道となるが，このような材料はまだ開発されていない．

ひび割れに対するもうひとつの大きな要因として，温度変化によるコンクリートの膨張収縮があげられよう．まず，コンクリートの温度変化の原因として，セメントの水和熱により温度が上昇し，その後下降する場合が考えられる．その一例を図7・11に示す．材令1～2日で温度は最高（約 40℃）に達し，以後は放熱がうわまわり温度はゆっくり低下し，収縮にともない引っ張り応力が発生する．図7・12にモデルとして示したように，コンクリート内の温度差により表面に引っ張り応力を生じ，これが限界をこえるとひび割れを発生する．とくにマスコンクリートの場合は，この水和熱による温度上昇が大きいほど，ひび割れがおこりやすい．温度上昇をできるかぎり低くおさえるためには，中よう熱ポルトランドセメントや高炉セメント（B種）の

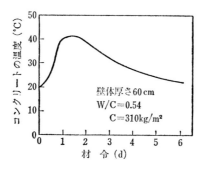

図 7・11 セメントの水和によるコンクリートの温度変化
関 博，セメント・コンクリート，No. 451, 29 (1984).

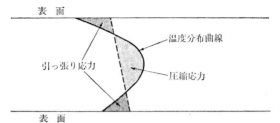
図 7・12 コンクリート内の温度差による引っ張り応力の発生

ような C_3A の少ない低発熱型セメントをもちいたり，フライアッシュを混入することにより温度上昇を低下させることも可能である．

つぎに自然現象による温度変化も，ひび割れの無視できない要因である．とくに冬は寒く夏は暑いというきびしい気象条件のところは問題である．北海道，東北地方では，コンクリートの温度が夏は 45℃，冬は −10℃，温度差 55℃ というところはざらである．とくに毎日くり返される温度変化については，あまり実験データがないが，1日の最高と最低の温度差が 10℃ をこえると，ひび割れ発生がめだつようになるといわれる．

7・5・3 アルカリ骨材反応

コンクリート中の大部分をしめる骨材は，かたく，ち密で化学的にも安定成分からなり，セメント中のアルカリとの反応性もないものと考えられていた．たしかに川砂や川じゃりは自然の変成作用を受けた安定成分からなるが，河川の保安管理上採取量に限界があり，現在の年間4億tにおよぶ骨材需要をとうていおぎなえる量ではない．全骨材の供給量のうち，約20％が川砂や川じゃりであるが，残りは砕石，陸じゃり，山砂，海砂などでしめられている．しかし，砕石では使用実績もなく，反応性有害成分をふくむものも多く，細骨材とすると粒子径が小さくなるため反応性が高まるものもある．また，山砂や海砂はじゅうぶん水洗する必要があり，水資源や廃水処理からの制約もでてくる．

アルカリ骨材反応 (alkali-aggregate reaction) とは，セメント中のアルカリと骨材中の反応成分とが反応し，その膨張性反応生成物のため，コンクリートが膨張をおこし，ひび割れ，そり，はく離などがあらわれる現象である．従来，日本ではアルカリ骨材反応をおこす骨材はきわめてまれであるといわ

れてきた.アルカリ骨材反応をおこす可能性がある岩石のひとつに酸性火山岩（SiO_2系）があり，その材料的性状がすぐれていることから広く骨材として使用されてきたが，近年，この種の岩石を使用した場合のコンクリートの損傷がめだちはじめている．いっぽう，諸外国においても被害例の報告があいつぎ，アルカリ骨材反応に関する関心が高まりつつある.

セメント中のアルカリ分とは Na_2O，K_2O の2成分をさし，その大部分は Na_2SO_4，K_2SO_4 として存在する．コンクリートのアルカリ性は，主としてセメントの水和によって生ずる $Ca(OH)_2$ に起因している．セメント中のアルカリ分は焼成原料のひとつ，粘土のなかにふくまれる正長石（$KAlSi_3O_8$）やソーダ長石（$NaAlSi_3O_8$）などに起因するものと考えられている．キルンで焼成中，アルカリ分は高温で気散し集じん室で捕集されるが，SPキルン方式では完全な熱交換をその基本としており，ダストはふたたび焼成原料中にもどるため，セメント中のアルカリ濃度の増大がめだっている．すなわち，昭和30年代は Na_2O 0.7％程度であったものが，近年は大部分の工場がSP，NSPキルンにきりかえられ，その濃度は1.4％に達するものもある.

アルカリ骨材反応によるコンクリートの損傷は，コンクリート構造物表面にあらわれるひび割れとしみによって発見される．すでにのべたように，このような損傷はコンクリートの乾燥収縮によっても通常おこりうるもので，

図 7・13 アルカリ骨材反応による橋脚のひび割れ

これとアルカリ骨材反応による損傷とが複合化して発生することも多く，ひび割れの発生の状態だけからその原因を決定することは困難である．

図7・13はアルカリ骨材反応による損傷の例である．場所は道路橋脚で，いくつかの点を中心として互いに120°ぐらいの角度でひびが放射状に伸び，六角網状のひび割れがたくさんあらわれている．さらにポップアウト（骨材のはがれ）も見られ，鉄筋のさびのしみが割れ目からしみでて雨水とともに流れおちている．アルカリ骨材反応のあらわれやすい場所は長時間の日照や風雨を受ける部分，乾湿のくり返しを受ける部分，すなわち，水が蒸発しやすくアルカリ分の濃縮しやすいところである．

アルカリ骨材反応は主成分に SiO_2（シリカ）をふくむ岩石とアルカリが反応するアルカリシリカ反応と，主成分に CO_3^{2-} をふくむ岩石とアルカリとが反応するアルカリ炭酸塩反応とに大別される．前者は岩石中に低結晶性のシリカや微細な石英粒子が存在する場合，後者はドロマイトやシリカ質石灰石の場合におこりやすい．いっぽう，一部の反応性の高いケイ酸塩岩石とアルカリとが反応するアルカリシリケート反応もみとめられているが，じっさいには石英やドロマイトの微粒子もふくむことが多いので，アルカリシリカ反応との区別はむずかしい．骨材は安山岩，流紋岩，凝灰岩，砂岩，チャート，頁岩などの岩石で構成されているが，これらのなかにアルカリとの反応

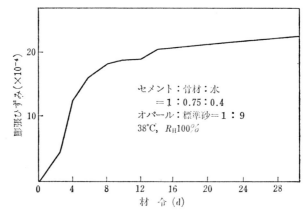

図 7・14 モルタルの材令と膨張ひずみ
川村満紀，枷場重正，セメントコンクリート，No.451, 118 (1984).

性が高いシリカや火山ガラスなどがふくまれていることが多い．

アルカリ骨材反応によるひび割れ発生は，反応による膨張性物質に起因するとされ，モルタルやコンクリートの膨張率と密接な関係があるといわれる．反応性骨材として非晶質シリカからなるオパールを使用したモルタルについて膨張率を測定すると，図7・14のようになり，材令8日までの膨張速度がいちじるしい．非晶質シリカはモルタル中でアルカリと反応しながら吸水によって膨張し，ひび割れ発生となる．

セメント硬化体の空げき中に存在するアルカリ溶液中の OH^- と Na^+ は，つぎの式により反応性シリカと反応する．

$$-Si-O-Si- + 2OH^- \longrightarrow -Si-O^- + -Si-O^- + H_2O \quad (7\cdot 4)$$

$$-Si-O^- + Na^+ \longrightarrow -Si-O-Na \quad (7\cdot 5)$$

すなわち，OH^- は $-Si-O-Si-$ 結合を切断し，さらに末端の $-Si-O^-$ は Na^+ と結合し，アルカリケイ酸塩ゲルを生成する．このゲルはしだいに水を吸って膨張し，生じた応力にコンクリートが耐えられなくなると，変形やひび割れがおこる．したがって，アルカリシリカ反応は反応性シリカがふくまれている骨材を高湿度下で使用すれば，じゅうぶんおこりうる．

骨材のアルカリ反応性を確認する方法として，化学法，モルタルバー法がJIS A 5308（レデーミクストコンクリート）に規定されている．化学法は300～150 μm の大きさの骨材粉末を 1N NaOH 溶液中（80℃）で25時間溶解したシリカ量（Sc）とそのさいの NaOH の濃度の減少量（Rc）との関係から，骨材の反応性を判別する方法である．

化学法による Sc と Rc との関係から図7・15に示すような有害，潜在的有害，無害の3区分がさだめられている．セメント協会セメント化学専門委員会の報告から，実際に骨材を構成する岩石を上記試験にしたがって Sc と Rc を求め本図にそう入すると，ごくおおまかであるが3区分の判定が可能である．これら7種の粗骨材について岩石的キャラクタリゼーションを行った結果，6種の反応性骨材からはアルカリシリカ反応性にとむといわれている鉱物が検出された．すなわち，おもに安山岩からなるA～Eにはガラス相，クリストバライトまたはトリジマイトが，スレート，チャート，砂岩よりな

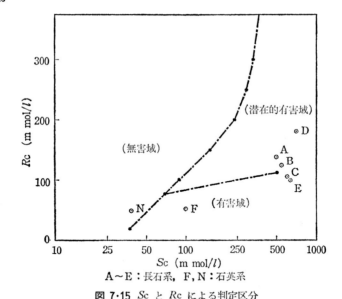

A〜E：長石系，F，N：石英系
図 7·15 Sc と Rc による判定区分
セメント協会，セメント化学専門委員会報告，C-4, p. 8 (1987)

るFには多量の石英微結晶をふくんでいる．無害と判定されたNは結晶性の良好な石英結晶よりなる砂岩である．これらの結果や近年報告されているこの方面の研究などを総合すると，骨材のアルカリに対する反応性は岩石を構成する鉱物の種類や組成，ケイ酸塩の構造や結晶性に大きく影響されているようである．すなわち，3次元網状構造の石英，長石，2次元層状の雲母，長鎖状の輝石，角せん石などはアルカリに対して強い抵抗性をもつが，構造の規則性がくずれ，非晶質やガラス質となったシリカ，低結晶性のクリストバライト，反応性の高い粘土などはアルカリ抵抗性が低くなることが推察できる．

モルタルバー試験はセメント1，骨材2.25，W/C=0.50 の配合割合で供試体を作成し，20±1℃，相対湿度80%以上で2日間養生したのち，脱型し，ついで湿潤状態で37.8℃の温度にたもち膨張率を測定する．図7·15のA〜Nの7種の骨材について，材令6か月のモルタルバー膨張率を求めると，セメントのアルカリ含有量0.36%ではいずれも0.10%以上に達せず，有害なア

ルカリ骨材反応を引きおこす可能性はないと判定されたが，アルカリ含有量が0.93%ではA，B，Cが膨張率0.10%以上となり，アルカリ量を1.50%に調整した場合には反応性骨材A～Fのすべてが0.10%以上となり，骨材のアルカリ骨材反応性が高いことが判定された．これらに対し非反応性骨材Nはアルカリ量が1.50%でも膨張率0.03%程度で，アルカリ反応性がおこる可能性がないと判定された．

このような結果から，反応性骨材を使用しなければアルカリ骨材反応は防ぐことができることがわかるが，骨材事情はきびしく，反応性のシリカやケイ酸塩を含有する骨材を使わざるをえないことが多い．このような場合にはコンクリート中に供給されるアルカリ量を抑制する以外に方法はないことになる．

セメント中のアルカリ分はクリンカー鉱物のなかでも，とくにビーライトとアルミネートにそれぞれNa_2OとK_2Oが0.2～1.0%ぐらいずつ固溶されている．すでにのべたように，現在のセメント製造方式においては，高温で揮散した一部のアルカリは原料にリサイクルされ，濃縮，アルカリ化が避けられない．したがって，低アルカリ化の方法としては，セメント原料の粘土を低アルカリのものにきりかえる以外に方法はない．しかし，低アルカリ粘土はその産出量に限度があるので，原料のコスト上昇をもたらす．現在ではJIS R 5210（ポルトランドセメント）の規格のなかで，あらたに全アルカリ$R_2O(Na_2O+0.658K_2O)$が0.6%以下の低アルカリ形セメントがつけ加えられた．さきの反応性骨材のモルタルバー膨張率からもアルカリ量の増加につれて有害判定が示されたが，これらの反応性骨材が使用されているコンクリートの膨張と損傷を対比した結果からも，セメント中のアルカリ量が0.6%以下であれば，アルカリ骨材反応によるコンクリートの損傷は大部分防止できることがたしかめられている．

セメントの統計

付表1 世界のセメント生産量 （単位 10000 t）

	2008	2009	2010	2011	2012	2013
中　　国	140000	162900	188000	209900	221000	241600
イ ン ド	18500	20500	21000	24000	27000	280
アメリカ	9761	6486	6718	6864	7500	7700
日　　本	6281	5480	5153	5129	5500	5700
ト ル コ	5403	5397	6274	6341	6400	7100
ブラジル	5197	5175	5912		6900	7000
イ ラ ン				6100	7000	7200
世 界 計	285000	304000	331000	365000	383000	407000

（日本国勢図会 2016/17）

付表2 日本のセメントの生産と輸出 （単位 1000 t）

	2010	2011	2012	2013	2014	2015
生　産	51526	51291	54737	57962	57913	54827
輸　出	631	730	847	830	610	395

（日本国勢図会 2016/17）

付表3 セメントの輸出先と輸出量（2014） （単位 1000 t）

地 域 別	アジア	オセアニア	アフリカ他	計
輸 出 量	6848	1911	662	9421
構成比(%)	72.7	20.3	7	100

（J. Soc. Inorg. Mater. Japan, 22, 305 (2015)）

付表4　セメントの需要部門別販売量 (2014)

(単位 1000 t)

需要部門	販売量	構成比(%)
鉄　　　　道	2	0.0
電　　　　力	81	0.2
セメント製品	5997	13.1
生コンクリート	32420	71.0
港　　　　湾	72	0.2
道　路・橋　梁	179	0.4
土　　　　木	4062	8.9
建築　官　公　需	123	0.3
建築　民　　　需	480	1.1
建築　　　計	603	1.3
自　家　用	15	0.0
そ　の　他	1617	3.5
国　内　計	45651	100.0
輸　　　　出	9421	

(J. Soc. Inorg. Mater. Japan, 22, 305 (2015))

付表5　セメント種類別生産量 (2014)　　(単位 1000 t)

種　類		生産量	構成比(%)
輸出用クリンカー		4445	7.3
ポルトランドセメント	普　　通	39226	64.2
	早強, 超早強	3141	5.1
	中　よ　う　熱	676	1.1
	低　　　　熱	189	0.3
	耐硫酸塩, その他	7	0.0
	そ　の　他	0	0.0
	計	43239	70.8
混合セメント	高　　炉	12230	20.0
	シ　リ　カ	0	0.0
	フライアッシュ	74	0.1
	そ　の　他	926	1.5
	計	13230	21.6
その他のセメント		183	0.3
セメント合計		61097	100.0

(J. Soc. Inorg. Mater. Japan, 22, 305 (2015))

付表6　製造方式別のクリンカー生産量（2014）

（単位 1000 t）

		生産量	構成比(%)
乾式	新サスペンション（NSP）	41867	87.0
	サスペンション（SP）	6705	13.0
	計	51573	100.0

(J. Soc. Inorg. Mater. Japan, 22, 305 (2015))

付表7　原料と燃料の消費量（2014）

（単位 1000 t）

	原料, 燃料	数量	構成比(%)
原料	石　灰　石	64172	77.1
	粘　　　土	13868	16.7
	ケ　イ　石	3592	4.3
	ス　ラ　グ	1609	1.9
	そ　の　他	17	0.0
	計	83258	100.0
	化学セッコウ	2033	94.1
	天然セッコウ	128	5.9
	計	2161	100.0
燃料	重　　油（1000kl）	54	
	石　　炭（1000t）	6753	
	電　　力（100万kWh）	6776	

(J. Soc. Inorg. Mater. Japan, 22, 305 (2015))

単位換算表

物理量, 記号	非 SI 単位	SI 単位 (概数)
長さ l	1 Å (オングストローム)	10^{-10}m, 10^{-1}nm
	1 μ (ミクロン)	10^{-6}m, $1\,\mu$m
	1 in (インチ)	2.54×10^{-2}m
	1 ft (フート)	0.30 m
面積 A	1 ha (ヘクタール)	10^4m^2
	1 a (アール)	10^2m^2
	1 in^2 (平方インチ)	6.45×10^{-4}m^2
	1 ft^2 (平方フート)	9.29×10^{-2}m^2
体積 V	1 l (リットル)	10^{-3}m^3
	1 in^3 (立方インチ)	1.64×10^{-5}m^3
	1 ft^3 (立方フート)	2.83×10^{-2}m^3
	1 l/mol (リットル/モル)	10^{-3}m^{3}mol^{-1}
質量 m	1 t (トン)	10^3 kg
	1 lb (ポンド)	0.454 kg
密度 ρ, 濃度 c	1 g/l (グラム/リットル)	1 kg m^{-3}
	1 lb/ft^3 (ポンド/立方フート)	16.0 kg m^{-3}
	1 mol/l (モル/リットル)	10^3 mol m^{-3}
時間 t	1 min (分)	60 s
	1 h (時)	3600 s
	1 d (日)	24 h, 86400 s
速度 v	1 cm/s (センチメートル/秒)	10^{-2}m s^{-1}
力 F	1 dyn (ダイン)	10^{-5}N
	1 kgf (キログラム重量)	9.807 N
運動量 p	1 kgf·s (キログラム重量秒)	9.807 N s
圧力 P	1 bar (バール) (0.986 atm)	10^5Pa
	1 atm (気圧)	1.01×10^5Pa (1.01×10^6dyn/cm^2)
	1 Torr (トール)	133.3 Pa
	1 mmHg (ミリメートル水銀柱)	133.3 Pa
応力 σ	1 kgf/mm^2 (キログラム重量/平方ミリメートル)	9.807×10^6 Pa (9.807 MPa または N/mm^2)
	1 dyn/cm^2 (ダイン/平方センチメートル)	10^{-1}Pa
	1 erg (エルグ)	10^{-7}J
	1 cal (カロリー)	4.186 J (1/860 Wh)

エネルギー E, 仕事 W, 熱, 熱量 Q, エンタルピー H	1 eV（電子ボルト）	1.6×10^{-19} J (3.8×10^{-23} kcal)
	1 eV/mol（電子ボルト/モル）	96.5×10^{-3} J mol^{-1} (23.06 kcal/mol)
	1 kWh（キロワット時）	3.6×10^{6} J
	1 Btu（イギリス熱力学単位）	1055 J
	1 kgf·m（キログラム重量メートル）	9.807 J
仕事率 P	1 erg/s（エルグ/秒）	10^{-7} W
	1 kgf·m/s（キログラム重量メートル/秒）	9.807 W
	1 cal/h（カロリー/時）	1.163×10^{-3} W
粘度 η	1 P（ポアズ）	10^{-1} Pa s (1 dyn·s/cm^2)
	1 kgf·s/m^2（キログラム重量秒/平方メートル）	9.807 Pa s
熱伝導率 λ	1 cal/cm·s·℃（カロリー/センチメートル秒セルシウス度）	418.7 Wm^{-1}K^{-1}
熱容量 C, エントロピー S	1 cal/℃（カロリー/セルシウス度）	4.187 JK^{-1}
比熱 c	1 cal/g·℃（カロリー/グラムセルシウス度）	4.187×10^{3} J kg^{-1}K^{-1}
電気量 Q	1 A·h（アンペア時）	3.6×10^{3} C
電気コンダクタンス G	1 Ω（モー）	1 S (1Ω^{-2})
磁界の強さ H	1 Oe（エルステッド）	100/4π Am^{-1}
磁束密度 B	1 Gs（ガウス）	10^{-4} T
周波数 f	1 c/s（サイクル/秒）	1 Hz
振動数 ν	1 cpm（サイクル/分）	1/60 Hz
回転数 n	1 rps（回/秒）	1 s^{-1}
	1 rpm（回/分）	1/60 s^{-1}

元素の周期表

	1A	2A	3A	4A	5A	6A	7A	8			1B	2B	3B	4B	5B	6B	7B	0
1	H																	He
2	Li	Be											B	C	N	O	F	Ne
3	Na	Mg											Al	Si	P	S	Cl	Ar
4	K	Ca	Sc	Ti	V	Cr	Mn	Fe	Co	Ni	Cu	Zn	Ga	Ge	As	Se	Br	Kr
5	Rb	Sr	Y	Zr	Nb	Mo	Tc	Ru	Rh	Pd	Ag	Cd	In	Sn	Sb	Te	I	Xe
6	Cs	Ba	*	Hf	Ta	W	Re	Os	Ir	Pt	Au	Hg	Tl	Pb	Bi	Po	At	Rn
7	Fr	Ra	†															

* ランタノイド元素　La　Ce　Pr　Nb　Pm　Sm　Eu　Gd　Tb　Dy　Ho　Er　Tm　Yb　Lu
† アクチノイド元素　Ac　Th　Pa　U　Np　Pu　Am　Cm　Bk　Cf　Es　Fm　Md　No　Lr

和 文 索 引

ア 行

アスベスト　39
圧縮試験　164
アノーサイト　77
アフィライト　52, 54, 125, 129, 141, **147**
アルカリ骨材反応　244
アルカリシリカ反応　246
アルミナゲル　77, 150
アルミナセメント　215
　　――の強度　217
　　――の水和反応　217
　　――の製造　218
　　――の耐火性　218
アルミネート相　89, **99**
アルミノケイ酸塩　34
イオン結合　18
イオン半径　30
異常凝結　177
ウォルストナイト（α）　38
ウォルストナイト（β）　39
エアクエンチングクーラー　12
エアブレンディングサイロ　10
エトリンガイト
　　54, 133, 158, 168, 172, 195, 199, 241
　　――型複塩　152
　　――の結晶成長圧　**137**, 199, 220
　　――の合成　153
　　――のTG-DTA曲線　58
　　――の電子顕微鏡写真　119
　　――の溶解度　154

エフロレッセンス　198, 241
エーライト（――→C_3S）　90
　　――とビーライトの分離　89
　　――のX線回折図形　91
　　――の化学組成　90
　　――の水和速度　155
　　――の電子顕微鏡写真　81
　　セメントクリンカー中の――　88
エンスタタイト　39
オーケルマナイト　37, 80, 201
オートクレーブ養生　189
温石綿　39

カ 行

界面活性剤の作用　168, 176, 277
カオリナイト　39
　　――のTG-DTA曲線　58
　　――の熱分解　**59**, 72, 82
化学的抵抗性　115, **199**, 208, 217
可塑性（粘土-水系）　40
活性化エネルギー（固相反応）　65
滑石　41
活動係数（セメント成分の係数）　116
ガラス　77
　　ケイ酸塩――　78
　　セメントクリンカー中の――相
　　　　79, 89, **108**
カラーセメント　209
カルサイト　29
　　――のTG-DTA曲線　58
　　――の熱分解　**57**, 84

カルシウムアルミネート → C_3A		高アルミナ質耐火物	12, **72**
カルシウムアルミノフェライト		硬化	162
→ C_4AF		硬化ペースト	192, 224
間げき相（クリンカー鉱物）	89, **99**	――中の空げき	170, 193, 195
乾燥収縮	162, 174, **195**	――の乾燥収縮率	174, 193
カンラン石	31	――の細孔分布曲線	194
ぎ凝結 → 異常凝結		――の水蒸気吸着等温線	193
気泡コンクリート	237	――の水分	170, 193
キャラクタリゼーション（材料）	17	――の組織	169
吸水性（コンクリート）	233	格子欠陥	64
凝結	162	格子定数	19
――試験	163	高炉スラグ	38, 80, **212**
――促進剤	**176**, 217, 227	高炉セメント	**210**
――遅延剤	**175**, 217, 227	――の製造	212
共晶	71	――の水和熱	213
強熱減量（化学分析）	87, 198	コージェライト	38
共有結合	30	固相反応	62
共融点	71	固体	18
金属結合	30	固体化学	17
クリストバライト（β）	41	骨材（コンクリート用）	225, 240, 244
クリソタイル	39	固溶体	**29**, 72
クリンカー → セメントクリンカー		コラム構造（エトリンガイト）	54
クリンカー鉱物	89	コロイド説（セメントの凝結，硬化）	167
――の水和速度	155	こわばり（異常凝結）	177
ケイ酸塩ガラス	78	コンクリート	162, **224**
ケイ酸カルシウム板	138, 147, 238	――中の空気量	231
ケイ酸率（セメント成分の比率）	116	――の圧縮強さ	166, 231
ケイ石	4, **41**	――の乾燥収縮	242
軽量骨材	237	――の材料	225
軽量コンクリート板	236	――の侵食	198, 199, 200, 239
結晶系	19	――の損傷	239
結晶成長	47, **70**	――の中性化	198, 241
結晶水	46	――の配合	227
結晶転移 → 転移		――の膨張収縮	219, 243
ゲル空孔	170, 240	――の劣化	239
ゲル水	193	A E ――	234
ゲーレナイト	37, 77, 80, 83, 201	軽量――板	236
減水剤	176	混合セメント	209
コンクリート用――	227	コンシステンシー	230

混和剤（コンクリート用） 225

サ 行

作業性 → ワーカビリティー
サスペンションプレヒーター
　　　　　　→ SP キルン
酸化カルシウム 21
　　　——のX線回折図形 24
　　　——の固溶体 31
　　　——の水和 50
酸化ケイ素 → シリカ
酸化鉄（セメント原料） 5
酸化物のイオン間結合力 26
酸化マグネシウム 108
　　　——のX線回折図形 24
酸性白土 214
酸素酸塩 27
仕上げミル 13
　　　——内でのセッコウの脱水 177
ジオプサイト 39
示差熱分析（DTA） 56
ジャイロライト 147
重液分離（クリンカー鉱物） 89
蒸気養生 188
焼結 69
状態図 70
　　2成分系——モデル 71
　　Al_2O_3-SiO_2系—— 72
　　C_3A-NC_3A_3系—— 101
　　CaO-Al_2O_3系—— 75
　　CaO-Al_2O_3-SiO_2系—— 76
　　CaO-$CaO·Al_2O_3$-$2CaO·Fe_2O_3$系
　　　　　—— 84
　　CaO-MgO系—— 30
　　CaO-SiO_2系—— 74
　　C_2S系—— 96
　　C_3S系—— 93
　　Mg_2SiO_4-Fe_2SiO_4系—— 44
　　SiO_2系—— 42

シリカ 41
　　アルカリ——反応 246
　　——ガラス 42, **78**
　　——ゲル 60, 77, 125
　　——セメント 214
　　——の転移 42
　　——の膨張 45
水硬率 115
水砕スラグ 212
水酸化カルシウム 50, **138**
　　——の TG-DTA 曲線 58
　　——の電子顕微鏡写真 119
　　——の熱分解 51
　　——の溶解度 139
水蒸気養生 189
水素ケイ酸イオンの脱水縮合
　　　　　　　51, 127, 169
水熱反応（CaO-SiO_2-H_2O系） 147
水密性（コンクリート） 233, 240
水和熱 132, 178, 243
スピネル 60
スランプ試験 230
正長石 41
ゼオライト 41
　　——水 **42**, 49, 151
石英 41
　　——ガラス → シリカガラス
　　——の構造 43
石灰石 4, 29
　　——と粘土との固相反応 83
　　——の化学組成 4
　　——の鉱床分布 4
　　——の採掘と破砕 8
　　——の熱分解 57, 82
石灰飽和度（セメント成分の係数） 116
セッコウ 5, 13, **46**
　　——の化学組成 4
　　——の結晶成長 47
　　——の TG-DTA 曲線 58

───の熱分解	56	(───→ダスティング)	
───の溶解度	48	───の比熱	86
仕上げミル内での───の脱水	177	セラミックス	16
C_3A の水和と───の作用	131, 153	潜在水硬性	210
ポルトランドセメントの水和と		早強ポルトランドセメント	205
───の作用	156, 173	───の化学組成	88, 206
セメント(───→ポルトランドセメント)	2	塑性変形	230
───ゲル		ソーダフツ石	41
39, 52, 77, 125, 140, **162**, 167, **169**		ゾノトライト	54, 146, **148**
───工場の環境対策	13	───の構造	141
───工場の分布	4		
───水和物	51	**タ 行**	
───中のアルカリ	241, **248**	体積拡散	64
───の物理試験方法 (JIS)		耐硫酸塩抵抗	199
	163, 164, 184	耐硫酸塩ポルトランドセメント	
───ペースト	52, **162**, 167, 224		206, 208, 213
セメント化合物	25	ダスティング(セメントクリンカー)	
───の圧縮強さ	124		12, **45**, 74, 83, 96
───のX線回折図形	25	タルク ───→ 滑石	
───の構造	33	単一酸化物	26
───の水和速度	123, 124	炭酸カルシウム ───→ カルサイト	
───の水和熱	132, 178	断熱熱量計	179
───の水和反応	123, 154	地殻	26
───の性質	115	地熱井セメント	221
───の生成熱	86	中よう熱ポルトランドセメント	
───の生成反応	66, 83, 85		131, 207, 213
───の組成計算	110	───の化学組成	88, 206
───の比熱	86	チューブミル	8
セメントクリンカー	12, 25, **82**, 183	長石 ───→ 正長石	
───中の液相生成	106	超早強ポルトランドセメント	206, 217
───中のガラス相	67, 79, 83, **108**	超速硬セメント	217, 220
───中の MgO	108	低アルカリ形セメント	248
───のX線回折図形	25	鉄筋コンクリート (RC)	235, 242
───の化学組成	88	鉄率(セメント成分の比率)	116
───の写真	15	転移	42
───の生成反応	82, 85	銅からみ	5
───の生成領域	76	透水性(コンクリート)	233, 240
───のセメント化合物組成	88	トバモライト	**53**, 140, 142, 146, 192
───のダスティング		───系のX線回折図形	141, 143

——ゲル	**54**, 142, 192		——の電子顕微鏡写真	81
——層の組みかえ	145		——粒子表面のしま模様	98
——の構造	53, 141		ヒレブランダイト	141, 146
トポ化学反応	**120**, 167		ファンデルワールス結合	18, 40, 139
トリサルフェート ── エトリンガイト			フィニッシャビリティー	230
トリジマイト	41		風化 (セメント)	197
——(β_2) の構造	44		フェライト固溶体 ── C_4AF 系固溶体	
			フェライト相	89, **103**, 137
ナ 行			——のX線回折図形	100
生 (なま) コンクリート	234		——の化学組成	103
軟ケイ石 ── ケイ石			——のDTA曲線	104
二水セッコウ ── セッコウ			——の分離	99
熱てんびん (TG)	56		複合材料	235
粘土	5, **39**		複合酸化物	27
——の化学組成	4		普通ポルトランドセメント ── ポルトランドセメント	
——の石灰石との固相反応	84			
——の熱分解	59, 82		フッ石 ── ゼオライト	
			不溶残分 (化学分析)	87, 204
ハ 行			フライアッシュ	214
排脱セッコウ	5		——セメント	224
白色ポルトランドセメント	208		プレキャストコンクリート板	189, 235
発泡剤	226, 237		プレストレスコンクリート	236
ハロイサイト	62		プレヒーター内の温度分布 (NSP キルン)	
半水セッコウ	49			11
ビカー針装置	163		ブレーン空気透過法	184
比表面積	184		フロー値	212
セメントゲルの——	167, 169		分解融点	71
ポルトランドセメントの——			分散剤 (コンクリート用)	226
	186, 206		粉末度	183
ひび割れ	241		粉末法 (X線回折)	23
ひび割れ防止 (コンクリート)	219		へき開性	47, 139
ヒューム管	236		ペースト ── セメントペースト	
標準軟度ペースト	163		ペロブスカイト	27
表面拡散	64		防水剤 (コンクリート用)	226
表面張力	69		膨張セメント	218
ビーライト	89, **95**		ポゾラン	214
——とエーライトの分離	89		——反応	214
——のX線回折図形	98		ホルステライト	31, 34
——の水和速度	155		ポルトランドセメント (── セメント)	

1, 16, 162, 204	
────水和物のX線回折図形　139	
────の圧縮強さ　166, 182	
────のX線回折図形（クリンカー）25	
────の化学組成　4, 88, 183, 204	
────の凝結，硬化　161	
────の凝結時間　164	
────の製造工程　6	
────の水和速度　155	
────の水和熱　178, 181, 207	
────の水和発熱曲線　156, 189	
────の水和反応　154	
────の比率，係数　115, 205	
────の物理試験結果　206	
────の粉末度　184	
────の曲げ強さ　165	
ボールミル　8	

マ 行

曲げ試験　165
マスコンクリート用セメント
　　　　　　　131, 178, 207, 214
水セメント比（W/C比）
　　　　　　　125, 162, 171, **187**
無水セッコウ　49
無定形状態　**57**, 59, 77
ムライト　60
ムライト固溶体　72
メリライト　37
面指数　21
毛細管空間　170, 240

毛細管水　193
モノサルフェート　133, 154, 158, 241
　　────型複塩　153
　　────型複塩の固溶体　154, 158
モノサルホアルミネート ──→ モノサ
　ルフェート
モルタル　162, 164, 209, **224**

ヤ 行

焼きセッコウ（──→半水セッコウ）　48
油井セメント　221
誘導期（セメントの水和）　126, 157, 168
溶解沈殿説（セメントの凝結，硬化）　167
養生　171

ラ 行

流動化剤（コンクリート用）　227
リン酸セッコウ　4, 5, 32
レディミクストコンクリート ──→
　生コンクリート
ロウ石　41
ロータリーキルン　10
　　────内の温度分布　11
　　────用耐火物　12
ロッシェミル　8
ローラーミル　8

ワ 行

ワーカビリティー（コンクリート）
　　　　　　　　　　　　228, 234

英文索引

A

AEコンクリート 234
AE剤 226
ALC 237
Al_2O_3-SiO_2系状態図 73
$3Al_2O_3 \cdot 2SiO_2$ ⟶ ムライト
Al-Si スピネル 60
$Al_2Si_2O_5(OH)_4$ ⟶ カオリナイト

B

Blaine 空気透過装置 185
Bogue 組成 88, 110
Bragg の条件 23

C

CA 216
CA_2 216
CA_6 216
C_2A - C_2F 系固溶体 ⟶ C_4A 系固溶体
C_3A 27
――――-フェライト系状態図 107
――――変態の安定化 101
――――のX線回折図形 25, 102
――――の水和 54, 132
――――の水和とセッコウの作用
133, 135, 156
$C_3A \cdot CaCO_3 \cdot 12H_2O$ 149, 153
$C_3A \cdot Ca(OH)_2 \cdot 32H_2O$ 135, 136
$C_3A \cdot CaSO_3 \cdot 12H_2O$ 153
$C_3A \cdot CaSO_4 \cdot 12H_2O$ ⟶ モノサルフェート
$C_3A \cdot 3CaSO_4 \cdot 32H_2O$ ⟶ エトリンガイト
C_3A-NC_8A_3 系状態図 101
$C_{12}A_7$ 75, 216
$C_{11}A_7 \cdot CaF_2$ 220
C_4AF 82
――――系固溶体 32, 83, 104
――――のX線回折図形 25, 33
――――の水和 137, 155
C_6AF_2 106
$C_3(AF)H_6$ 152
CAH_{10} 151, 217
C_2AH_8 132, 134, 149, 151
C_3AH_6 132, 134, 138, 149, 151
―――― - C_3FH_6 固溶体 138, 152
C_3AH_{12} 151
C_4AH_{19} 132, 134, 149, 151
C_4AH_{13} 149, 151
$Ca_2Al(SiAl)O_7$ ⟶ ゲーレナイト
$CaCO_3$ ⟶ カルサイト
C_2F 104, 105
C_3FH_6 152
CaO ⟶ 酸化カルシウム
CaO-Al_2O_3 系 216
――――状態図 75
CaO-Al_2O_3-H_2O 系 148
CaO-Al_2O_3-SiO_2 系状態図 150
CaO-$C_{12}A_7$-CaF_2 系状態図 107
CaO-CaO·Al_2O_3-$2CaO \cdot Fe_2O_3$ 系状態図
84

CaO-Fe_2O_3-H_2O 系 　　　　151
$Ca(OH)_2$ 　　　　　　　　50, 138
CaO-SiO_2-H_2O 系 　　　　140
$CAS_2 \longrightarrow$ アノーサイト
$C_2AS \longrightarrow$ ゲーレナイト
$CaMg(SiO_3)_2$ 　　　　　　　39
$Ca_2MgSi_2O_7$ 　　　　　　　37
$CaSiO_3 \longrightarrow$ ウォルストナイト（β）
$Ca_3Si_3O_9 \longrightarrow$ ウォルストナイト（α）
CaO-SiO_2-H_2O 系化合物　141, 143, 147
$CaSO_4 \longrightarrow$ 無水セッコウ
$CaSO_4 \cdot 1/2 H_2O \longrightarrow$ 半水セッコウ
$CaSO_4 \cdot 2 H_2O \longrightarrow$ セッコウ
$CaTiO_3 \longrightarrow$ ペロブスカイト
C_2S 　　　　　　　　　　　　34
　　──系状態図 　　　　　　　96
　　──変態の安定化 　　　　　98
　　──のX線回折図形 　　　　25
　　──の水和　51, 121, 126, 129
　　──の多形 　　　　　　34, 96
　　──のDTA曲線 　　　　　 97
　　──の転移 　　　　　　45, 74
C_3S 　　　　　　　　　　　　36
　　──系状態図 　　　　　　　93
　　──変態の安定化 　　　　　94
　　──のX線回折図形 　　　　25
　　──の水和 　　　52, 121, 125
　　──の多形 　　　　　　　　92
　　──のDTA曲線 　　　　　 92
C_3S_2 　　　　　　　　　　　73
CSH（Ⅰ）　53, 128, 140, 144, 157, 169
CSH（Ⅱ）　53, 128, 140, 145, 157, 169
$C_2SH(B) \longrightarrow$ ヒレブランダイト
$C_2S_3H \longrightarrow$ ジャイロライト
$C_3S_2H_3 \longrightarrow$ アフィライト
$C_5S_6H_5 \longrightarrow$ トバモライト
$C_6S_6H \longrightarrow$ ゾノトライト

H

H.M. ── 水硬率

I

I.M. ── 鉄率

J

Jander 式 　　　　　　　　64

K

$KAlSi_3O_8 \longrightarrow$ 正長石

M

$MgAl_2O_4 \longrightarrow$ スピネル
MgO ── 酸化マグネシウム
$MgSiO_3 \longrightarrow$ エンスタタイト
$Mg_2SiO_4 \longrightarrow$ ホルステタイト
Mg_2SiO_4-Fe_2SiO_4 系状態図
Miller 指数 　　　　　　　 21

N

NSPキルン 　　　　　　　 10

P

PCカーテンウォール 　　　238
PC板 　　　　　　　189, 235

R

RC 　　　　　　　　　　235

S

$SiO_2 \longrightarrow$ シリカ
S.M. ── ケイ酸率
SPキルン 　　　　　　　　10

V

Vicat 針装置 　　　　　　163

著者紹介

荒井　康夫
（あら　い　やす　お）

日本大学名誉教授，工学博士
元無機マテリアル学会会長

専　攻　　無機固体化学，無機工業化学
著　書　　"新版　化学肥料" 大日本図書
　　　　　"改訂3版　セラミックスの材料化学" 大日本図書
　　　　　"粉体の材料化学" 培風館
　　　　　"Chemistry of Powder Production", Chapman & Hall, London

---

改訂3版　セメントの材料化学

1984年　3月10日　初版第1刷発行
2016年　9月 1日　改訂3版第1刷発行
2023年　9月30日　改訂3版第6刷発行

著　者　　荒井康夫
発行者　　中村　潤

発行所　　大日本図書株式会社
〒112-0012　東京都文京区大塚3-11-6
電話(03)5940-8678（編集），8679（販売）
〈受注センター〉(048)421-7812
振　替　00190-2-219

©Y. ARAI 1984　　　印刷・製本　錦明印刷
Printed in Japan　ISBN 978-4-477-03039-5

本書の一部あるいは全部を無断で複写複製することは，法律で認められた場合を除き著作権の侵害となります。